Ullstein Materialien

Ullstein Materialien
Ullstein Buch Nr. 35186
im Verlag Ullstein GmbH,
Frankfurt/M – Berlin – Wien

Originalausgabe

Umschlagentwurf:
Kurt Weidemann

Printed in Germany 1984
Gesamtherstellung:
Ebner Ulm
ISBN 3 548 35186 7

Februar 1984

CIP-Kurztitelaufnahme
der Deutschen Bibliothek

Lefèvre, Wolfgang:
Die Entstehung der biologischen
Evolutionstheorie / Wolfgang Lefèvre. –
Orig.-Ausg. – Frankfurt/M; Berlin;
Wien: Ullstein, 1984.
(Ullstein-Buch; Nr. 35186:
Ullstein-Materialien)
ISBN 3-548-35186-7
NE: GT

Wolfgang
Lefèvre

Die Entstehung der biologischen Evolutionstheorie

Ullstein Materialien

FÜR BERT

Inhaltsverzeichnis

Zweiter Teil
Die Entstehung der Evolutionstheorie

Anhang

Vorwort

Dieses Buch entstand in seinen Grundzügen im Rahmen eines Forschungsprojekts mit dem Arbeitstitel »Die Historisierung des Naturbilds«, das Michael Wolff und ich in den Jahren 1978 bis 81 an der Universität Bielefeld durchführten. Wir hatten beide früher über die Entstehung der neuzeitlichen Physik zur Zeit Galileis und Newtons sowie über das damit verbundene mechanizistische Naturbild gearbeitet und gingen an das neue Thema mit der Überzeugung heran, daß die – noch keineswegs abgeschlossene – Überwindung des mechanizistischen Naturbilds eng mit dem Aufkommen einer historischen Auffassung der Natur verbunden war und ist. Ansätze zu solch einer Auffassung finden sich früh, wobei vor allem an Kants *Allgemeine Naturgeschichte und Theorie des Himmels* (1755) zu erinnern ist, die nicht einmal dreißig Jahre nach Newtons Tod erschien. Aber derartige Ansätze blieben damals Ausnahmen, die die Naturauffassung der Naturwissenschaften nicht nachhaltig zu prägen vermochten. Und auch der Geologie gelang das nicht, obwohl sie um die Wende vom 18. zum 19. Jahrhundert ein im wesentlichen zutreffendes Bild der erdgeschichtlichen Formationsabfolgen zu zeichnen verstand. Nachhaltig erschüttert wurde die unhistorische Naturauffassung erst in der Mitte des vorigen Jahrhunderts, und zwar einerseits durch die Entdekkung und Ausarbeitung der Thermodynamik und andererseits durch die biologische Evolutionstheorie. Auf die Voraussetzungen und Bedingungen dieser beiden naturwissenschaftlichen Theorien konzentrierten wir deswegen unsere Aufmerksamkeit.

Die beiden Theorien entstanden unabhängig voneinander und führten zu einem paradoxen Resultat. Während nach der Thermodynamik, aufgrund ihres zweiten Hauptsatzes, in der Natur eine universelle Tendenz der Energiedegradation (Dissipation) und damit des Zerfalls komplexer Strukturen herrscht, zeigte die Evolutionstheorie Darwins, daß die geschichtliche Entwicklung von Flora und Fauna durch eine Tendenz zur Ausbildung zunehmend komplexer Strukturen charakterisiert ist. In beiden Theorien stellte sich die Natur als ein historischer Prozeß dar, als ein im Prinzip irreversibler, gerichteter Prozeß; aber die Richtungen, die sich in den beiden Theorien abzeichneten, sind gegenläufig. Wenn das heute als ein »Grundwiderspruch der Naturwissenschaften« der letzten hundert Jahre empfunden wird (Prigogine/Stengers), so deshalb, weil seit einigen Jahren innerhalb der exakten Naturwissenschaften nicht mehr nur von Astrophysikern das Entwicklungsproblem in der anorganischen Natur zum Forschungsgegenstand gemacht wird, sondern ebenso von Biochemikern und physikalischen Chemikern. Vielleicht zeichnet sich in diesen Forschungen eine neue Etappe der Historisierung des Naturbildes ab. Die naturwissenschaftliche Entwicklung des 19. Jahrhunderts, die zu jenem »Grundwiderspruch« führte, wird dann aber unter neuen Aspekten unser wissenschaftshistorisches Interesse finden müssen.

Voraussetzung dafür ist ein klares Bild von den damaligen wissenschaftlichen Entwicklungsprozessen. Deswegen begann ich, die Entwicklung der biologischen Evolutionstheorie zu untersuchen. Die Ergebnisse lege ich in diesem Buch vor. Es ist darauf konzentriert, Entwicklung und Voraussetzungen der Erkenntnisse in den biologischen Disziplinen nachzuzeichnen, die die Entdeckung und Ausarbeitung der Evolutionstheorie durch Darwin möglich und zugleich dringlich machten. Geboten war diese Arbeit, weil die reichhaltige und für viele Einzelfragen außerordentlich hilfreiche Literatur, die zu diesem Thema vorliegt, kein konsistentes Bild der Entstehung der biologischen Evolutionstheorie vermittelt und also nötigt, die Schriften der biologischen Autoren jener Zeit erneut zu studieren. Dies ist auch ein Grund, warum ich verschiedentlich diese Autoren ungewöhnlich ausführlich zitiert habe, zumal dann, wenn es, wie zum Beispiel im Falle Lamarcks, eingebürgerte Fehlurteile zu korrigieren galt. Daß mir selbst manches Fehlurteil unterlaufen sein mag, muß ich angesichts des ausgedehnten Stoffgebiets realistischerweise erwarten. Ich hoffe aber, daß dies nicht bei den wesentlichen Punkten meiner historischen Rekonstruktion der Fall ist.

Im Hinblick auf die oben skizzierten Perspektiven ist das Buch nur eine Vorarbeit. Die übergreifenden Zusammenhänge einer historischen Weltauffassung, die wechselseitige Beeinflussung der verschiedenen wissenschaftlichen Disziplinen in dieser Frage, die geschichtlichen Bedingungen des historischen Denkens etc. kommen in ihm zu kurz, bleiben bestenfalls angedeutet. Auf diese übergreifenden Zusammenhänge ist zurückzukommen, wenn eine vergleichbare Studie zur Entstehung der Thermodynamik sowie über die Entwicklung der Geschichtswissenschaft, soweit sie bis zur Mitte des vorigen Jahrhunderts gelangt war, vorliegt.

Das Forschungsprojekt und so auch die Ausarbeitung dieses Buchs wären nicht möglich gewesen ohne die großzügige Unterstützung, die uns die Stiftung Volkswagenwerk gewährte. Ihr gilt es an dieser Stelle zuerst zu danken, insbesondere Herrn Dr. Boder, der unser Projekt betreute und sich tatkräftig einsetzte, um für unsere vielfältigen Fragen und Wünsche schnell eine gute Lösung zu finden. Zu danken haben wir der Universität Bielefeld, ihrem Rektor, Herrn Prof. Grotemeyer, wie den Kollegen und Mitarbeitern der damaligen Fakultät für Philosophie, Pädagogik und Psychologie. An dieser Stelle möchte ich auch den vielen hilfsbereiten Bibliothekaren danken, die stets geduldig meine Wünsche zu erfüllen suchten, und nenne insbesondere die der Universitätsbibliothek Bielefeld, der Staatsbibliothek München, des Deutschen Museums München, der Staatsbibliothek Berlin, der Universitätsbibliotheken der TU und der Freien Universität Berlin sowie die der Bibliothek des Botanischen Gartens in Berlin. Zu danken habe ich weiterhin Frau Simon und ihren Kolleginnen in der Zentralen Textverarbeitung der Freien Universität, die das endgültige Manuskript herstellten. Ganz besonderen Dank schulde ich schließlich außer Michael Wolff auch Peter Damerow, Peter McLaughlin und Hans-Jörg Rheinberger, die eine frühere Fassung des Buches gründlich durchstudierten und mit Hinweisen und Kritik zu wesentlichen Verbesserungen beitrugen.

Berlin, 30. April 1983

Erster Teil

Der Doppelcharakter der Evolutionstheorie

Kapitel 1 Biologie und Evolutionstheorie

Die biologische Evolutionstheorie stellt sich uns zunächst als eine Teildisziplin der Biologie dar, als eine Teildisziplin, die mittlerweile selbst in Disziplinen wie Evolution der Organisationsformen, des Verhaltens, der ökologischen Zusammenhänge etc. untergliedert ist bzw. in ihren besonderen Aspekten aus der Perspektive besonderer Forschungsrichtungen wie Populationsgenetik, Vererbungslehre, Entwicklungsphysiologie etc. erforscht wird. Der ausdifferenzierte Stand der heutigen Evolutionstheorie liegt jedoch außerhalb des Themenbereichs dieser Untersuchung, die der Entstehung der biologischen Evolutionstheorie nachgeht und diese Entstehung bis zu Charles Darwin und der unmittelbaren Aufnahme seines Werkes in der zweiten Hälfte des 19. Jahrhunderts verfolgt.

Es zeichnet die biologische Teildisziplin Evolutionstheorie aus, den Gegenstand der Biologie, die lebendige Natur, als einen historischen Gegenstand zu untersuchen. Sie studiert Flora und Fauna, ihre Differenzierung in Arten, die spezifischen Eigenarten dieser Arten im Hinblick auf Organisation, Stoffwechsel, Ontogenese, Verhalten etc., ihre Verbreitung auf der Erde, die ökologischen Zusammenhänge, die sie dabei bilden, als Resultate eines Entwicklungsprozesses im Rahmen der Erdgeschichte, erforscht die biologischen Gesetzmäßigkeiten, die diesen Entwicklungsprozeß regieren, und versucht, die Geschichte der Lebenswelt auf unserer Erde zu rekonstruieren. Die Evolutionstheorie konstituiert nicht durch eine historische Betrachtungsweise die lebendige Natur als einen historischen Gegenstand. Vielmehr trägt die Biologie mit dieser Disziplin der Tatsache Rechnung, daß die Lebewesen geschichtlich existieren, daß sie sich in der Zeit erhalten, indem sie sich verändern und entwickeln. Gleichwohl deutet der Umstand, daß die Evolutionstheorie eine Teildisziplin der Biologie ist, darauf hin, daß die geschichtliche Existenzweise der Lebewesen nur einen von vielen Aspekten darstellt, unter denen das Reich des Lebendigen unser wissenschaftliches Interesse findet. Nichts scheint die Evolutionstheorie vor anderen biologischen Teildisziplinen wie Biochemie, Vererbungslehre, Morphologie oder Physiologie auszuzeichnen.

Da diese verschiedenen Forschungsfelder sich auf die verschiedenen Aspekte, Seiten oder Teile ein und desselben Gegenstands konzentrieren, besteht zwischen ihnen ein Zusammenhang, stellen sie Teile und Momente der Biologie als eines gegliederten Ganzen dar. Bestünde dieser Zusammenhang der biologischen Disziplinen freilich nur darin, daß ihre Untersuchungsgebiete Seiten oder Teile *eines* Gegenstands sind, dann wäre dieser Zusammenhang als nur äußerlich zu charakterisieren und die Biologie als ein bloßes Konglomerat von Einzeldisziplinen. Als solches mag sie auch oft erscheinen, und zwar nicht nur von außen, sondern gerade auch von innen, also von der Warte der spezialisierten Teildisziplinen her. Dieser Anschein ist verständlich angesichts des hohen Grades der Arbeitsteilung und Spezialisierung, der unterschiedlichen apparativen, formellen und begrifflichen Ausstattung der verschiedenen Teildisziplinen, die für Kooperation oder auch bloß für Kommunikation und Information spezifische Vermittlungsleistungen voraussetzen, nicht zuletzt aber gewiß auch angesichts institutioneller Gegebenheiten, die Bornierungstendenzen der Spezialgebiete zur Folge haben. Aber unbeschadet dieses Anscheins ist die Biologie seit dem 19. Jahrhundert mehr als ein bloßes Konglomerat von Einzeldisziplinen, die sich mit verschiedenen Seiten oder Teilen der lebendigen Natur beschäftigen, besteht zwischen diesen Disziplinen vielmehr implizit und explizit ein innerer Zusammenhang, d. h. bilden sie eine Einheit aufgrund wissenschaftlicher Annahmen oder Theorien über die reale Vermittlung der Teile und Seiten der lebendigen Natur, die die Teildisziplinen erforschen. Ihr Zusammenhang ist seitdem nicht nur in einem vorausgesetzten gemeinsamen Gegenstandssubstrat begründet, sondern resultiert aus ihrer Erschließung des Zusammenhangs der Momente der Lebenswelt, die sie arbeitsteilig und spezialisiert zu ihrem jeweiligen Gegenstand haben.

Die implizite Existenz dieses inneren Zusammenhangs äußert sich darin, daß bestimmte, einer oder einer Gruppe von Teildisziplinen entstammende Fragestellungen in gewissen Perioden die wissenschaftliche Arbeit aller oder fast aller biologischen Teildisziplinen beeinflussen, weil diese Fragestellungen die Annahmen oder Theorien über die lebendige Natur berühren, die implizit die Voraussetzungen der Forschungsarbeit in den Teildisziplinen waren. So hatte z. B. die Laborsynthese organischer Verbindungen aus anorganischen Substanzen – 1828 gelang Friedrich Wöhler (1800–1882) die Harnstoffsynthese[1] – nicht nur Auswirkungen auf die Physiologie und ihre Arbeitsschwerpunkte, sondern auf praktisch alle biologischen Disziplinen, weil damit eine Zentralannahme der vitalistischen Auffassung des Lebendigen erschüttert wurde, die sich am Ende des 18. Jahrhunderts ausgebildet und in allen Disziplinen zu einer am Organismus als Ganzem orientierten Forschungsweise geführt hatte.

Explizit tritt der innere Zusammenhang der biologischen Teildisziplinen selbst in Teildisziplinen hervor, nämlich zum einen in der Zellenlehre[2], die die für alle Lebenserscheinungen gemeinsamen Elementarprozesse mitsamt ihrer elementaren Organisationsform untersucht, und zum anderen in der Evolutionstheorie, die den verwandtschaftlichen Zusammenhang aller Lebewesen erforscht. Während jedoch die Zellenlehre die bis dahin nur unterstellte Einheitlichkeit des Gegenstands der Biologie wissenschaftlich konstatierte, zeigte die Evolutionstheorie im Abstammungszusammenhang der Lebewesen nicht nur die Einheit der Lebenswelt auf. Zugleich bot sie das Fundament für die Integration der biologischen Teildisziplinen. »Man muß sich einmal das Absonderliche dieser Einstellung klarmachen«, schrieb 1923 der Physiologe Rudolf Ehrenberg (1884–1969); »der Anspruch, daß Biologie eine Wissenschaft sui generis sei, daß es spezifisch-biologische Gesetzmäßigkeit gebe, soll sich nicht auf ein aller Lebenswirklichkeit Gemeinsames gründen, sondern auf die Konstruktion einer Geschichte des Lebens auf der Erde.«[3]

Unterscheidet man die biologischen Einzeldispizlinen in solche der »Ordnung« (Systematik, Vergleichende Morphologie, Paläontologie, Biogeografie, Evolutionstheorie) und solche der »Organisation« (Zellenlehre, Physiologie, Histologie, Vererbungslehre, Ontogenese)[4], so leuchtet dieses Absonderliche sofort für die Disziplinen der Ordnung ein. Auf der Ebene der Ordnung geht es um die Lebenswelt in ihrer Formvielfalt und ihre Verbreitung in Raum und Zeit. Die damit befaßten Disziplinen können über die Deskription hinaus solange nur zu problematischen Gliederungen und Anordnungen der Erscheinungsmannigfaltigkeit kommen, solange nicht bekannt ist, wie sich die lebendige Natur selbst zu diesem Erscheinungsreichtum entfaltet. Auch wenn sich die Disziplinen der Ordnungsebene bereits vor der Evolutionstheorie in einzelnen Fragen wechselseitig stützten, hatten sie zu diesem Zeitpunkt doch im wesentlichen nur das Verhältnis sich additiv ergänzender beschreibender Disziplinen. Erst auf der Grundlage und im Rahmen der Evolutionstheorie wirken diese Disziplinen als spezielle Forschungszweige in einer erklärenden Wissenschaft der Lebensformen und ihrer Entfaltung zusammen.

Den Status nur deskriptiver und äußerlich klassifizierender Wissensgebiete überwanden die Disziplinen der Ordnung auf der Grundlage der Evolutionstheorie aber nicht zuletzt auch deshalb, weil die Evolutionstheorie ihnen die Möglichkeit bot, Zusammenhänge mit den Disziplinen der Organisationsebene herzustellen. Auf der Grundlage der Evolutionstheorie werden Disziplinen wie Vererbungslehre und Ontogenese gewissermaßen unmittelbar zum Mittel und Moment der Rekonstruktion der Lebenswelt durch die Disziplinen der Ordnung.

Hier liegt vielleicht die entscheidendste Integrationsleistung der Evolutionstheorie, an der die Konstitution der Biologie als einheitliche Wissenschaft selbst sich vollendete. Denn die Disziplinen der beiden Ebenen standen bis dahin fast beziehungslos nebeneinander; nur die Morphologie war eine Disziplin, die in gewissen Hinsichten der einen und in anderen der anderen Ebene angehörte. (In seiner *Geschichte der organischen Naturwissenschaften im neunzehnten Jahrhundert* führte Franz Carl Müller 1902 aus[5], daß in der ersten Hälfte des 19. Jahrhunderts in Deutschland die Systematiker in der Regel der philosophischen und die Morphologen der medizinischen Fakultät angehörten. Wenn sich das so verhielt – eine Überprüfung war mir nicht möglich –, so wäre das ein eindrucksvoller Beleg des Gesagten.)

»In der Herstellung eines derartigen Zusammenhangs (der biologischen Teildisziplinen – W. L.) liegt die grundsätzliche wissenschaftstheoretische Bedeutung des Evolutionsbegriffs«, schrieb Erhard Oeser; und er fährt fort: »Durch ihn wurde die Biologie, die vorher aus bloß deskriptiven Einzeldisziplinen bestand, in den Rang einer theoretisch begründeten Wissenschaft erhoben.«[6]

Kann man aber auch von den Disziplinen der Organisation behaupten, daß sie bloß deskriptiv waren? Es zeigt doch gerade die Art, wie die entwickelte Evolutionstheorie, und vermittelt über sie die Disziplinen der Ordnung, von den Erkenntnissen der Ontogenese, Vererbungslehre etc. Gebrauch macht, um den Evolutionsvorgang detaillierter zu erklären, daß ihr die Disziplinen der Organisation genau deswegen zum Ausbau der Theorie dienen können, weil diese Disziplinen nicht nur beschreiben, sondern gewisse Prozeßgesetzmäßigkeiten der Organismen erforschen. Und weiterhin ist nicht zu verkennen, daß die Disziplinen der Organisation mit unzweifelhaft theoretischem Charakter ihre Fähigkeit zur Gesetzeserkenntnis und darauf beruhend zum Erklären nicht der Evolutionstheorie verdanken, sondern der Anwendung physikalischer und chemischer Theorien und Methoden.

Gegenüber diesen theoretischen Disziplinen der Organisation erweist die Evolutionstheorie ihre Integrationsleistung darin, daß sie die Theoriebildung in diesen Disziplinen unter Bedingungen stellt, die biologiefremde Ansätze, die aufgrund der Anwendung physikalischer und chemischer Theorien und Methoden unvermeidlich auftreten, erkennen und vermeiden lassen. So lag es z. B. nicht nur vor der Entdeckung der Zelle für Physiologen immer wieder nahe, komplexe

Organismen nach Art einer Kombinatorik aufzufassen, nämlich als aus elementaren Lebensbausteinen mit gewissen Fähigkeiten zusammengesetzt und entstanden. Dies ist solange eine ganz legitime Hypothese, solange die Problematik der »Urzeugung«, also der ersten Entstehung des Lebens, im dunkeln liegt und solange die Abstammung der Arten nicht entdeckt ist. Denn letztere macht erst diese Hypothese als biologiefremd erkennbar, zeigt, daß mit ihr die den Lebewesen eigene Art der Ausbildung komplexer Formen verfehlt wird.

Dies macht zugleich deutlich, daß die Integrationsleistung der Evolutionstheorie selbstverständlich nicht bloß formell oder gar institutionell verstanden werden darf. Sie bildet die Grundlage für den inneren Zusammenhang der biologischen Teildisziplinen durch ihren theoretischen Inhalt, dadurch, daß sie die eigentümliche Bewegungsform des Gegenstands der Biologie zum Inhalt hat. Der Gegenstand der Biologie ist ein sich in Raum und Zeit und in der Einheit von identischer und nicht-identischer Reproduktion entfaltendes Reich von Naturwesen, dessen eigentümliche Bewegungsform die Evolution ist, d. h. eine Erhaltung durch Selbstveränderung, kontinuierend im Abstammungszusammenhang und sich unter den Bedingungen der Erdgeschichte wandelnd durch Variation und Selektion – eine Erhaltung durch Selbstveränderung, die im ganzen einen irreversiblen Prozeß darstellt.

Die Evolutionstheorie erfaßt die Spezifik des Gegenstands der Biologie. Das bedeutet aber für die Biologie: Sie hat nicht nur eine historische Einzeldisziplin; sie ist vielmehr selbst eine historische Wissenschaft. Nur als historische Wissenschaft ist sie eine einheitliche Wissenschaft, besteht unter ihren Teildisziplinen ein innerer Zusammenhang. Andernfalls wäre sie nur ein Konglomerat von Einzelwissenschaften, die sich mit verschiedenen Aspekten desselben Gegenstands beschäftigen.

Die Evolutionstheorie weist aber so einen Doppelcharakter auf. Sie ist zugleich und in eins eine biologische Teildisziplin *und* die Integrationstheorie, auf der der innere Zusammenhang der biologischen Teildisziplinen beruht. Sie vollbringt diese Integrationsleistung nur als Teildisziplin. Als Teildisziplin ist sie aber abhängig vom jeweiligen Stand der anderen Teildisziplinen. Sie vermittelt also nicht nur den inneren Zusammenhang der biologischen Teildisziplinen, sondern ist selbst ebenso durch diese vermittelt.

Diese Aussagen sind sehr generell und gewiß präzisionsbedürftig. Im Zusammenhang einer Studie über die Entstehung der Evolutionstheorie stellt sich aber vor allem die Frage, welche Bedeutung diese Aussagen, die von einem Stand der Biologie ausgehen, der eine entwickelte Evolutionstheorie zur Voraussetzung hat, für ein Entwicklungsstadium der Biologie haben, in dem die Evolutionstheorie erst entsteht. Ist es denkbar, daß der eben konstatierte Doppelcharakter der Evolutionstheorie bereits bei ihrer Genese eine Rolle spielte, so daß ihm Konsequenzen für die Rekonstruktion dieser Genese abzugewinnen sind? War vielleicht die Heranreifung der Bedingungen für die theoretische Integration der biologischen Disziplinen für die Entstehung der Evolutionstheorie ebenso wesentlich wie die Bedingungen für die Entschlüsselung des Evolutionsmechanismus? Der Konkretisierung dieser Frage sollen die beiden folgenden Kapitel dienen, die sich mit dem Werk Jean Baptiste Lamarcks und Charles Darwins beschäftigten.

Kapitel 2 Lamarcks Theorie der Arttransformation

Fragt man nach dem Anfang der biologischen Evolutions*theorie*, so verweist die Literatur meistens auf die 1809 erschienene *Philosophie zoologique* des Jean Baptiste Lamarck (1744–1829). 1868 schrieb Ernst Haeckel (1834–1919) in seiner *Natürliche(n) Schöpfungsgeschichte*: »Ihm (Lamarck – W. L.) wird der unsterbliche Ruhm bleiben, zum erstenmal die Deszendenzlehre als selbständige wissenschaftliche Theorie ersten Ranges durchgeführt und als die naturphilosophische Grundlage der ganzen Biologie festgestellt zu haben.«[1] Und im Vorwort der deutschen Volksausgabe der *Philosophie zoologique*, 1909 von seinem Mitarbeiter Heinrich Schmidt herausgegeben, stellte Haeckel die Bedeutung dieses Werkes dem Leser in folgender Weise vor Augen:

> »Von der ungeheuren Bedeutung der ›Philosophie zoologique‹ kann ich Ihnen vielleicht keine bessere Vorstellung geben, als wenn ich hier daraus einige der wichtigsten Sätze wörtlich anführe: ›Die systematischen Einteilungen, die Klassen, Ordnungen, Familien, Gattungen und Arten, sowie deren Benennungen, sind willkürliche Kunsterzeugnisse des Menschen. Die Arten oder Species der Organismen sind von ungleichem Alter, nacheinander entwickelt und zeigen nur relative, zeitweilige Beständigkeit; aus Varietäten gehen Arten hervor. Die Verschiedenheit in den Lebensbedingungen wirkt verändernd auf die Organisation, die allgemeine Form und die Teile der Tiere ein, ebenso der Gebrauch oder Nichtgebrauch der Organe. Im ersten Anfang sind nur die allereinfachsten und niedrigsten Tiere und Pflanzen entstanden und erst zuletzt diejenigen von der höchst zusammengesetzten Organisation. Der Entwicklungsgang der Erde und ihrer organischen Bevölkerung war ganz kontinuierlich, nicht durch gewaltsame Revolutionen unterbrochen. Das Leben ist nur ein physikalisches Phänomen. Alle Lebenserscheinungen beruhen auf mechanischen, auf physikalischen und chemischen Ursachen, die in der Beschaffenheit der organischen Materie selbst liegen. Die einfachsten Tiere und die einfachsten Pflanzen, welche auf der tiefsten Stufe der Organisationsleiter stehen, sind entstanden und entstehen noch heute durch Urzeugung (generatio spontanea).‹«[2]

Nun mag es unabhängig davon, ob man der Einschätzung Lamarcks durch Haeckel grundsätzlich oder in ihren Einzelheiten zu folgen vermag oder nicht, problematisch scheinen, überhaupt solche absoluten Anfangspunkte einer Theorie auffinden und festlegen zu wollen. Das widerspricht aller Erfahrung mit der Genese von Theorien. Auch Lamarck wird Vorläufer gehabt haben. Und dies bestätigt sich auch sofort, wenn man z. B. die verdienstvolle Zimmermannsche Anthologie einschlägiger Quellentexte zur Geschichte der Evolutionstheorie zur Hand nimmt.[3] Es ist auch in diesem Falle ohne große Schwierigkeiten möglich, Vorläufer der biologischen Evolutionstheorie bis zu den alten Griechen zurückzuverfolgen; und zwar handelt es sich dabei z. T. nicht bloß um »geniale Ahnungen«, sondern um bestimmte Vorstellungen – so z. B. bei Empedokles (ca. 495–435 v. u. Z.) und Lukrez (ca. 96–55 v. u. Z.). Dagegen ist es nicht ohne Schwierigkeiten, oder besser: nicht ohne bestimmte Vorüberlegungen möglich, Texte oder Textstellen älterer Autoren danach zu beurteilen, ob es sich bei ihnen tatsächlich um Vorwegnahmen oder Vorausahnungen der biologischen Evolutionstheorie handelt.

Ohne biologischen Begriff der Art keine Vorläufer

Als erstes muß man sich davon überzeugen, ob diese Autoren über die Entwicklung derselben Sache reden wie die biologische Evolutionstheorie. In dieser geht es um die Evolution der tierischen bzw. pflanzlichen Arten. Sosehr die Theorien Lamarcks wie auch später Darwins eine Neukonzeption des biologischen Artbegriffs beinhalten, sosehr ist ein Begriff der biologischen Art, wie immer er im einzelnen gefaßt sein mag, elementare Voraussetzung ihrer Entwicklungstheorien.

Als ein biologischer Artbegriff kann der klassifikatorische Terminus »Species« nicht schon dann gelten, wenn er auf Pflanzen und Tiere angewandt wird. Erst wenn eine – wie immer beschaffene – Theorie begründet, warum sich die Lebewesen in Arten darstellen, kann der Terminus »Species« als Begriff der biologischen Art angesehen werden. Einen solchen Artbegriff scheint es im Abendland vor dem 17. Jahrhundert nicht gegeben zu haben. (Die Frage, ob die Antike – etwa durch Aristoteles [384–322 v. u. Z.] oder Theophrast [372–287 v. u. Z.] – über einen biologischen Artbegriff verfügte, kann hier offen bleiben.) Erst die mechanistischen Zeugungstheorien des 17. Jahrhunderts, die die Präexistenz präformierter Keime unterstellten, stellten einen biologischen Artbegriff auf. Diesen Theorien verdanken wir aber nicht nur diesen Begriff, sondern zugleich auch das Dogma von der Konstanz der Art; es ist die unabweisliche Konsequenz ihrer Erklärung des Zeugungsgeschehens. Wem paradoxe Formulierungen liegen, der kann sagen: Ohne das Dogma von der Konstanz der Art ist die biologische Evolutionstheorie nicht denkbar. Und dies gilt nicht nur im Sinne einer logischen Voraussetzung; vielmehr: »Erst dadurch, daß (der junge – W. L.) Linné so unbeirrt auf der Konstanz und Objektivität der Arten bestand, wurde ihr Ursprung zu einem Problem, einem Problem, das vorher in dieser Form nicht existierte.«[4] Ich werde im vierten Abschnitt des fünften Kapitels darauf noch etwas näher eingehen; hier gilt es festzuhalten: Solange es noch keinen biologischen Begriff der Art gab, solange kann nur von scheinbaren Vorläufern der biologischen Evolutionstheorie die Rede sein.

In diesem Zusammenhang sollte auch gleich ein verbreitetes Vorurteil ausgeräumt werden. Wenn uns bei Autoren vor dem 17. Jahrhundert nicht selten Gedanken oder vermeintliche Feststellungen begegnen, die rückblickend wie Keime evolutionistischer Vorstellungen anmuten, so ist es gut, sich klarzumachen, daß es einfach falsch ist, wenn behauptet wird, in ihrer vorwissenschaftlichen Sicht hätten die Menschen die Formen der Flora und Fauna als konstant und unwandelbar angesehen. In Wirklichkeit stand neben der Erfahrung der Konstanz immer auch die der Plastizität und Variabilität dieser Formen. Als »Naturspiele« angesehene Fossilien, Nachrichten über Mißgeburten und auch Züchter-»Latein« gaben der Vorstellung von der belebten Natur als einem Proteus stete Nahrung.

Die Indifferenz der Historia Naturalis

In diesem Zusammenhang ist auch daran zu erinnern, daß es im Rahmen der alten, der enzyklopädeischen und deskriptiven Historia Naturalis[5] kein Widerspruch ist, zugleich die Konstanz wie die Variabilität der Lebensformen anzunehmen. Weil diese Historia Naturalis keine Theorie des Lebenden ist, kann sie alles aufführen, was einen Anhaltspunkt in der Erfahrung zu haben scheint. Als plastischer Beleg dafür sei hier angeführt, daß sich im 7. Buch der *De natura rerum* (ca. 1240) des Thomas von Cantimpré oder Thomas Brabantinus (ca. 1210–1276) über den Stichling folgende Mitteilung findet: »Von ihm behaupten die Fischer, daß er durch Urzeugung entstehe und alle anderen Fische erzeuge; sie haben nämlich die Erfahrung gemacht, daß Stichlinge in neuen Teichen sofort im ersten Jahre gefunden werden und nach ihnen in den folgenden Jahren die verschiedenen anderen Fischarten auftreten, ohne daß sie eingesetzt worden wären.«[6] Diese evolutionstheoretisch anmutende Notiz ist beiläufig in ein Werk eingestreut, das, wie damals üblich, seine Gegenstände gemäß ihrer Erschaffung in den sechs Schöpfungstagen anordnet, auch wenn es, darin von den zeitgenössischen Naturgeschichten abweichend, die Werke des Schöpfergottes gewissermaßen rückwärts erörtert, nämlich beginnend mit dem Menschen und endend bei den Elementen.

Von hier aus fällt auch ein Licht auf den zunächst merkwürdig scheinenden Umstand, daß noch im 16. Jahrhundert deskriptive Werke über die Fauna neben wirklichen Tieren auch Fabeltiere aufführen. Dies ist nicht ohne weiteres als Beweis für die mangelnde empirische Gewissenhaftigkeit des betreffenden Autors zu bewerten. Wenn z. B. Conrad Gessner (1516–1565), der Verfasser der berühmten *Historia animalium*, in seinem *De rerum fossilium* (1565) behauptet, er habe in Straßburg ein Einhorn gesehen[7], so spricht nichts gegen seine Wahrheitsliebe; was immer er gesehen haben mag, Zweifel daran, daß es sich um ein Einhorn handelt, weil es so etwas gar nicht gibt, hätten theoretische Einsichten in die Baugesetzmäßigkeiten der Organismen vorausgesetzt, an die damals gar nicht zu denken war; für eine beschreibende Wissenschaft ist ein Einhorn nichts Unmögliches. Wenn sich andererseits in seiner *Historia* eine siebenköpfige Schlange aufgeführt findet, die Gessner selbst skeptisch als ein Fabeltier bezeichnet, so erklärt sich die Aufnahme dieses Tiers wohl nicht allein aus dem Wunsch nach Vollständigkeit seines enzyklopädeischen Werks[8]; zu berücksichtigen ist jedenfalls, daß er die entsprechenden Berichte vielleicht deswegen nicht verwarf, weil er die Möglichkeit ihrer Richtigkeit nicht ausschließen konnte. Fabeltiere wie etwa Phönix oder Drache, die in naturkundlichen Werken noch des 17. Jahrhunderts – siehe z. B. die *Historia animalium sacra* (1612) von Wolfgang Franz (1564–1628) – als wirkliche Tiere aufgeführt werden, sind ja solange nicht definitiv als Phantasieprodukt zu bestimmen, solange z. B. die Kreuzung zwischen so verschiedenen Tieren wie Adler und Löwe allgemein als in Ausnahmefällen möglich angesehen wird. Die Historia Naturalis kann solche abstrakten Möglichkeiten nicht ausschließen, weil sie keine Theorie des Lebenden ist. Aber deswegen ist es bedenklich, evolutionistisch anmutende Gedanken, die sich in solchen Historiae finden, als Anfänge und Keime einer biologischen Evolutionstheorie zu verstehen.

Daraus ergibt sich aber sofort auch eine Konsequenz hinsichtlich solcher evolutionistisch anmutenden Gedanken, die bereits im Kontext einer erklärenden Theorie des Lebenden stehen: Ob solche Gedanken als Ansätze und Keime einer biologischen Evolutionstheorie anzusehen sind oder nicht, ist nicht danach zu beurteilen, ob sie im Kontext der Evolutionstheorie Lamarcks oder Darwins Momente der Evolutionstheorie *wären*; es kommt vielmehr darauf an, ob sie evolutionstheoretischen Charakter im Kontext jeweils der erklärenden Theorie des Lebenden haben, in der sie vorgetragen werden.

Zwei Beispiele sollen dies verdeutlichen. In Darwins Abstammungslehre spielen zwei Prinzipien eine fundamentale Rolle: die Entstehung neuer Arten aus vorhandenen einerseits und die natürliche Selektion andererseits. Nun kann man feststellen, daß bereits zwei prominente Naturkundler des 18. Jahrhunderts mit diesen Prinzipien gearbeitet hatten. Das Prinzip der natürlichen Selektion finden wir bei Georges-Louis Leclerc Comte de Buffon (1707–1788), und das Prinzip der Entstehung neuer Arten aus vorhandenen bei Carl Linné (bürgerl. Carl Linnaeus, 1707–1778). In welchem theoretischen Kontext stehen diese Prinzipien bei Buffon und Linné?

Selektion bei Buffon

Verdeutlichen wir uns diesen Kontext – mit wenigen Strichen – zunächst für Buffon. Nach Buffons Theorie entstehen Lebewesen stets dort, wo es organische Moleküle (molecules organiques) gibt. Und diese organischen Moleküle bilden sich, wenn die Temperatur der Erdoberfläche zwischen 0 und 100 Grad Celsius liegt und Wasser vorhanden ist.[9] Prinzipiell entstehen also alle Lebensformen simultan dann, wenn erdgeschichtlich die physikalischen Bedingungen gegeben sind.[10] Lassen wir hier alle Einzelheiten dieser Theorie beiseite, insbesondere auch die »moules intérieurs«[11], die als ein mechanistisches Äquivalent für den genetischen Code wie für die Steuerung der ontogenetischen Entwicklung bezeichnet werden können, so beruht nach Buffons Theorie die Artenvielfalt von Flora und Fauna auf den Kombinationsmöglichkeiten der organischen Moleküle.

Buffon gründete jedoch den Artenreichtum nicht auf eine vollständig abstrakte Kombinatorik. Sein in der Tradition des Rationalismus des 17. Jahrhunderts stehendes Diktum, »Alles, was sein kann, ist«[12], zielt auf reale, nicht auf abstrakte Möglichkeit: »Die Hand des

Schöpfers (. . .) (hat) mit einem einzigen Male eine Welt beziehlicher und nicht beziehlicher Wesen, eine Unendlichkeit einträchtiger und widerstreitender Verknüpfungen und eine Fortdauer der Zerstörungen und Erneuerungen hingeworfen.«[13] Die abstrakt möglichen Kombinationen werden beschränkt durch Bedingungen, die darüber entscheiden, ob sie real bestehen können. Da gibt es Bedingungen der inneren Harmonie eines Organismus. Im Artikel »Unau und Ai« (Faultiere) spricht Buffon von »mangelhaften Mißgeburten, (. . .) jene tausendmal von der Natur beabsichtigten (und) ausgeführten unvollkommenen Entwürfe, die kaum die Fähigkeit zu sein besitzend, nur eine Zeitlang haben bestehen sollen und seitdem von der Liste der Wesen ausgewischt worden.«[14] Aber es gibt auch Bedingungen der Verträglichkeit einer Kombination mit ihrer Umwelt. Und diese Bedingungen wirken als natürliche Selektion. Sie regeln nicht zuletzt die Verteilung der ja prinzipiell endlichen Menge organischer Moleküle unter die Kombinationen. Im Artikel »Hase« formuliert Buffon diese Selektion so, daß zugleich sichtbar wird, daß Thomas R. Malthus (1766–1834) an einen dem 18. Jahrhundert vertrauten Gedanken[15] anknüpfte: Der gewöhnliche Lauf der lebenden Natur »ist im allgemeinen immer gleichmäßig, immer derselbe; seine Bewegung geht, stets geregelt, um zwei unerschütterliche Angeln, deren eine die allen Arten verliehene schrankenlose Fruchtbarkeit und deren andere die zahllosen Hindernisse sind, welche das Schaffen dieser Fruchtbarkeit auf ein bestimmtes Maß zurückführen, und die beide zu jeder Zeit in jeder Art fast nur dieselbe Menge Einzelwesen zulassen.«[16]

Schon dies Wenige macht wohl deutlich, daß Buffons Selektion nicht evolutionstheoretisch verstanden werden darf. Sie ist Moment einer Theorie, die die Entstehung der Arten nicht durch Evolution, sondern durch Urzeugung und aus den dafür vorausgesetzten physikalischen und chemischen Bedingungen erklärt.

Artabstammung bei Linné

In welchem theoretischen Kontext standen nun Linnés Erwägungen, daß der Artenreichtum aus wenigen Arten hervorgegangen sei? Diese, vom älteren Linné in vorsichtiger Form als Hypothese vorgetragenen Erwägungen finden sich vor allem in der Schrift *Fundamentum fructificationis* (1762).[17] Linné erörterte in dieser Schrift die Frage, ob alle heutigen Arten am Anfang aus der Schöpferhand Gottes hervorgingen – 1737 hatte er ja geschrieben: »Es gibt so viele Arten, wie viele verschiedene Formen das unendliche Wesen von

Anfang an hervorgebracht hat«[18] –; oder ob sich Gott mit der Erschaffung weniger Arten begnügen konnte, die sich im Laufe der Zeit auf natürlichem Wege zur heutigen Artenvielfalt ausdifferenzierten. Hinsichtlich der Ausdifferenzierung dachte Linné an Kreuzungen zwischen den ursprünglichen Arten. Die heutigen Arten wären danach also das Resultat einer langen Reihe von Hybridisierungen.[19]

Seit der Konfrontation mit der »Peloria« (Monstrum), einer Form aus der Gattung des Leinkrauts (Linaria), die Linné als einen fortpflanzungsfähigen Blendling nicht nur artverschiedener, sondern sogar gattungsverschiedener Pflanzen ansah (*De peloria* 1744)[20], war in seine Überzeugung von der absoluten Konstanz der Art eine Bresche geschlagen. Wie später Darwin, führten Linné in den fünfziger Jahren aber vor allem biogeografische Befunde[21] dazu, in Hybridisierungen über die Artgrenze hinweg nicht mehr Monstren zu erblicken, sondern einen Ansatzpunkt für die Erklärung gewisser biogeografischer Verteilungsmerkwürdigkeiten.

Ähnlichen Überlegungen ging zu dieser Zeit Pierre Maupertuis (1698–1759) nach. Und wie Maupertuis sich die Entstehung neuer Arten durch Kreuzung als eine Neukombination von Eigenschaften dachte und bereits die Wahrscheinlichkeiten für solche Neukombinationen zu berechnen versuchte[22], so steht auch für Linné die Kombinatorik im Zentrum seiner Überlegungen. Dies zeigt besonders deutlich sein Brief an Abraham Bäck (1713–1795) vom 4. IX. 1764:

> »Man darf voraussetzen, daß Gott eins gemacht hat, bevor er zwei machte, zwei, bevor er vier machte. Daß er zuerst simplicia, das Einfache, machte und dann composita, das Zusammengesetzte, daß er erst eine species aus jedem genus machte, daß er hinterher differente genera mischte, damit daraus neue species entstünden. Nehmen wir an, Gott habe eine ranunculus (Hahnenfuß) gemacht; daß diese species mit helleboro (Nieswurz), aquilegia (Akelei), nigella (Kapuzinerkraut) etc. gemischt wurde per generationem hybridam lege divina concessam, durch die nach göttlichem Gesetz zugelassene Zwitterzeugung, und daß proles, die Nachkommen, in diesen Mischungen bei den Pflanzen ebenso wie bei den Tieren medullare von der Mutter und corticale vom Vater behielten. Daraus sind dann so viele species ranunculi foliis hellebori, alia foliis aquilegiae, alia foliis nigellae geworden. Diese alle dürfen nicht in arbitrella genera, in willkürliche Gattungen, geschieden werden; daß solches geschehen, zeigt sich a posteriori. Dies ist fundamentum fructificationis, das Grundgesetz der Befruchtung, erkannt schon seit Gesners Zeiten.«[23]

Linné erwägt also eine Theorie, nach der die Artenvielfalt sowohl im Laufe der Zeit, sukzessiv, als auch durch Abstammung entsteht. Aber es handelt sich dabei um eine Entwicklung der Arten, die als Verwirklichung eines kombinatorischen Möglichkeitshorizonts zu bezeichnen ist, wobei dieser Horizont keiner Entwicklung fähig ist, sondern als überhistorische Determinante in den ursprünglich geschaffenen Arten gesetzt ist. Das Prinzip der Entstehung neuer Arten aus schon vorhandenen ist nicht Moment einer biologischen Evolutionstheorie, sondern Moment einer Theorie der Entstehung von Mischformen zwischen elementaren und entwicklungslosen Prinzipialformen des Lebenden.

Vorleistungen des 18. Jahrhunderts

Es zeigt sich so: Ein und dasselbe Theorem hat und hat nicht evolutionstheoretischen Charakter, je nachdem, in welcher Theorie es fungiert. Ob derjenige, der sich seiner bedient, ein Vorläufer der biologischen Evolutionstheorie ist, entscheidet sich durch den Charakter der Theorie, innerhalb derer er es verwendet.

Auch wenn das richtig ist, bleibt aber doch auch folgendes wahr: Selbst wenn solche Theoreme in Theorien entwickelt wurden, die keinen evolutionstheoretischen Charakter haben, kann ihnen dennoch eine evolutionstheoretische Bedeutung zukommen, nämlich für nachfolgende Naturforscher. Und insofern muß man vielleicht von Vorleistungen des 18. Jahrhunderts für die Entwicklung der biologischen Evolutionstheorie sprechen und wie François Jacob konstatieren: »Verstreut, isoliert und unabhängig voneinander werden vorderhand nur gewisse derjenigen Elemente gefunden, die das 19. Jahrhundert vereinigen wird, um die lebenden Formen kausal zu verketten.«[24]

Verweilen wir noch einen kurzen Augenblick bei dem wissenschaftsgeschichtlichen Phänomen solcher Vorleistungen, indem wir uns ein prägnantes Beispiel dafür vergegenwärtigen, nämlich die Entdeckung des Sauerstoffs durch Joseph Priestley (1733–1804). Auch wenn Priestley den Sauerstoff als »dephlogistisierte Luft« in das damals herrschende System der Phlogistonchemie integrierte, so ändert das doch nichts daran, daß seine Entdeckung eine der entscheidenden Vorleistungen für die Sprengung dieses chemischen Systems durch Antoine Laurent Lavoisier (1743–1794) war. Kann man nicht geradezu den Satz aufstellen: Entdeckungen sind allgemeiner als die Theorien, in deren Kontext sie gemacht werden? Gilt dieser Satz, dann aber auch der: Entdeckungen machen noch keine Theorie; und auch die Akkumulation von Entdeckungen muß keineswegs eine bestimmte Theorie zeitigen. Gerade im Fall der biologischen Evolutionstheorie zeigt sich, daß sämtliche prinzipiellen Theoreme der späteren Abstammungslehre dem 18. Jahrhundert – mehr oder minder entwickelt – geläufig waren, ohne daß davon die Nötigung ausging, die Abstammungslehre auszuarbeiten. Diese Theoreme waren vielmehr in die damaligen Theorien des Lebenden problemlos zu integrieren.

Beginn mit Lamarck

Vor diesem Hintergrund wird es verständlich, warum gewöhnlich Lamarck mit seiner *Philosophie zoologique* an den Anfang der biologischen Evolutionstheorie gestellt wird. Er legte eine ausgearbeitete Theorie der Artentwicklung vor, in der viele der objektiv evolutionstheoretischen Elemente, die in den Theorien des 18. Jahrhunderts zu finden sind, aufgegriffen und in einer geschlossenen Theorie vereinigt wurden. Vor allem ist ihm mit Recht nachgerühmt worden, daß er als erster den Versuch einer umfassenden *Erklärung* der Artentwicklung unternommen hat. Hierin hat er keine Vorläufer. Der Diplomat Benoit de Maillet (1656–1738), der annahm, daß die Lebewesen des Landes von denen des Meeres abstammen und eine Erklärungshypothese für diesen Übergang aufstellte[25], kann, ganz abgesehen vom Inhalt seiner Hypothese, nicht dafür gelten, weil er eben nur diesen einen Übergang im Auge hatte. (Ich komme darauf im Zusammenhang mit der Paläontologie zurück.)

Am Schluß des ersten Kapitels wurde die Frage gestellt, ob der von heute her zu konstatierende Doppelcharakter der Evolutionstheorie – sie ist nicht nur eine biologische Einzeldisziplin, sondern zugleich die die Biologie als Ganze innerlich verbindende Integrationstheorie – auch bereits bei der Entstehung der Evolutionstheorie eine Rolle gespielt habe. Und auch dies scheint sich bei Lamarck zu bestätigen. Er gehört zu denen, auf die das Wort »Biologie« zurückgeht[26]; 1801 erscheint seine *Biologie ou considérations sur la nature, les facultés, les développemens et l'origine des corps vivans*. Davor findet sich das Wort in Karl Friedrich Burdachs (1776–1847) *Propädeutik zum Studium der gesamten Heilkunde* (1800), und fast gleichzeitig mit Lamarck verwandte es Gottfried Reinhold Treviranus (1776–1837): *Biologie oder Philosophie der lebenden Natur* (1802–22). Aber nicht nur das Wort »Biologie« deutet darauf hin, daß Lamarck um eine theoretische Integration der bis dahin getrennten Wissenschaften von den Lebenserscheinungen bemüht war. Wie wir noch näher sehen werden, widmete er der Unterscheidung wie dem Zusammenhang der organischen und der anorganischen Natur besondere Aufmerksamkeit und Anstrengung, und zwar von Anfang an[27]; zusammen mit Peter Simon Pallas (1741–1811), Felix Vicq d'Azyr (1748–1794), Johann Wolfgang Goethe (1749–1832) und Antoine Laurent de Jussieu (1748–1836) ersetzte Lamarck mit der Unterscheidung zwischen »organisch« und »anorganisch« die alte Dreiteilung der Naturreiche in das der Mineralien, der Pflanzen und der Tiere. Und Jacob meint gar: »Vielleicht trägt er (Lamarck – W. L.) sogar mehr als alle anderen (an der Wende vom 18. zum 19. Jahrhundert – W. L.) zu jenem Umsturz der Anschauung bei, der zur Abgrenzung des Belebten vom Unbelebten und zum Entstehen einer Biologie führt.«[28]

An einer anderen Stelle formuliert Jacob diesen Gedanken so: »Zum Zeitpunkt ihres Erscheinens wurde die *Philosophie zoologique* ziemlich schlecht aufgenommen. Lamarcks Einfluß auf seine Zeitgenossen ist nicht so sehr darauf zurückzuführen, daß er eine Schöpfungsgeschichte der lebenden Welt vorschlug, in deren Verlaufe durch sukzessive Transformationen die einen Wesen aus den anderen entstanden. Sein Einfluß rührt vielmehr daher, daß er im Lebenden eine Einheit erkannte, die die Diversität überwindet, daß er zwischen Organischen und Anorganischen eine Grenzlinie zog, die Analyse der lebenden Körper auf ihre Organisation richtete, kurz, daß er ausschlaggebend zum Entstehen der Biologie beitrug.«[29]

Fehlende Resonanz

Damit verweist uns Jacob auf ein Dilemma. Sollte seine Einschätzung des Einflusses Lamarcks auf die Entwicklung der Biologie in der ersten Hälfte des 19. Jahrhunderts, an der mir Zweifel angebracht scheinen, zutreffen, so beruht dieser Einfluß jedenfalls nicht auf seiner Evolutionstheorie, die von der überwiegenden Mehrheit der Biologen der Zeit abgelehnt wurde. Das heißt aber, die Fortschritte in der Integration der Wissenschaften von den Lebenserscheinungen zu einer einheitlichen Biologie in der ersten Hälfte des 19. Jahrhunderts beruhten nicht auf der Evolutionstheorie Lamarcks; sie gingen vielmehr an dieser Theorie vorbei. Und es ist auch nicht so, daß Lamarcks Theorie ein halbes Jahrhundert später ihren Charakter als Integrationstheorie der Biologie in der Evolutionstheorie von Alfred Russel

Wallace (1823–1913) und Charles Darwin bewährte. Denn die Evolutionstheorie der beiden englischen Biologen war keine Wiederaufnahme und Fortentwicklung der Evolutionstheorie Lamarcks. Sie war vielmehr ein Neuanfang, dem die Verwerfung der Theorie Lamarcks zugrunde lag. (Auf die Aufnahme gewisser Elemente der Evolutionstheorie Lamarcks, zu der sich Darwin in späteren Ausgaben der *Origin* genötigt sah, kommt das nächste Kapitel zu sprechen.) Insofern ist es irreführend, wenn Haeckel in seiner *Generelle(n) Morphologie* (1866) schreibt: »Seine (Lamarcks – W. L.) *Philosophie zoologique*, welche die Deszendenzlehre zum ersten Male als vollkommen abgerundete Theorie aufstellte, eilte mit ihrem prophetischen Gedankenfluge seiner Zeit so voraus, daß sie von seinen Zeitgenossen gar nicht verstanden und ein volles halbes Jahrhundert hindurch (1809 bis 1859) togeschwiegen wurde.«[30]

Wer nicht zur Kenntnis nimmt, daß die Theorie von Wallace und Darwin einen eigenständigen Neuanfang der biologischen Evolutionstheorie darstellt, wer wie Haeckel und wie der an Haeckel anknüpfende Lamarckismus der Wende vom 19. zum 20. Jahrhundert in Lamarcks *Philosophie zoologique* die erste Fassung der Deszendenztheorie sieht, die von Wallace, Darwin und ihren Nachfolgern nur weiter ausgearbeitet worden sei, der verwickelt sich in besondere Schwierigkeiten, wenn es darum geht zu erklären, warum Lamarcks Evolutionstheorie vom überwiegenden Teil der Biologen in der ersten Hälfte des 19. Jahrhunderts entweder ignoriert oder explizit verworfen wurde.

Biografische Zufälle?

Mit der Behauptung, daß Lamarck seiner Zeit vorausgeeilt sei, wird sich wohl kaum jemand zufriedengeben. Noch weniger hilfreich ist es, wenn uns Haeckel auf den unglückseligen Umstand verweist, daß Georges Cuvier (1769–1832), Lamarcks »Rivale«, mit seiner gewaltigen wissenschaftlichen Autorität die Anerkennung der Evolutionstheorie Lamarcks zu verhindern wußte – Haeckel dachte dabei vor allem an die vernichtende »Eloge«, die Cuvier am 26. XI. 1832 auf Lamarck hielt. (Haeckel argumentierte freilich »authentisch«: Lamarck selbst hatte die Nichtanerkennung seiner Theorien auf persönliche Machinationen verschiedener damaliger Wissenschaftler zurückgeführt.[31])

Wenn man sich schon auf solche Umstände einläßt, so erklärt jedenfalls die »Rivalität« gar nichts. Denn Cuvier muß für die

Zeitgenossen aus sachlichen Gründen in seiner Ablehnung der Evolutionstheorie Lamarcks überzeugend gewesen sein. Es kommt hinzu, daß die Zufälligkeit biografischer Gegebenheiten, so wenig sie in der Wissenschaftshistorie außer acht gelassen werden kann, auf keinen Fall als Rettungsanker benutzt werden sollte, wenn etwas schwer zu erklären ist.

Lag es an einer mangelhaften Begründung der Theorie?

Wir kommen auch nicht viel weiter, wenn wir in einer von Charles Martins aufgebrachten Argumentationsweise[32] zwischen der richtigen Theorie Lamarcks und ihrer mangelhaften Begründung unterscheiden und in letzterer den Grund für die Ablehnung der *Philosophie zoologique* erblicken. Dies Argument ist zunächst aus allgemeinen Erwägungen mißlich. Bei einer Theorie ist ihr Gehalt von ihrer Begründung schlecht trennbar; sonst reduziert sich dieser Gehalt auf eine Ahnung oder Idee und kann gerade nicht den Status einer Theorie beanspruchen. Eine solche »Verteidigung« Lamarcks stellt des weiteren, näher bedacht, ein Unrecht gegenüber der *Philosophie zoologique* dar, die in ihrem eigenen Kontext, nicht in dem der Deszendenztheorie Darwins, ein veritables theoretisches Werk ist. Im übrigen werden wir im nächsten Kapitel sehen, daß man auch bei Darwins *Origin of species* zwischen »richtiger Theorie« und »mangelhafter Begründung« unterscheiden kann, wobei es auf die Einzelheiten ankommt, um beurteilen zu können, was das für Darwins Deszendenztheorie als Theorie bedeutet.

Vererbbarkeit erworbener Eigenschaften

Es kommt hinzu, daß gerade die Einzelheiten, die von Vertretern der Verteidigungsstrategie Martins' angeführt werden, nicht überzeugen. Als solch ein gravierender Mangel in Lamarcks Begründung seiner Theorie wird meist an erster Stelle genannt, daß Lamarck die Vererbbarkeit erworbener Eigenschaften annahm. Wenn damit die Ablehnung der Theorie Lamarcks erklärt werden soll, so ist dies schlicht ein anachronistisches Argument. Die Annahme der Vererbbarkeit erworbener Eigenschaften war zu Lamarcks Zeiten ein Gemeinplatz; z. B. finden wir sie – um nur ein prominentes Exempel aus der Geschichte der Evolutionstheorie anzuführen – in der *Zoonomia* (1794) Erasmus Darwins (1731–1802), des Großvaters von Charles Darwin. Aber dies war nicht nur damals eine weitverbreitete und von niemand ernstlich als unmöglich verworfene Annahme, sondern während des gesamten 19. Jahrhunderts. Diese Annahme war auch gar nicht vor den Fortschritten in der Theorie der Genetik, die sich mit dem Namen August Weismanns (1834–1914) verbinden, entscheidend zu entkräften. So ist es auch keineswegs merkwürdig, daß Charles Darwin ebenfalls mit der Vererbbarkeit erworbener Eigenschaften operierte.[33] Hierin kann also unmöglich der Grund für die Ablehnung der Theorie Lamarcks durch seine Zeitgenossen gelegen haben.

Teleologe oder »Ideologe«?

Nicht weniger anachronistisch scheint es mir, in diesem Zusammenhang Lamarcks teleologische Argumentation anzuführen, d. h. den Umstand, daß Lamarck gelegentlich die Zweckmäßigkeit bestimmter Organe für bestimmte Verrichtungen in einer bestimmten Umwelt, also das Phänomen der Angepaßtheit, auf einen Zweck als Ursache zurückzuführen scheint. Dabei ist zunächst ein Sachverhalt klarzustellen. Hätte es Lamarck seinen zeitgenössischen Fachkollegen zugemutet, zur Physikotheologie des 18. Jahrhunderts zurückzukehren, so müßte dies gewiß als ein Grund für die Ablehnung seiner Theorie in Anschlag gebracht werden. Aber das ist nicht der Fall; Lamarck weist ausdrücklich teleologische Erklärungsversuche als in der Naturwissenschaft unstatthaft zurück.[34]

Anders steht es mit der Frage, ob Lamarcks Erklärung der Anpassung implizit teleologisch argumentiert. Lamarck ging bekanntlich davon aus – dies die wichtige Differenz zu Etienne Geoffroy Saint-Hilaire (1772–1844) –, daß veränderte Umweltbedingungen nicht direkt eine Veränderung der Organismen bewirken; vielmehr nötigen nach Lamarck solche neuen Umweltbedingungen die betroffenen Lebewesen zu einer Änderung ihrer »Gewohnheiten« (habitudes), die einen neuartigen Gebrauch ihrer Organe beinhaltet. Und dieser neuartige Gebrauch der Organe führt zu ihrer Modifikation.[35] Im Zusammenhang mit der Veränderung der Gewohnheiten finden sich Formulierungen, die den Organismus als zweckmäßig handelnde Instanz des Anpassungsprozesses erscheinen lassen: »Die wahre Ordnung der Dinge nun, die wir hier betrachten wollen, besteht darin:

daß erstens jede ein wenig beträchtliche und anhaltende Veränderung in den Verhältnissen, in denen sich jede Thierrace befindet, eine wirkliche Veränderung der Bedürfnisse derselben herbeiführt;

daß zweitens jede Veränderung in den Bedürfnissen der Thiere andere Thätigkeiten, um diesen neuen Bedürfnissen zu genügen, und folglich andere Gewohnheiten nöthig macht;

daß drittens jedes neue Bedürfnis, indem es neue Thätigkeiten zu seiner Befriedung nöthig macht, von dem Thiere, das es empfindet, entweder den größeren Gebrauch eines Organes, von dem es vorher geringeren Gebrauch gemacht hatte, erfordert, wodurch dasselbe entwickelt und beträchtlich vergrößert wird, oder den Gebrauch neuer Organe, welche die Bedürfnisse in ihm unmerklich durch Anstrengungen seines innern Gefühls entstehen lassen.«[36]

Es sind Worte wie »Bedürfnisse« (besoins) und vor allem »inneres Gefühl« (sentiment intérieur), die den Eindruck entstehen lassen, als sei das Lebewesen ein Akteur, der die Anpassung als Zweck verfolgt.

Geht es nun um die Frage, ob solche Formulierungen wegen ihrer teleologischen Implikationen die Ablehnung der Theorie Lamarcks durch seine Zeitgenossen verursacht oder wenigstens mitverursacht haben, so gilt es, den zeitgenössischen Kontext solcher Formulierungen zur Kenntnis zu nehmen, ein Kontext, in den Lamarck selbst seine *Philosophie zoologique* explizit einstellte: »Man hat zwar schon seit ziemlich langer Zeit den Einfluß der verschiedenen Zustände unserer Organisation auf unseren Charakter, unsere Neigungen, unsere Handlungen und sogar auf unsere Begriffe wahrgenommen, es hat aber, wie mir scheint, noch niemand den Einfluß unserer Handlungen und Gewohnheiten auf unsere Organisation selbst kennengelehrt.«[37] Lamarck verfolgte also mit seiner Theorie auch das Ziel, »das Dilemma aufzulösen, das in allgemeinster Form in den beiden einander entgegengesetzten Lehren der französischen Philosophen zum Ausdruck kam, daß ›Meinungen die Welt beherrschen‹ bzw. daß ›die Welt die Meinungen bestimmt‹. Dabei behandelte er dieses letztere Problem mehr in seiner psychologischen Bedeutung, als es bisher geschehen war, indem er nämlich untersuchte, bis zu welchem Grade einerseits der Geist von physischen Umständen beeinflußt würde, andererseits aber umgekehrt der Geist physische Ereignisse bestimmte.«[38]

Wenn die Zeitgenossen an diesem Beitrag Lamarcks zu einer generellen Problematik der französischen Aufklärungsphilosophie Anstoß nahmen, dann wahrscheinlich nicht wegen der teleologischen Implikationen bestimmter Argumente Lamarcks, sondern vielleicht eher deshalb, weil ihnen ganz im Gegenteil Lamarck als »Ideologe«[39], als Fortführer der materialistischen Philosophie des 18. Jahrhunderts, suspekt war – wir kommen darauf am Ende des Kapitels zurück. Jedenfalls zeigt uns dieser Sachverhalt, daß wir *unsere* Bedenken gegen bestimmte Momente der Theorie Lamarcks nicht ungeprüft seinen Zeitgenossen unterstellen dürfen, wenn wir die Gründe für ihre Ablehnung Lamarcks herausfinden wollen.

Handelt es sich überhaupt um eine Deszendenztheorie?

Diese bedenklichen Anachronismen geben Anlaß zu der Frage, ob dieser ganzen Argumentation nicht ein Verfahren zugrunde liegt, das zumindest für wissenschaftshistorische Untersuchungen unzulässig ist. Diese Argumentation sortiert Lamarcks Theorie nach Richtigem und Falschen. »Es handelt sich also nur darum«, schrieb der Lamarckist Adolf Wagner, »aus dem Ganzen (der Theorie Lamarcks – W. L.) gleichsam dasjenige herauszumodellieren, was für die weitere Folge von Bedeutung war und blieb. Anschauungen, die durch den Fortschritt der wissenschaftlichen Erkenntnis tatsächlich überwunden sind, nochmals, wenn auch nur vorübergehend, vor dem Leser ins Leben zu rufen, wäre zwecklos.«[40] Lamarcks Evolutionstheorie wird also in ihren einzelnen Teilen vor einem späteren evolutionstheoretischen Erkenntnisstand bewertet und in Stücke »von Bedeutung« und solche, die überholt sind, dividiert. Die Bewertung erfolgt nicht danach, welche Bedeutung die einzelnen Teile in Lamarcks Theorie haben, sondern nach ihrer Bedeutung in einer Evolutionstheorie nach Darwin.

Dies wäre bis zu einem gewissen Grade vertretbar, wenn man sich zuvor davon überzeugt hat, daß es sich bei der Theorie Lamarcks wie bei der Evolutionstheorie nach Darwin im Kern um dieselbe Evolutionstheorie handelt, so daß die Differenzen als Differenzen der Erklärung und Begründung dieser identischen Theorie im einzelnen aufgefaßt werden könnten. Und tatsächlich unterstellten die Lamarckisten der letzten Jahrhundertwende eben diese Identität. Wie schon die angeführten Haeckel-Zitate erkennen ließen, verstanden diese Lamarckisten die Evolutionstheorie Lamarcks als eine Deszendenztheorie. Danach unterscheiden sich Lamarck und Darwin nur in der Erklärung des Artwandlungsvorgangs, während beide darin übereinstimmen, daß zwischen den Arten ein Abstammungszusammenhang besteht. Noch heute ist es verbreitete Ansicht[41], daß Lamarck mit seinem Anpassungsprinzip – veränderte Umweltbedingungen führen zu veränderten Gewohnheiten, d. h. zu einem anderen Gebrauch oder Nichtgebrauch der Organe, die dadurch modifiziert werden, welche Modifikationen sich vererben –, daß also Lamarck mit diesem Prinzip die Abstammung der Arten erkläre. Aber ist das überhaupt der Fall?

Eine merkwürdige Chronologie

Eine Überprüfung dessen, ein Kennenlernen der Evolutionstheorie Lamarcks ohne jene Sortierung ihrer Momente, ist demnach durchaus angebracht. Daß es dabei etwas zu entdecken gibt, zeigt sich schon bei dem Versuch, die Gründe für eine vielleicht nebensächlich erscheinende Differenz zwischen Lamarck und Darwin herauszufinden. Nach Darwins Abstammungslehre gehören die Hominiden bekanntlich zu den allerjüngsten Arten. Bei Lamarck dagegen sind sie mit Sicherheit die ältesten Arten, während nach seiner Theorie die sog. niedrigen Arten (z. B. im Tierreich der Polyp) zweifellos die allerjüngsten sind. Wie erklärt sich diese merkwürdige Chronologie Lamarcks? Beruht sie auf irgendwelchen, Lamarck selbst oder vielleicht dem Erkenntnisstand seiner Zeit anzulastenden Fehldeutungen des paläontologischen Materials oder ist sie Resultat seiner Evolutionstheorie?

Überprüfen wir, ob aus dem Hauptprinzip der Evolutionstheorie Lamarcks diese Chronologie folgt. Dieses Prinzip formulierte Lamarck verschiedentlich, besonders komprimiert und prägnant aber z. B. in folgender Weise:

> »Die Natur hat also, um bei den Organismen den Zustand der Dinge, den wir wahrnehmen, herbeizuführen, direkt, d. h. ohne irgendwelchen organischen Vorgang, nur die einfachst organisirten Thiere und Pflanzen hervorbringen müssen und sie erzeugt dieselben noch tagtäglich in derselben Weise an günstigen Orten und zu günstigen Zeiten. Dadurch nun, daß sie diesen Organismen, die sie selbst erschaffen hat, die Fähigkeit der Ernährung, des Wachstums, der Fortpflanzung und der jeweiligen Vererbung der in der Organisation erworbenen Fortschritte verlieh, und daß sie allen organisch erzeugten Individuen endlich diese nämlichen Fähigkeiten übertrug, wurden die Organismen aller Klassen und aller Ordnungen mit der Zeit und durch die unendliche Verschiedenartigkeit der immer wechselnden Verhältnisse nach und nach hervorgebracht.«[42]

Nach Lamarck entstehen also die einfachsten Organismen – als solche galten damals für das Tierreich die sog. Infusorien (»Aufgußtierchen«[43]) – durch Urzeugung. Diese Urzeugung fand nach Lamarck nicht nur in einer vergangenen erdgeschichtlichen Epoche statt, sondern geschieht »noch tagtäglich in derselben Weise an günstigen Orten und zu günstigen Zeiten«. Durch Urzeugung können aber nur die »einfachst organisierten« Lebewesen entstehen; Lamarck ist nämlich der Ansicht, »(. . .) daß die Natur in ihrem Gange (. . .) nur diese (. . .) ersten Anfänge der Organisation erzeugt«.[44] Die heutige Vielfalt von Flora und Fauna, die Existenz komplex gestalteter Organismen läßt sich also nicht auf Urzeugung zurückführen; sie ist vielmehr Resultat einer Fähigkeit, die den einfachsten Organismen mit ihrer Urzeugung verliehen wurde, nämlich der Fähigkeit, Fortschritte in der Organisation zu machen und diese Fortschritte zu vererben:

»Überdies hätte die Natur, wenn sie den Verrichtungen der Organisation nicht hätte die Fähigkeit geben können, diese Organisation selbst dadurch, daß sie die Energie der Bewegung der Flüssigkeiten und folglich die der organischen Bewegung vermehrte, immer mehr zu verwickeln, und wenn sie nicht durch die Fortpflanzung aller Fortschritte der Ausbildung in der Organisation und jede erworbene Vervollkommnung vererbt hätte, gewiß nie diese unendlich mannigfaltige Menge von unter einander im Zustande der Organisation und in den Fähigkeiten so verschiedenen Thieren und Pflanzen hervorgebracht.«[45]

Die Fortschritte in der Ausbildung der Organisation und ihre Vererbung haben »die Organismen aller Klassen und aller Ordnungen *mit der Zeit* (W. L.) hervorgebracht«. Die Fähigkeit, diese Fortschritte zu machen und zu vererben, ist den Organismen seit ihrer Urzeugung eigen. Lamarck begründet also die Fortschritte und damit die Entwicklung des ganzen Pflanzen- und Tierreichs in einer Fähigkeit der Organismen.

Die Organismen haben eine Fähigkeit zur Höherentwicklung. Sie durchlaufen aufgrund dieser Fähigkeit in der langen Folge der Generationen eine Art Stufenleiter der Organisation mit dem Richtungssinn: vom Einfachen zum Komplexen, vom einförmigen zum funktionsgegliederten Wesen. Die Vielfalt der Flora- bzw. Faunaformen läßt sich jeweils, d. h. getrennt für die beiden Reiche, als eine lineare Abfolge von Entwicklungsstufen anordnen. Jede Organisationsform auf den beiden Stufenleitern stellt also die urgezeugten Organismen auf einem bestimmten Entwicklungsstand dar. Da es keinen Grund für die Annahme gibt, daß die verschiedenen Organismen diese Entwicklungslinie unterschiedlich schnell durchlaufen, läßt sich aus der Entwicklungshöhe der Organismen auf ihr Alter schließen, also darauf, wieviel Zeit seit ihrer Urzeugung verstrichen sein muß. Der Grundsatz einer Altersbestimmung kann gemäß dieser Theorie nur lauten: je höher entwickelt, desto älter.

Es ist also nur konsequent, den Polypen als eine der jüngsten Arten anzusehen. Seine noch wenig differenzierte Organisationsform ver-

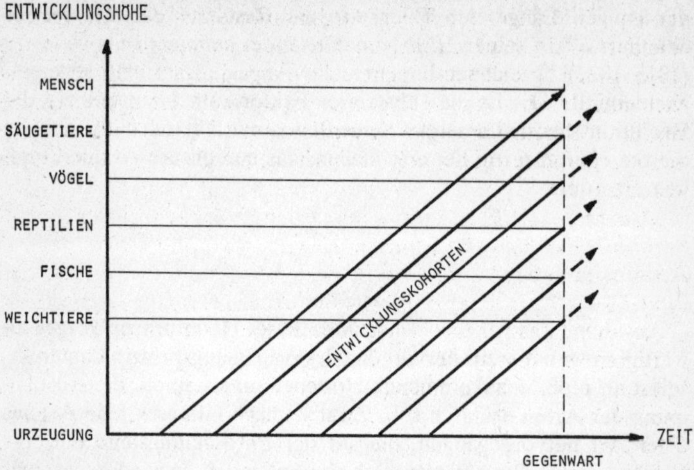

Abb. 1. Schema der Lamarckschen Theorie der Arttransformation

rät ja, daß er seit seiner Urzeugung nur verhältnismäßig wenig Zeit zur Höherentwicklung gehabt haben kann. Lamarcks Chronologie verliert so alles Verwunderliche. Dafür treten die Eigentümlichkeit und die Merkwürdigkeiten seiner Theorie der Artentwicklung hervor.

Bevor wir uns dem zuwenden, ist noch festzuhalten, daß das eben umrissene Hauptprinzip der Evolutionstheorie Lamarcks gerade das nicht als integrales Moment enthält, was man in Nachfolge des Lamarckismus der Jahrhundertwende gewöhnlich unter der Theorie Lamarcks versteht, nämlich das besprochene Anpassungsprinzip. Dieses spielt in Lamarcks Theorie tatsächlich nur die Rolle eines Nebenprinzips. Lamarck stellte die untergeordnete Bedeutung des Anpassungsprinzips gegenüber dem Prinzip der Höherentwicklungsfähigkeit verschiedentlich klar; im ersten Teil der *Philosophie zoologique* z. B. so: »Ich nehme mir hier vor, zu beweisen, daß die fragliche Thatsache (die Abstufung der Organisation im Tier- bzw. Pflanzenreich – W. L.) sicher ist und daß sie von einem constanten Naturgesetz (Fähigkeit zur Höherentwicklung – W. L.) hervorgebracht wird, das überall mit Gleichförmigkeit thätig ist, daß aber eine besondere, leicht erkenntliche Ursache (das Anpassungsprinzip – W. L.) hie und da in der ganzen Länge der Thierkette die Resultate dieses Gesetzes abändert.«[46] In seiner *Histoire naturelle des animaux sans vertèbres* (1815–1822) bezeichnet Lamarck das Anpassungsprinzip sogar als akzidentiell.[47] Es ist ein subsidiärer Faktor zum Hauptprinzip der Evolutionstheorie Lamarcks. Seine Bedeutung läßt sich daher nur von diesem Hauptprinzip her erschließen, das nun unsere Aufmerksamkeit erfordert.

Arttransformation

Aus dem, was wir uns bisher über dieses Hauptprinzip vergegenwärtigten, geht bereits hervor, daß das Anpassungsprinzip Lamarcks, selbst als bloß hinzukommende Ursache, nur scheinbar die Abstammung der Arten erklären soll. Zwar ist nach Lamarck jede Art aus einer Art hervorgegangen, die auf der Entwicklungslinie um eine Nuance weniger komplex organisiert war, und diese wieder aus einer wiederum um eine Nuance weniger komplex organisierten etc.[48] Dennoch handelt es sich um keine Abstammungslehre. Denn wie ein Blick auf unser Schema (Abb. 1) zeigt, stammen die rezenten Arten nach Lamarck nicht voneinander ab: Sie haben zwar alle *gleichartige* Vorfahren (in letzter Instanz die urgezeugten Infusorien), aber keine *gemeinsamen* Vorfahren. Ohne gemeinsame Vorfahren kann aber von Abstammung nicht die Rede sein. Wir müssen also konstatieren, daß Lamarcks Evolutionstheorie keine Deszendenztheorie ist; sie ist eine Theorie nicht der Abstammung, sondern der Transformation der Arten.

Eine Beschreibung der dieser Theorie entsprechenden Arttransformation hat vor allem zwei Punkte herauszuheben. Erstens: Zwischen den rezenten Arten besteht kein genetischer Zusammenhang. Die verschiedenen Arten vollziehen ihre Höherentwicklung unabhängig voneinander. Es handelt sich um autarke, parallele Evolutionen. Zweitens: Bei diesen parallelen Evolutionen handelt es sich qualitativ immer um die gleiche Evolution. Jeder urgezeugte Organismus durchläuft auf der tierischen oder pflanzlichen Entwicklungslinie die gleiche Abfolge der immer höher entwickelten Ausbildung seiner Organisation. Zwischen den Arten gibt es also nur den Unterschied, welchen Grad sie auf der Linie dieser für alle gleichen Evolution jeweils erreicht haben. Sie unterscheiden sich also nur durch ihr Entwicklungsstadium voneinander. Insofern kann man sagen: Es gibt bei Pflanzen und Tieren im Grunde jeweils nur ein und dieselbe Art von

Lebewesen; die verschiedenen rezenten Arten stellen diese eine Art von Lebewesen nur auf verschiedenen Stufen ihrer Entwicklung dar.

Beschreiben wir Lamarcks Theorie der Arttransformation in dieser Weise, so verwickeln wir uns offenkundig in Konfusionen beim Gebrauch des Begriffs »Art«. Einmal wurden die rezenten Lebensformen in der gewöhnlichen Weise mit diesem Begriff bezeichnet. Da aber nach dieser Theorie diese Arten nur unterschiedliche Entwicklungsstadien des gleichen (pflanzlichen bzw. tierischen) Lebewesens sind, wurden auch diese beiden Lebewesen mit dem Begriff »Art« bezeichnet. Wir können dieser Konfusion entgehen, indem wir letztere nicht Art nennen, sondern etwa »das pflanzliche Lebewesen« bzw. »das tierische Lebewesen«, womit wir das sich jeweils auf einer der beiden Entwicklungslinien höherentwickelnde Lebewesen meinen, das das identische Substrat seiner Entwicklungsstadien und so auch das Substrat der Arten ist, das aber immer nur in einem bestimmten Entwicklungsstadium real existiert, also immer nur als eine bestimmte Art. Die Konfusion ist aber nicht wirklich behoben, solange nicht entdeckt ist, daß sie aus einer Eigenart des Lamarckschen Artbegriffs resultiert, solange diese Eigenart selbst nicht aufgeklärt ist.

Lamarcks Artbegriff

Lamarck war Vertreter des Natürlichen Systems. Er verstand unter Art also nicht eine bloß zum Behufe der klassifikatorischen Einteilung nach pragmatischen Kriterien getroffene Bestimmung. Art und Artunterschied waren für ihn Realitäten. Nicht wir unterscheiden die Arten; die Arten unterscheiden sich selbst voneinander. Lamarck griff auf Buffons Kriterium der Art zurück, wonach eine Art die Individuen umfaßt, die selbst wiederum fortpflanzungsfähigen Nachwuchs miteinander zu zeugen vermögen (wir kommen im vierten Abschnitt des fünften Kapitels auf Buffons Artkriterium zurück). Anfangs[49] verband Lamarck damit auch die Forderung nach konstanter Reproduktion der ähnlichen Individuen und knüpfte daran die Unterscheidung zwischen Mineralien und Lebewesen.[50] In der *Philosophie zoologique* aber schrieb er dann:

> »Man hat Art jede Gruppe von ähnlichen Individuen genannt, welche von andern, ihnen ähnlichen Individuen hervorgebracht wurden.
>
> Diese Definition ist genau, denn jeder Organismus gleicht immer beinahe vollständig seinem oder seinen Erzeugern. Man verbindet aber mit dieser Definition die Vorstellung, daß die zu einer Art

gehörenden Individuen in ihrem specifischen Charakter niemals abändern und daß folglich die Art eine absolute Konstanz in der Natur besitzt.

Diese Annahme nur will ich bekämpfen, weil einleuchtende, durch die Beobachtung gewonnene Beweise darthun, daß sie unbegründet ist.«[51]

Lamarck revidierte also nicht das Buffonsche Artkriterium. Er zerschnitt vielmehr den Zusammenhang dieses Kriteriums mit der Annahme, daß die Arten konstant sind. Und in der Tat verhalten und unterscheiden sich ja die Arten in seiner Theorie gemäß dem Buffonschen Kriterium: Sie sind real diskret und, wie wir sehen, auch genetisch; sie haben keine gemeinschaftlichen Vorfahren. Anders als bei Darwin, resultiert ihre Diskretheit nicht aus der Ausdifferenzierung und Divergenzentwicklung, sondern sie beruht auf ihren voneinander unabhängigen, parallelen Evolutionen.

Lamarcks Anknüpfung an Buffon in diesem Zusammenhang ist nicht nur deswegen bemerkenswert, weil er die Konstanz der Art nicht als Konsequenz des Buffonschen Artkriteriums anerkennt. Interesse verdient diese Anknüpfung vor allem deshalb, weil Lamarck in seiner Theorie der Arttransformation darüber hinaus mit Implikationen des Buffonschen Artbegriffs operiert, die – meines Wissens – kein zeitgenössischer Biologe sonst realisiert hat.

Artbegriff und epigenetische Theorie der Ontogenese

Soweit der Streit zwischen »natürlichen« und »künstlichen« Systematiken, auf den das fünfte Kapitel näher eingehen wird, im 18. Jahrhundert darum ging, ob zur Unterscheidung der Arten nur ein Merkmal oder möglichst viele miteinander verglichen werden sollen, solange stritten sich die Parteien auf der gemeinsamen Grundlage, daß die Arten nach ihrer Übereinstimmung bzw. Nichtübereinstimmung in Gestalt und Struktur zu unterscheiden sind. Dem setzte das Buffonsche Artkriterium eine vollständig andersartige Unterscheidungsdimension entgegen. Denn nach diesem Kriterium sind Gestalt und Struktur nicht einfach Faktisches, sondern von der Art zu Reproduzierendes. Die Art ist damit nicht nur die Menge der ähnlichen Individuen, sondern ein Reproduktionszusammenhang, ein sich reproduzierendes und insofern reales Wesen.

Die Implikationen dieses Artbegriffs zeigen sich in ihrem ganzen Ausmaß erst im Kontext der damaligen Zeugungstheorien und ihrer ontogenetischen Konsequenzen.[52] Bis zu Buffon herrschten die im 17.

Jahrhundert entwickelten *präformistischen* Zeugungstheorien vor. Nach diesen ist der Entwicklungskeim eines neuen Lebewesens nicht eigentlich als ein Keim zu denken, sondern als vollständig so wie das ausgewachsene Lebewesen gestalteter Miniaturorganismus, dessen Ontogenese dementsprechend im Grunde nichts anderes als Größenwachstum ist. Obgleich die embryologischen Forschungen des 18. Jahrhunderts, nicht zuletzt wegen der Unvollkommenheit der damaligen Mikroskope, einen Präformisten in seinen Überzeugungen nicht erschüttern mußten, waren sie doch geeignet, die in der Antike und im 16. Jahrhundert bei den Physiologen vorherrschende Ansicht neu zu beleben und zu bestärken, daß die Ontogenese ein Prozeß ist, in dem ein noch kaum strukturiert erscheinendes Klümpchen organischer Materie in einer bestimmten Abfolge nacheinander bestimmte Gestaltungsstrukturen durchläuft, bis seine komplexe Organisation ausgereift ist. Diesen embryologischen Befunden entsprachen die in der zweiten Hälfte des 18. Jahrhunderts vordringenden *epigenetischen* Zeugungstheorien, die die Ontogenese eben als solch einen Prozeß der sukzessiven Ausbildung der Organisationsstruktur zu fassen gestatteten.

Hinsichtlich der Unterscheidung der Arten nach Gestalt und Struktur konnten sich auf der Grundlage der präformistischen Theorie keinerlei Schwierigkeiten ergeben. Denn diese Theorie gewährleistete ja – natürlich nur theoretisch! –, daß eine bestimmte Gestalt und Struktur immer, d. h. unabhängig vom ontogenetischen Entwicklungsstadium, einer bestimmten Art zuzuordnen ist. Auf der Grundlage der epigenetischen Theorie dagegen mußte man sich bei solch einer Zuordnung die Vorschrift dazu denken, daß nur Individuen des gleichen ontogenetischen Entwicklungsstandes miteinander verglichen werden dürfen. (In der wirklichen Praxis der Systematiker wurde das ganz unabhängig von diesen theoretischen Fragen beachtet; die Bedeutung embryonaler Merkmale für die Klassifikation realisierte aber erst das 19. Jahrhundert.)

Für den Artbegriff implizierte dies eine Dimension, die dem Buffonschen Begriff nicht ohne diesen Rekurs auf die epigenetische Zeugungstheorie anzusehen ist. Die Art ist auf der Grundlage dieser Theorie nicht nur ein realer Reproduktionszusammenhang. In ihrem Reproduktionsprozeß durchlaufen ihre Individuen zugleich verschiedene Gestalten und Strukturen. Die Art ist so zwar, orientiert am reifen Individuum, nach wie vor durch die Ähnlichkeit ihrer Individuen in Gestalt und Struktur ausgezeichnet. Aber diese Ähnlichkeit ist Resultat der Artreproduktion, wobei diese Reproduktion im ontogenetischen Prozeß die Zuordnung von Art und Gestalt/Struktur aufhebt. Ähnlich sind sich die Individuen einer Art in ihrer Ontogenese aufgrund der Ähnlichkeit des Gestalt- und Struktur*wandlungs*prozesses.

Lamarcks Sprengung des Artbegriffs

In bezug auf die epigenetisch aufgefaßte Ontogenese enthält der Artbegriff die Bedeutung eines identischen Substrats im Wandel von Gestalt und Struktur, eines identischen Substrats in diesem Prozeß der allmählichen Ausbildung und Höherentwicklung der Organisationsstruktur bis zum Reifestadium. Es ist diese Bedeutungsimplikation des Artbegriffs, so ist wohl unschwer zu sehen, die uns in Lamarcks Subjekt des Arttransformationsprozesses entgegentritt, in »dem pflanzliche Wesen« bzw. in »dem tierische Wesen«, wie wir es nannten. Lamarck hat mit Hilfe dieser Bedeutungsimplikation, die der Artbegriff in bezug auf die epigenetisch verstandene Ontogenese hat, den Artbegriff selbst gewissermaßen gesprengt. Aus der Art als identisches Substrat des ontogenetischen Entwicklungsprozesses wurde ein identisches Substrat des Entwicklungsprozesses der Arten selbst.

Um einem möglichen Mißverständnis vorzubeugen: Lamarck entwickelte seine Theorie der Arttransformation nicht aufgrund von Überlegungen zum Artbegriff, wie sie eben vorgetragen wurden. Zu konstatieren ist lediglich, daß er die Arttransformation nach Art der Ontogenese dachte. Die Reflexion auf die Bedeutungsimplikationen des Buffonschen Artbegriffs im Zusammenhang mit den epigenetischen Zeugungstheorien soll nur zeigen, welche Möglichkeiten ihm damit zur Verfügung standen. Zugleich wird damit deutlich, warum man sich in Schwierigkeiten verwickelt, wenn man Lamarcks Theorie der Arttransformation mit dem Artbegriff des 18. Jahrhunderts zu beschreiben versucht.

Übertragung der Ontogenese auf die Phylogenese?

Daß die epigenetisch verstandene Ontogenese seiner Theorie der Arttransformation den Stempel aufdrückte, kann keinem Zweifel unterliegen. Wer in Lamarcks Schriften liest, der stößt immer wieder auf Stellen, bei denen man nicht entscheiden kann, ob Lamarck gerade über ontogenetische Prozesse oder über den Arttransformationsprozeß handelt. So geht es einem auch bei einer Passage mit sechs Grundsätzen, die Lamarck selbst offenbar für sehr grundlegend hielt; denn sie erscheint seit 1802 in jeder seiner Schriften und meistens auch optisch hervorgehoben. In der Fassung der *Recherches sur l'organisation des corps vivants* (1802) lautet sie:

»Achtet man fortgesetzt auf die Untersuchung der Organisation verschiedener zur Beobachtung gelangter Lebewesen, ferner auf die verschiedenen Systeme, die diese Organisation in jedem organischen Reiche bietet, endlich auf gewisse Veränderungen, die man sie unter bestimmten Umständen erleiden sieht, so gelangt man zum Schluß zur Überzeugung:

1. daß das Eigentümliche der organischen Bewegung nicht nur im Entwickeln der Organisation liegt, sondern auch noch in der Vervielfältigung der Organe und der zu erfüllenden Funktionen; und daß außerdem die organische Bewegung ständig danach strebt, einzelnen bestimmten Teilen spezielle einzelne Funktionen zu übertragen, Funktionen, die ursprünglich allgemein waren, d. h. allen Punkten des Körpers gemeinsam zukamen.

(...)

3. daß das Eigentümliche der Bewegung der Flüssigkeiten in den biegsamen Teilen der sie enthaltenden lebenden Körper darin besteht, daß sie sich Wege bahnen, Ablagerungsorte und Austrittsstellen schaffen; daß sie sich Kanäle und demzufolge verschiedene Organe schaffen; daß sie diese Kanäle und Organe wechseln je nach dem Wechsel der Bewegungen oder der Flüssigkeiten, die ihnen stattgeben; endlich daß sie diese Organe und Kanäle stufenweise vergrößern, verlängern, teilen und verfestigen, und zwar durch die Stoffe, die sich von den in Bewegung befindlichen Flüssigkeiten unaufhörlich bilden und absondern und von denen ein Teil sich den Organen assimiliert und sich mit ihnen vereinigt, ein anderer Teil nach außen abgegeben wird.

4. daß der Zustand der Organisation in jedem Lebewesen erlangt wurde durch das schrittweise Fortschreiten der Einwirkung der Bewegung der Flüssigkeiten und durch die Einwirkung der Veränderungen, welche diese Flüssigkeiten fortwährend erlitten, sowohl in ihrer Natur als auch in ihrem Zustande, durch die gewohnheitsmäßige Aufeinanderfolge ihrer Abgänge und ihrer Erneuerung.

5. daß jede Organisation und jede Form, die durch diese Ordnung der Dinge und durch die dazu beitragenden Umstände erlangt worden ist, nach und nach durch die Fortpflanzung erhalten und übertragen wurden, bis neue Modifikationen dieser Organisation

und dieser Formen auf demselben Wege und durch neue Umstände hervorgerufen wurden.

6. Endlich, daß durch die ununterbrochene Wirkung dieser Ursachen oder dieser Naturgesetze, einer langen Zeit und einer fast unfaßbaren Mannigfaltigkeit der einwirkenden Einflüsse die Lebewesen aller Ordnungen sukzessive gebildet worden sind.«[53]

Diese Passage läßt erkennen, daß es die Sache nicht richtig träfe, würde man Lamarcks Theorie der Arttransformation als eine Übertragung der Ontogenese auf die Phylogenese kennzeichnen. Bei Lamarck ist die Beziehung zwischen ontogenetischer Entwicklung und Arttransformation viel enger, und daraus resultiert es, daß man oft nicht weiß, ob von ontogenetischen Prozessen oder von der Artevolution die Rede ist. Der ontogenetische Prozeß und die Höherentwicklung der Art sind nur Seiten ein und desselben Prozesses. Sie resultieren, wie der sechste Grundsatz sagt, aus der »ununterbrochenen Wirkung dieser Ursachen«, und zwar aus Ursachen, die zugleich die ontogenetische Entwicklung und die Höherentwicklung der Art bewirken. Wie die Grundsätze 4) und 5) zeigen, werden die ontogenetisch gemachten Entwicklungsfortschritte zum Ausgangspunkt weiterer Entwicklungen der Art. Die Ontogenese ist also von Lamarck nicht einfach auf die Phylogenese übertragen worden. Es trifft die Sache eher, wenn man sagt, Lamarck glaubte, daß die Ursachen und Gesetzmäßigkeiten der Ontogenese zugleich die Ursachen und Gesetzmäßigkeiten der Artentwicklung sind; daß sich aus diesen Ursachen und Gesetzmäßigkeiten nicht nur die Bildung eines Organismus erklären lasse, sondern ebenso die Bildung des Pflanzen- und Tierreichs.

Erklärte Organisation – beschriebene Ordnung

Wir müssen uns einen generellen, gewissermaßen wissenschaftstheoretischen Aspekt des damaligen Entwicklungsstands der Wissenschaften von den Lebenserscheinungen vergegenwärtigen, um ermessen zu können, welchen Anspruch Lamarck erhob, wenn er glaubte, die Bildung von Flora und Fauna in derselben Weise erklären zu können wie die Bildung eines einzelnen Organismus.

Lassen wir die Physiologie vor William Harvey (1578–1657) beiseite, so können wir sagen, daß im 17. Jahrhundert mit der Auffassung des Organismus als einer komplizierten Maschine in den Wissenschaften von den Lebenserscheinungen der Typus erklärender Theorie heimisch wurde und sich zur deskriptiven Naturkunde gesellte. Seitdem zerfielen die Wissenschaften von den Lebenserscheinungen in Wissenschaften mit unterschiedlichem theoretischen Status. Ansätze zu einer erklärenden Theorie entwickelten sich zunächst nur bei den Disziplinen der Organisationsebene, während die Disziplinen der Ordnung über Beschreibung und Klassifikationsversuche nicht hinauskamen. Am Beginn des 18. Jahrhunderts war diese Situation zusätzlich dadurch gekennzeichnet, daß mechanistische Erklärungen des Organismus den Disziplinen der Ordnung jeden Weg zu einer erklärenden Theorie geradezu abschnitten.

Dies wird wiederum an den präformistischen Zeugungstheorien besonders deutlich. Diese Theorien erklären die Artgleichheit der Nachkommen mit den Eltern durch eine Einschachtelungshypothese. Jedes Lebewesen enthält in seinem Samen nicht allein seine unmittelbaren Nachkommen als vollständig ausgebildete Miniaturorganismen, sondern im Samen dieser Miniaturorganismen auch alle künftigen Generationen in der gleichen Form. Das Bild der russischen Puppe ist der Hypothese vollständig adäquat. Im Samen sind die künftigen Geschlechter präformiert, d. h. in ihrer ausgebildeten Organisationsstruktur enthalten, und präexistent. Geht man gemäß dieser Hypothese in der Zeit zurück, so folgt aus ihr, daß in einem Akt mit den ersten Individuen einer Art zugleich alle Individuen der Art, in die ersten eingeschachtelt, entstanden. Es folgt aber zugleich daraus, daß alle Arten einen voneinander verschidenen Ursprung haben. Die präformistischen Zeugungstheorien, die in all ihrer Phantastik der mechanistischen Erklärung der Organismen ausgezeichnet entsprachen[54], hatten die Konsequenz, jede Frage, wie Flora und Fauna entstanden sein könnten, an den biblischen Schöpfungsbericht zu verweisen. Ihre Erklärung der Erhaltung der Artgleichheit im Generationswechsel implizierte die Unerklärlichkeit der Artenvielfalt mit Mitteln der Naturwissenschaft. Die botanische und zoologische Systematik waren so auf den Status beschreibender und klassifizierender Wissenschaften festgelegt.

Das Vordringen epigenetischer Zeugungstheorien in der zweiten Hälfte des 18. Jahrhunderts änderte an dieser Situation zunächst nichts Grundsätzliches. Wir sahen weiter oben, anläßlich der kurzen Überprüfung des Buffonschen Selektionsprinzips, daß auf der Grundlage einer epigenetischen Theorie versucht werden konnte, die Artenvielfalt aus einer Kombinatorik elementarer organischer Bausteine – Buffon sprach von organischen Molekülen – zu erklären. Damit war zwar erreicht, daß die Wissenschaften von den Lebenserscheinungen an dieser Stelle nicht mehr auf die wissenschaftsfremde Instanz eines Schöpfergottes zurückgreifen mußten. Tatsächlich aber war das Problem nur verlagert: Hatte man vorher die Artenvielfalt als Faktisches hinzunehmen, so jetzt die Vielfalt von »moules intérieurs«, sowie von organischen Molekülen und so die Vielfalt der damit gegebenen Kombinationsmöglichkeiten. Der wirkliche Fortschritt, den die epigenetische Zeugungstheorie brachte, nämlich daß nun die Erdgeschichte bei der Frage der Herkunft der Arten eine Rolle zu spielen begann, – dieser Fortschritt schlug vorerst für die Disziplin der Ordnungsebene nicht zu Buche; sie konnten damit zunächst nicht über den Status nur deskriptiver Disziplinen hinausgelangen.

Erklärende Systematik

In dieser Situation beanspruchte nun Lamarck, den geschilderten desolaten Zustand zu beenden und mit seiner Theorie der Arttransformation die Disziplinen der Ordnungsebene auf das Niveau erklärender Wissenschaften zu heben.

Lamarck war selbst, trotz des autodidaktischen Charakters seiner naturwissenschaftlichen Ausbildung, Fachmann auf dem Gebiet der Systematik. Mit der *Flore françoise* (1778) begründete er seinen Ruf als Autorität auf dem Gebiet der botanischen Systematik. Er wurde daraufhin, auf Verwendung Buffons, als Beisitzer in die königliche Akademie gewählt und unter dem Titel »Botaniste du Roi« als Assistent am Herbarium des königlichen Pflanzengartens angestellt. Man zog ihn zur Mitarbeit an der *Encyclopédie methodique botanique* (1783–1817) heran. Am Museum d'Histoire Naturelle, eine Reorganisation des Jardin du Roi durch das republikanische Frankreich, erhielt Lamarck 1793 nun freilich eine der Professuren für Zoologie, und zwar die für das Gebiet der damals so gut wie unerforschten wirbellosen Tiere. Sosehr alle Berufungen auf die Zoologieprofessuren des Museums Verlegenheitslösungen waren[55], die allerdings zu den glänzendsten Ergebnissen führten, sosehr zeigt die Berufung Lamarcks, daß man ihn für eine Kapazität auf dem Gebiete der Systematik hielt, die in dieses ihm fremde und allgemein unerforschte Gebiet Licht bringen kann. Er ist diesem Vertrauen gerecht geworden. Die zoologische Systematik zählt ihn zu ihren Nestoren, der mit seiner *Histoire naturelle des animaux sans vertèbres* den Grundstein der Zoologie der Wirbellosen legte.

In Lamarcks Werk finden sich verschiedentlich Ausführungen, die darauf schließen lassen, daß dieser Fachmann für Systematik den prekären theoretischen Status der Disziplinen der Ordnung reflektierte und auch bewußt von dem Ziel geleitet war, die Systematik auf das Niveau einer erklärenden Wissenschaft zu heben. So betonte er zum Beispiel in der *Philosophie zoologique*, »daß der wesentliche Zweck einer Anordnung der Thiere für uns nicht blos in dem Besitze eines Registers von Klassen, Gattungen und Arten bestehen muß, sondern daß diese Anordnung zu gleicher Zeit durch ihre Reihenfolge das beste Mittel für das Studium der Natur und das geeigneste, um uns mit ihrem Gange, ihren Mitteln und Gesetzen bekannt zu machen, gewähren muß«.[56] Von der Anordnung her gewann Lamarck auch den Zugang zur Lösung des Problems.

Lamarck unterschied in der Systematik zwischen Einteilung (classification) und Anordnung (distribution). Anknüpfend an die Tradition der »Kette der Wesen« und insbesondere an die der »Stufenleiter der Wesen« – im fünften Kapitel wird näher darauf eingegangen werden –, versuchte Lamarck in der Systematik die Familien nach dem Grad ihrer Organisiertheit anzuordnen, wobei er sich in der Bewertung des Grades nicht an einzelne Merkmale hielt, sondern die Familien als Organisationssysteme unterschied und ihrem Entwicklungsgrade nach anordnete, und zwar in der Reihenfolge: von dem am wenigsten entwickelten, differenzierten und funktionsgegliederten Organisationssystem zum entwickeltsten.

> »Die Botaniker haben zuerst den Zoologen ein Beispiel der richtigen und naturgemäßen Reihenfolge in einer allgemeinen Anordnung gegeben. Denn sie bilden aus den acotylen oder agamen Gewächsen (das sind Linnés Kryptogamen gemäß ihrer Anordnung im System Jussieus – W. L.), d. h. aus den einfachst organisirten und in jeder Hinsicht unvollkommensten Pflanzen, kurz aus denen, die keine Saamenlappen, kein bestimmbares Geschlecht, keine Gefäße in ihrem Gewebe besitzen und die in der That nur aus nach verschiedenen Ausdehnungen modificiertem Zellgewebe gebildet werden, die erste Klasse des Pflanzenreichs.
>
> Was die Botaniker bei den Pflanzen gethan haben, müssen wir endlich auch im Thierreich thun, nicht nur weil es die Natur selbst und die Vernunft verlangt, sondern auch überdies, weil die natürliche Ordnung der Klassen nach der wachsenden Verwicklung der Organisation bei den Thieren viel leichter festzustellen ist als bei den Pflanzen.«[57]

Von heute aus erscheinen seine Anordnungsversuche oft als sehr willkürlich oder gar unbeholfen, und auch er selbst fühlte sich immer wieder genötigt, an seinen Anordnungen Revisionen vorzunehmen. Da er dabei von dem Grund ausging, daß die Familien auf *einer* (tierischen bzw. pflanzlichen) Entwicklungslinie angeordnet werden müssen, stand er, wie wir heute wissen, vor einer unlösbaren Aufgabe. Aber alle Schwierigkeiten konnten ihn nicht in der Überzeugung beirren, daß sich Fauna und Flora als Abfolge von Entwicklungsgraden ordnen lassen, und zwar um so zwangloser, je weiter die Kenntnisse auf botanischem und zoologischem Gebiet voranschreiten.

Stellen so aber die beiden Reiche der Lebewesen jeweils eine Stufenfolge der Organisationsentwicklung dar, so ist ihre Ordnung Gegenstand einer erklärenden Wissenschaft, wenn die Abfolge der Organisationsausbildung, wie in der Ontogenese, als ein realer Entwicklungsprozeß angesehen wird, der auf den gleichen Naturgesetzlichkeiten beruht wie der ontogenetische Entwicklungsprozeß. Dies ist der einfache und kühne Gedanke Lamarcks.

»Unter den Betrachtungen, welche für die zoologische Philosophie von Interesse sind, nimmt die Betrachtung der Abstufung und Vereinfachung der thierischen Organisation von einem bis zum andern Ende der Thierreihe von den vollkommensten Thieren bis zu den am einfachsten organisirten[58] die wichtigste Stelle ein. Es handelt sich nun darum, ob dies wirklich bewiesen werden kann. Denn dann würde uns diese Thatsache über den Plan, den die Natur befolgt hat, bedeutende Aufklärung geben und uns darauf führen, mehrere ihrer wichtigsten Gesetze zu entdecken.

Ich nehme mir hier vor, zu beweisen, daß die fragliche Thatsache sicher ist und daß sie von einem constanten Naturgesetz hervorgebracht wird (. . .).«[59]

Einfach und kühn ist dieser, seiner Theorie der Arttransformation zugrunde liegende Gedanke vor allem deshalb, weil er das im 18. Jahrhundert in den Wissenschaften von den Lebenserscheinungen versammelte Gedankenmaterial in einer Synthese zu vereinigen gestattet. Die »Kette der Wesen«, die bei ihm freilich in drei Stücke zerbrochen ist (in die Reiche der Pflanzen, der Tiere und der Mineralien), ist in jedem dieser Stücke als real zusammenhängende Kette aufgehoben und ihre unendlich feine Graduation dabei bewahrt; die von der »Stufenleiter« akzentuierte Bewertung der Naturwesen nach ihrer Vollkommenheit ist im Prozeß der Ausbildung immer differenzierterer Organisation als reale Entwicklungsfolge gedeutet; die »Ähnlichkeiten« und »Verwandtschaften« der Systematiker sind mit einem verständigen Modell erklärt; die durch die paläontologischen Befunde aufgezeigte Zeitdimension ist in die Systematik integriert; die epigenetische Erklärungsweise der Disziplinen der Organisation ist für die Disziplinen der Ordnung angeeignet.

Eine einheitlich erklärende Biologie

Mit dieser Synthese versuchte Lamarck jedoch nicht allein, die Systematik auf das Niveau einer erklärenden Wissenschaft zu heben und damit die Diskrepanz im theoretischen Status der verschiedenen Wissenschaften von den Lebenserscheinungen zu überwinden. Damit versuchte er zugleich, diese Wissenschaften zu einer Einheit zu verbinden, und zwar nicht nur durch den gemeinsamen Firmennamen »Biologie«, sondern dadurch, daß er sie auf das Fundament einer einheitlichen erklärenden Theorie zu stellen versuchte, um sie so zu einer wirklichen Einheit zu machen. Die einheitliche Theorie, die die Bildung des einzelnen Organismus wie die der Reiche der tierischen und pflanzlichen Arten aus gemeinsamen Ursachen und Gesetzmäßigkeiten zu erklären versucht, ist Lamarcks epigenetische Theorie.

Vom ersten Kapitel her traten wir an Lamarck mit der Frage heran, ob seine Evolutionstheorie zugleich die Rolle der Theorie spielt, die die einzelnen Wissenschaften von den Lebenserscheinungen innerlich zur Biologie verbindet. Lamarck versuchte die Integration dieser Wissenschaften zu einer einheitlichen Biologie vermittels seiner epigenetischen Theorie. Wenn wir uns nun diese Theorie etwas näher ansehen, so dürfen wir dabei unsere Frage nicht vergessen; wir haben also nicht zuletzt herauszufinden, ob diese epigenetische Theorie als eine Evolutionstheorie zu verstehen ist.

Lamarcks epigenetische Theorie

Das Gemeinsame, das berechtigt, bestimmte, in der zweiten Hälfte des 18. Jahrhunderts aufkommende Theorien über Zeugung und Ontogenese mit dem Adjektiv »epigenetisch« zusammenzufassen, ergibt sich ohne größere Probleme, wenn man diese Theorien, so wie weiter oben getan, gegen die präformistischen Theorien über Zeugung und Ontogenese abgrenzt, sie also negativ charakterisiert. Der Versuch, auch positiv zu bestimmen, was diese epigenetischen Theorien auszeichnet, ist dagegen mit so weitgehenden Unterschieden zwischen den einzelnen epigenetischen Theorien konfrontiert, daß dieser Versuch fast aussichtslos scheint. Aber uns stellt sich diese

Aufgabe gar nicht. Hier geht es nur darum, einige charakteristische Züge der epigenetischen Theorie Lamarcks nachzuzeichnen.

»Die Natur kompliziert ihre Mittel niemals, wenn es nicht nötig ist; wenn sie alle Erscheinungen der Organisation mit Hilfe der Gesetze und Kräfte, denen alle Körper allgemein unterworfen sind, hat hervorbringen können, so hat sie dies ohne Zweifel getan und hat nicht, um einen Teil ihrer Erzeugnisse zu regieren, Gesetze und Kräfte geschaffen, die denen, welche sie anwendet, um den anderen Teil zu regieren, entgegengesetzt sind.«[60]

Lamarck spricht damit aus, daß er für die Entstehung wie für die Höherentwicklung der Organismen nicht aparte Naturgesetze postulieren, sondern diese Prozesse aus Gesetzen und Kräften erklären will, »denen alle Körper allgemein unterworfen sind«. Nun sahen wir aber bereits, daß Lamarck strikt zwischen der Urzeugung der primitiven pflanzlichen bzw. tierischen Organismen und ihrer weiteren Entwicklung unterscheidet. Die anorganische Natur »hätte nur eine Race in jedem organischen Reiche erschaffen können, nämlich die der einfachsten und unvollkommensten Thiere und die der einfachsten und unvollkommensten Pflanzen«.[61] Die höherentwickelten Arten können also nicht als Produkt der anorganischen Natur begriffen werden; ihre Entstehung setzt »organische Vorgänge«[62], setzt bestimmte »Fähigkeiten« voraus, die den Organismen eigentümlich sind. Kann Lamarck dann aber noch behaupten, er erkläre das Reich der Lebensformen aus Gesetzen und Kräften, »denen alle Körper allgemein unterworfen sind«? Hören wir Lamarck.

»Daß die Gesetze, welche alle Veränderungen, die wir bei den Körpern beobachten, regieren, überall dieselben sind, (. . .) daß aber diese Gesetze bei den Organismen Wirkungen hervorbringen, welche denjenigen, welche sie bei den todten und unorganischen Körpern bewirken, ganz entgegengesetzt sind, weil sie bei den ersteren eine Ordnung und einen Zustand der Dinge antreffen, die es ihnen möglich machen, die Erscheinungen des Lebens hervorzubringen, während sie bei den letzteren, wo sie einen ganz anderen Zustand der Dinge antreffen, andere Wirkungen hervorbringen (. . .).«[63]

Die gleichen Gesetze und Kräfte, so kann man diese Ausführungen zusammenfassen, wirken in den Organismen unter anderen Bedingungen als in der anorganischen Natur und zeitigen so auch andere Resultate. An welche Gesetze und Kräfte dachte dabei Lamarck?

»Wenn man die Verkettung der physischen Ursachen, welche die Organismen (. . .) ins Dasein gerufen haben, erkennen will, so muß man notwendigerweise das Prinzip berücksichtigen, welches ich im folgenden Satz ausspreche:

Dem Einfluß der Bewegung von diversen Fluida auf die mehr oder weniger festen Stoffe unseres Erdballs muß man die Bildung, die zeitweise Erhaltung und die Fortpflanzung aller Organismen, welche man auf ihrer Oberfläche beobachtet, sowie alle Veränderungen, welche die Überreste dieser Körper unaufhörlich erleiden, zuschreiben.«[64]

Wir haben also einerseits »die mehr oder weniger festen Stoffe unseres Erdballs« und andererseits die »Bewegungen von diversen Fluida«. Die Wirkung dieser bewegten Fluida auf jene Stoffe ist die Ursache der »Bildung«, der »zeitweisen Erhaltung« und der »Fortpflanzung aller Organismen«. Was ist nun aber unter den Fluida zu verstehen? Lamarck unterscheidet zwei Arten von Fluida:

»1. (. . .) enthaltbare (contenables) Fluida, als da sind die atmosphärische Luft, verschiedene Gase, das Wasser usw. Die Natur dieser Fluida erlaubt ihnen nicht, die Wände der enthaltenden (contenantes) Teile zu durchdringen, sondern nur durch Ausgänge ein- und auszutreten.«[65]

Hier handelt es sich einfach um die nicht festen Stoffe, die die Organismen atmend oder trinkend aufnehmen, die in ihnen zirkulieren und die schließlich ausgeschieden werden.

»2. (. . .) unenthaltbare (incontenables) Fluida, als da sind die Wärme, die Elektrizität usw. Da diese feinen Fluida vermöge ihrer Natur die Wände der umhüllenden Membranen, Zellen usw. durchdringen können, so kann sie folglich kein Körper zurückhalten oder vorübergehend beibehalten (conserver).«[66]

Auch diese Fluida verlieren vieles von ihrem geheimnisvollen Charakter, wenn wir uns erinnern, daß die Physik zur damaligen Zeit Wärme wie Elektrizität als Stoffe auffaßte, die nicht ponderabil sind, d. h. deren Masse nicht oder wenigstens nicht feststellbar der Gravitation unterliegt. Dabei wurden die Bewegungseigenschaften dieser Stoffe nach dem Modell von Flüssigkeiten gedacht. Ähnlich wie vor ihm Buffon[67], sah Lamarck die inkontenablen Fluida Wärme und Elektrizität nicht nur der Gravitation entzogen, sondern als eine Gegeninstanz, gewissermaßen Gegenkraft zur Gravitation wirksam, worauf ihre belebende Wirkung beruhe.

Nun handelt es sich bei den inkontenablen Fluida um Stoffe, nicht um Kräfte. Sie können nur als bewegte bewegen und der Gravitation entgegenwirken. Woher haben sie ihre Bewegung?

»Was die konstanten, aber veränderlichen Bewegungen der verschiedenen Fluida, von denen ich sprechen will, betrifft, so ist ganz augenscheinlich, daß sie auf unserer Erde beständig durch den Einfluß des Sonnenlichts unterhalten werden. Es modifiziert dasselbe unaufhörlich große Teile derselben in gewissen Erdteilen und verändert beständig deren Lage, es zwingt sie zu einer Art Zirkulation und zu verschiedenen Bewegungen, so daß es für sie die Veranlassung zum Hervorbringen aller Erscheinungen ist.«[68]

An einer anderen Stelle schrieb Lamarck:

»Ein berühmter Gelehrter (Lavoisier *Chimie* Bd. I, p. 202) hat mit Recht gesagt, daß Gott dadurch, daß er das Licht schuf, auf der Erde das Prinzip der Organisation, des Gefühls und des Denkens verbreitet hat.«[69]

Uns bietet sich danach folgendes Bild. Das Sonnenlicht bewegt die inkontenablen Fluida (Wärme, Elektrizität, etc.), und diese wirken auf die mehr oder weniger festen Materien unseres Erdballs ein. Handelt es sich dabei um eine bestimmte schleimige Materie, so resultiert aus dieser Einwirkung ein primitiver pflanzlicher, handelt es sich um eine bestimmte galertige Materie, so ein primitiver tierischer Organismus.[70] Diese Organismen sind, wie auch alle höherentwickelten, prinzipiell so gestaltet, daß zwischen dem Gewebe und den von ihm umschlossenen kontenablen Fluida (Gase oder Flüssigkeiten) unterschieden werden kann. Die inkontenablen Fluida dringen in diese Organismen ein und bringen die kontenablen in Bewegung, was zu einem materiellen Wechselwirkungsprozeß zwischen den kontenablen Fluida und dem sie umschließenden Gewebe führt. Dieser Prozeß zwischen den enthaltenden und den enthaltenen Teilen des Organismus bewirkt nun seinerseits, aber immer unter der Wirkung der inkontenablen Fluida, nicht nur die Bewegung des Organismus, sondern ebenso die Zeugung wie die Ontogenese der Keime und schließlich die Höherentwicklung der Art selbst.[71]

Kein Vitalismus

Es zeigt sich so, worauf es nach Lamarcks Theorie beruht, daß die in der anorganischen wie in der organischen Natur wirksamen allgemeinen Gesetze und Kräfte die spezifischen Lebensphänomene hervorbringen, wenn Organismen durch Urzeugung entstanden sind und ihre Struktur das Wirken jener Gesetze und Kräfte unter andere Bedingungen stellt. Sie wirken dann unter den Bedingungen einer Struktur, die die festen Teile (Gewebe) und die kontenablen (Gase und Flüssigkeiten) so anordnet, daß zwischen ihnen unter Einwirkung der inkontenablen Fluida ein spezifischer Wechselwirkungsprozeß zustande kommt, auf den alle Lebenserscheinungen zurückgehen. D. h. aber, Lamarck ist nicht allein in dem Sinne kein Vitalist, daß er keine besonderen Lebenskräfte oder -triebe und ebenso keine den Lebewesen spezifisch eigentümlichen Naturgesetze annimmt; die spezifische Modifikation der Wirkung der allgemeinen Naturkräfte und -gesetze durch die Struktur der Organismen reduziert sich nach seiner Theorie darüber hinaus auf eine Wechselwirkung zwischen festen und nichtfesten Bestandteilen des Organismus, hinsichtlich derer es keinen Grund gibt, sie sich anders als mechanisch vorzustellen. Es gab also gute Gründe für Haeckel, als er Lamarck in die Ahnengalerie der Monisten und Mechanisten aufnahm. Biologie im weitesten Sinne ist bei Lamarck – wie Sinai Tschulok (1875–1945) formulierte – »Physik des tierischen und pflanzlichen Lebens«.[72] Darauf zielt u. a. auch der, beispielsweise von Cuvier erhobene, Vorwurf gegen Lamarck, seine Biologie sei ein »System à la Buffon«.

»Organisch« – »anorganisch«

Die Ähnlichkeiten zwischen den Versuchen Buffons und Lamarcks, eine naturwissenschaftliche Erklärung aller Lebenserscheinungen auszuarbeiten, sind allerdings nicht zu übersehen. Es gilt freilich genauso zu beachten, wie sich in Lamarcks Theorie die inzwischen gemachten Fortschritte in der Erfassung der Spezifik der Lebenserscheinungen niedergeschlagen haben. So hat Lamarck insbesondere die kombinatorischen Momente der Buffonschen Theorie aus seiner epigenetischen Theorie entfernt: Die Entwicklung der Organisation bedeutet nicht nur eine zeitliche Reihenfolge in der Ausbildung komplexer Organisationsstrukturen; sie impliziert ebenso eine sachliche Determination der Ausbildungsmöglichkeiten und ihrer Schrittfolge.

Noch weit wichtiger aber scheint mir, daß Lamarcks »Physik des tierischen und pflanzlichen Lebens« keineswegs die Unterscheidung zwischen organischer und anorganischer Natur wieder zum Verschwinden bringt. Lamarck untermauert diese Unterscheidung im Gegenteil mit einer chemischen Hypothese, die man als ein nichtvitalistisches Äquivalent zum zeitgenössischen Vitalismus charakterisieren könnte. Nach dieser Hypothese finden in der anorganischen Natur nur Prozesse der Auflösung chemischer Verbindungen statt, während in den Organismen, und nur in diesen, chemische Verbindungen gebildet werden.

Wir können hier auf Lamarcks chemische Theorie, in der diese Hypothese begründet wird, nicht näher eingehen.[73] Er selbst bezeichnete sie als »pyrotische« Chemie, um sie gegen die »pneumatische« abzugrenzen, wie man damals die Lavoisiersche Chemie bezeichnete. Zugleich verwahrte sich Lamarck gegen den Vorwurf, er mache vom Standpunkt der Phlogistonchemie aus gegen die Lavoisiersche Chemie Front. Und tatsächlich läßt sich seine chemische Theorie dieser Richtung nicht zurechnen. Sie scheint mir – eine wirklich gründliche Untersuchung des Falls war mir allerdings nicht möglich – völlig singulär unter den damaligen chemischen Theorien zu sein und steht jedenfalls quer nicht nur zur damaligen Kontroverse um die Lavoisiersche Wende, sondern darüber hinaus zur Entwicklung der Chemie seit Robert Boyle (1627–1691). Insbesondere setzt sie sich über alle Verfahren qualitativer und quantitativer Bestimmung hinweg, die sich die Chemie seit Boyle erarbeitet hatte. Dies hängt damit zusammen, daß es Lamarck nicht eigentlich um die Chemie ging, sondern vielmehr um eine Theorie elementarer, zwischen Physik und Chemie zu lokalisierender Prozesse, die den chemischen Erscheinungen zugrunde liegen sollen. Zeitgenössisch ist diese Theorie also allenfalls darin, daß mit der Lavoisierschen Wende die Frage nach den physikalischen Grundlagen der chemischen Prozesse und Gesetzmäßigkeiten neu aufgeworfen und schließlich in der Atomtheorie John Daltons (1766–1844) beantwortet wurde. Daß sich aber Lamarck von den spezifisch chemischen Voraussetzungen dieser Frage dispensierte, gibt seiner Theorie den Charakter einer bloßen Spekulation, und führte dazu, daß die Chemiker seiner Zeit seine Theorie nicht einmal der Diskussion oder Widerlegung für wert hielten. Mit seinen Schriften zur Chemie (*Recherches sur les causes des principaux faits physiques* 1794 (verfaßt 1776), *Refutation de la théorie pneumatique* 1796 und *Mémoires de physique et d'histoire naturelle* 1797) brachte sich Lamarck als »Theoretiker«, nicht als Fachmann für botanische und zoologische Systematik, um den Ruf eines ernst zu nehmenden Wissenschaftlers.

Jene Hypothese, nach der es allein in der organischen Natur zu chemischen Verbindungen kommt, während sich diese Verbindungen in der anorganischen Natur wieder auflösen, fundiert nicht allein Lamarcks Unterscheidung zwischen Organischem und Unorganischem. Sie setzt darüber hinaus die beiden Naturreiche in ein polares Verhältnis, bestimmt sie durch ihren Gegensatz als Momente eines Ganzen, verbindet sie als die komplementären Funktionen des chemischen Gesamtprozesses der Erdstoffe. Dieser Gesamtprozeß aber ist als ein Zyklus charakterisiert, dessen Resultat ein dynamischer Gleichgewichtszustand ist. Zeigte sich uns bereits, daß Lamarcks Theorie der Biologie als eine »Physik des tierischen und pflanzlichen Lebens« gekennzeichnet werden kann, so sehen wir jetzt, daß diese »Physik« nur ein Moment in einer umfassenden Theorie der Natur ist.

»Physique terrestre«

Damit wird erst im vollen Umfang deutlich, was Lamarcks Zeitgenossen meinten, wenn sie seine Theorien als »System à la Buffon« abtaten. Wie Buffon seine epigenetische Theorie im Kontext einer umfassenden Naturerklärung vortrug, die Erdbildung und Entstehung von Flora und Fauna in einen Zusammenhang setzte, so ist nicht allein die Arttransformationstheorie Lamarcks, sondern seine ganze Biologie nur ein Teil einer umfassenden Welterklärung. Nach Lamarcks Plan sollte sein System nicht allein die Entstehung der Erde und Lebenswelt umfassen, sondern, darauf aufbauend, auch die Entstehung des Psychischen und des Denkens erklären und schließlich all diese Faktoren in ihrem dynamischen Gleichgewicht darstellen. Darauf hat zuerst Arnold Lang (1855–1914), der Übersetzer der ersten deutschen Ausgabe der *Philosophie zoologique* (Jena 1876), die auch der von Heinrich Schmidt 1909 herausgegebenen Volksausgabe zugrunde lag, hingewiesen:

»Obschon nun alle meteorologischen, chemischen und physikalischen Theorien Lamarcks keinen Wert für die exakte Wissenschaft haben, da sie nicht auf dem Experiment fußen, so sind sie doch höchst charakteristisch für sein Streben, im Wechsel der Erscheinungen das Gesetzmäßige aufzufinden. Noch bis zu Anfang dieses Jahrhunderts beschäftigte er sich mit den genannten Zweigen der Naturwissenschaft. Er wollte seine sämtlichen Beobachtungen und Theorien in einem einzigen Werk zusammenfassen. Dieses Werk sollte den Titel ›Physique terrestre‹ führen und in drei Teile zerfallen. Im ersten Teil, der ›Hydrogéologie‹, wollte er die Entstehung der gegenwärtigen äußeren Erdkruste erklären; im zweiten, der ›Météorologie‹, die Atmosphäre und ihre Veränderungen behandeln, und im dritten, der ›Biologie‹, seine allgemeinen Betrachtungen und Theorien über die Organismen niederlegen. Dieses Vorhaben hat Lamarck indessen nicht vollständig ausgeführt. Die ›Météorologie‹ blieb ungeschrieben; mehrere kleine Schriften über diese Wissenschaft hat er um die Wende des Jahrhunderts herausgegeben. Ebenso hat er auch die ›Biologie‹ nicht geschrieben, hat aber in seinem kleinen Werke ›Recherches sur l'organisation des corps vivants‹ die Ansichten, die er in derselben ausführlich darlegen wollte, kurz zusammengefaßt. Wir können indessen die ›Philosophie zoologique‹ für seine ›Biologie‹ halten, da sich die darin niedergelegten Betrachtungen nicht bloß auf Tiere, sondern zum großen Teile auch auf die Pflanzen erstrecken. Von allen drei Teilen erschien in der ursprünglich beabsichtigten Form nur die ›Hydrogéologie‹ (. . .).«[74]

Der Umstand, daß Lamarcks *Physique terrestre* Projekt blieb und nur fragmentarisch realisiert wurde, darf nun nicht zu der Annahme verleiten, die Arbeiten an seinem System seien nur eine beiläufige Nebenbeschäftigung des Botanikers und Zoologen gewesen. Das Gegenteil ist der Fall. Etwas zugespitzt kann man sagen: Seine *Flore françoise* (1778) und die *Histoire naturelle des animaux sans vertèbres* (1815 ff.) flankieren nur eine dreiunddreißigjährige Arbeit an seiner umfassenden Welterklärung; – dreiunddreißigjährig, wenn wir die bereits 1776 verfaßten *Recherches sur les causes des principaux faits physiques* als den Beginn und die *Philosophie zoologique* (1809) als das Ende dieser Arbeit nehmen. Vergegenwärtigen wir uns dazu, daß diese 33 Jahre die Spanne zwischen seinem 32. und 65. Lebensjahr ausmachen, so kommen wir nicht umhin, diese Arbeit an der nicht geschriebenen *Physique terrestre* als das wissenschaftliche Lebenswerk Lamarcks anzusehen.

Die Entstehung der Arttransformationstheorie

Nur im Kontext dieses Lebenswerks läßt sich übrigens verfolgen, wie Lamarck zu seiner Evolutionstheorie gekommen ist. Es verhält sich nämlich nicht etwa so, daß Lamarck die Evolutionstheorie als Systematiker ausarbeitete und dann in seine umfassende Welterklärung einfügte, und schon gar nicht so, daß seine Evolutionstheorie den Keim dargestellt hätte, aus dem sein Weltsystem erwuchs. Bis zum Ende der neunziger Jahre, in denen er ja bereits wesentliche Teile seiner physikalischen und chemischen Theorien veröffentlicht hatte, läßt sich kein Ansatz zu seiner Evolutionstheorie erkennen. Im Gegenteil, in allen entscheidenden Punkten der späteren Evolutionstheorie vertrat Lamarck zu dieser Zeit einen seiner späteren Theorie entgegengesetzten Standpunkt. Er war damals von der Konstanz der Art überzeugt, wie der Artikel »classes« im zweiten Band der *Encyclo-*

pédie methodique botanique (1786) zeigt. Er lehnte die Urzeugung ab[75] und ebenso sowohl die präformistische als auch die (Buffonsche) epigenetische Theorie der Zeugung und Ontogenese.[76] Was das Wachstum der Lebewesen angeht, so interessierte ihn zu dieser Zeit nicht die Ausbildung der Organisation, sondern allein die chemische Umwandlung der von den Organismen aufgenommenen Stoffe.[77] Die Herkunft der Lebewesen und die Spezifik des Lebensprozesses galten ihm zu dieser Zeit als Sachverhalte, die die Grenzen des menschlichen Erkenntnisvermögens übersteigen.[78]

Letzteres läßt erkennen, daß Lamarck mit seiner umfassenden Welterklärung damals an der Frage des Zusammenhangs zwischen organischer und anorganischer Natur zu scheitern drohte. Er stand vor dem Dilemma, wie der zeitgenössische Vitalismus die Eigenart der Lebenserscheinungen auf aparte Lebenskräfte oder ähnliches zurückzuführen und damit auf eine einheitliche Naturtheorie zu verzichten oder diese Theorie wie Buffon durch eine mechanistische Erklärung der Lebenserscheinungen zu retten, eine Erklärungsweise, deren Mängel Lamarck bewußt waren. In der um die Jahrhundertwende erarbeiteten Vertiefung und Differenzierung seiner Fluida-Theorie glaubte er schließlich einen Weg gefunden zu haben, diesem Dilemma zu entkommen. Sie gestattete ihm eine epigenetische Theorie, die die prinzipielle Differenz wie aber auch den Zusammenhang zwischen organischer und anorganischer Natur erklärte, dem Vitalismus entging, ohne – nach der Meinung Lamarcks – mit den Schwächen der mechanistischen Erklärungsweise behaftet zu sein. Sie bildete den archimedischen Punkt, der es für Lamarck möglich machte, Urzeugung und Arttransformation zu denken und zusammen mit der Ontogenese als Ausbildung der Organisation einheitlich zu erklären. »Man kann nicht sagen«, stellte Tschulok fest, »weil er die Entwicklung der Arten angenommen hat, mußte er die Urzeugung annehmen, aber auch nicht umgekehrt: weil er die Urzeugung angenommen, mußte er die Artenentwicklung annehmen; beide Ideen sind vielmehr koordinierte Zweige im System seiner deduktiven Sätze über die Tätigkeit der Fluida (. . .).«[79]

Trotz ihrer Bedeutung für die Entstehung der Evolutionstheorie Lamarcks blieben seine Arbeiten über physikalische, chemische und meteorologische Fragen der Nachwelt so gut wie unbekannt. Daß diese Arbeiten bei den Vertretern der betreffenden Wissenschaften unbekannt blieben, erklärt sich daraus, daß sie in der Entwicklung dieser Wissenschaften keine Rolle spielten. Sie wurden aber auch von denen nicht zur Kenntnis genommen, die sich nach der Etablierung der biologischen Evolutionstheorie durch Darwin für deren Vorläufer interessierten und so Lamarck neu entdeckten. Soweit dafür nicht das oberflächliche wissenschaftshistorische Verfahren, sich immer nur die Rosinen herauszupicken, verantwortlich zu machen ist, zeugt dies von einem wissenschaftshistorischen Heroenkult. Man verschwieg nämlich diese allgemein als haltlos eingeschätzten Schriften, damit auf Lamarck kein ungünstiges Licht falle. Nicht genug damit, ging man sogar daran, auch aus der biologischen Theorie Lamarcks nur noch die »wertvollen« Teile zur Kenntnis zu nehmen. In diesem Zusammenhang gehört es, daß die von Schmidt 1909 herausgegebene Volksausgabe der *Philosophie zoologique*, genau wie die französische Volksausgabe dieses Jubiläumsjahres, nur den ersten Teil des Werks enthält und so genau Lamarcks epigenetische Theorie der Lebenserscheinungen ausblendet.

Es bleibt das Verdienst Tschuloks, diesem verlogenen und irreführenden Lamarckbild der Lamarckisten entgegengetreten zu sein und nachgewiesen zu haben, daß die theoretischen Schriften Lamarcks eine Einheit bilden[80], die es nicht erlaubt, aus ihnen das »Wertvolle« oder »Bleibende« herauszuklauben, ohne diesen Teilen damit zugleich eine andere Bedeutung zu geben als die, die sie bei Lamarck haben. Ihre authentische Bedeutung ist nur im Kontext der umfassenden Welterklärung Lamarcks zu rekonstruieren.

Epigenesis und identische Reproduktion

Aus diesem Kontext muß denn auch die für diese Untersuchung entscheidende Frage nach dem Charakter der epigenetischen Theorie Lamarcks beantwortet werden. Wir hatten gesehen, daß in Lamarcks Versuch, die Biologie als eine einheitlich erklärende Wissenschaft zu begründen, nicht die Theorie der Arttransformation die Funktion hat, diese Begründung als Integrationstheorie zu tragen. Diese Rolle spielte vielmehr seine epigenetische Theorie; und hinsichtlich dieser war deswegen zu fragen, ob sie eine Evolutionstheorie ist.

Der Kontext der umfassenden Welterklärung Lamarcks läßt darauf nur eine verneinende Antwort zu. An seiner Zuordnung der chemischen Prozesse zur organischen und anorganischen Natur sahen wir, daß die Epigenesis der Lebenswelt in einen Erdprozeß eingebettet ist, der sich in einem dynamischen Gleichgewichtszustand resümiert. Es ist versucht worden nachzuweisen, daß Lamarck Deist war.[81] Ob es gelingt, dies durch explizite Äußerungen Lamarcks unzweideutig zu belegen, können wir hier auf sich beruhen lassen. Die Welterklärung jedoch, die sich in seinen physikalischen, chemischen und meteorologischen Schriften abzeichnet, ist unzweifelhaft den deistischen Weltsystemen zuzurechnen. Das Uhrenmodell, das für diese Systeme bis zur Mitte des 18. Jahrhunderts charakteristisch war, lehnte Lamarck zwar explizit ab[82] (allerdings bezieht sich diese Stelle auf die Interpretation des Organismus mit Hilfe des Uhrenmodells). Aber wie die deistischen Weltsysteme ist auch das System Lamarcks dadurch gekennzeichnet, daß es die Welt als ein – vom ersten Schöpfungsmoment abgesehen – in sich geschlossenes Ganzes darzustellen versucht, das sich aus eigenen Kräften identisch zu reproduzieren vermag. So charakterisierte Lamarck am Ende des ersten Teils der *Philosophie zoologique*[83] die Natur, die »als ein Ganzes betrachtet werden (muß)«, als die »unermeßliche Gesamtheit aller der verschiedenen Wesen und Körper, in allen deren Theilen ein ewiger *Kreislauf* (W. L.) von durch Gesetze regierten Bewegungen und Veränderungen besteht«, als eine »Gesammtheit, die allein *unveränderlich* (W. L.) ist, so lange es ihrem erhabenen Urheber gefällt, daß sie existiere«.

Die identische Reproduktion des Naturganzen beruht danach auf Teilprozessen, die selbst einen »ewigen Kreislauf« von gesetzmäßigen Bewegungen und Veränderungen darstellen. Die Epigenesis der organischen Welt ist so nicht nur Moment des dynamischen Gleichgewichtszustandes der Erde, sondern selbst ein zyklischer Prozeß identischer Reproduktion. Dies deutete sich uns bereits an, als wir uns das Hauptprinzip der Arttransformationstheorie Lamarcks vergegenwärtigten und festzustellen hatten, daß die parallelen Evolutionen im Pflanzen- bzw. Tierreich immer die gleiche Abfolge in der Ausbildung der Organisation durchlaufen. Der zyklische Charakter seiner Arttransformationstheorie tritt vollständig ins Licht, wenn wir uns diese Transformationen – mit Jacob – als Gesamtprozeß vor Augen führen:

»Am Fuße der Stufenleiter läßt die Natur ›spontane oder direkte Zeugungen stattfinden, die unaufhörlich, wenn die Verhältnisse günstig sind, wiederholt werden‹. So produziert sie jederzeit ›mikroskopische Tierchen einfachster Organisation‹, denen ›kaum tierisches Wesen zugeschrieben werden kann‹. Vom Zeitpunkt ihrer Entstehung an stoßen diese Organismen zum Hauptstrom und beginnen die Stufenleiter zu erklettern. Folglich sind die einfachsten Wesen auch diejenigen, die zuletzt entstanden sind. Am anderen Ende der Hierarchie findet sich der Mensch, der sich somit von den ältesten Organismen herleitet. Die Transformation geht nicht weiter; aber die Masse des Lebenden häuft sich nicht an der Spitze an. Weit davon entfernt, sich unaufhörlich zu vermehren, ist die menschliche Population einer Regulierung unterworfen. In dem Maße, wie der Strom des Organischen die Stufenleiter hochsteigt, kehrt das, was sich zuoberst befindet, zum anorganischen Zustand zurück. Der fortschreitende Abbau führt dazu, daß das Lebende wieder zum Mineralischen zurückkehrt. Jetzt wartet die Materie die Gelegenheit zur Urzeugung ab, um wieder zur untersten Stufe der tierischen oder pflanzlichen Leiter vorzudringen und ihren Anstieg von neuem zu beginnen. (. . .) Dank dieser Art Zyklus befindet sich die lebende Welt in einem, wie man heute sagen würde, stabilen dynamischen Zustand.«[84]

Wir haben so festzuhalten, daß die epigenetische Theorie, mit der Lamarck die Biologie als eine einheitlich erklärende Theorie zu begründen versuchte, keine Evolutionstheorie ist. Sein Integrationsversuch der Biologie hat nicht in einer Evolutionstheorie ihr Zentrum. Lamarcks epigenetische Theorie ist nicht allein Moment einer umfassenden Welterklärung, die nach Art deistischer Weltsysteme die Natur als in sich geschlossenes und unveränderliches Ganzes zu begreifen versucht, das sich als dynamisches Gleichgewichtsystem aus eigenen Kräften zu erhalten vermag; sie ist darüber hinaus selbst eine Theorie, die die organische Natur als ein sich identisch reproduzierendes Teilsystem erklärt. So ist es auch nicht möglich, seine Theorie der Arttransformation als eine historische Theorie zu deuten; die Arttransformation ist Moment der identischen Reproduktion der Lebenswelt. Lamarcks Begründungsversuch einer erklärenden Biologie steht nicht nur im Kontext einer deistischen Welterklärung. Das für diese Weltsysteme charakteristische Paradigma der identischen Reproduktion, eines stabilen dynamischen Zustands, ist auch das Paradigma seiner theoretischen Biologie. Sein Integrationsversuch der Biologie stützt sich also auf ein nicht biologie-spezifisches Modell.

Der Stellenwert historischer Momente

Es bedeutet keinen Abstrich an den eben getroffenen Feststellungen, wenn wir nun auch registrieren, daß Lamarcks Natursystem nicht frei von historischen Momenten ist. In einer *Physique terrestre*, in der es nicht um Theoretische Physik, sondern um eine naturwissenschaftliche Erklärung der natürlichen Prozesse unseres Planeten und ihres Zusammenhangs geht, mußten die Einsichten und Hypothesen einen Niederschlag finden, die im 18. Jahrhundert über die Erdgeschichte gewonnen bzw. aufgestellt worden waren. (Diese Einsichten brachten freilich keineswegs zwangsläufig das ungeschichtliche Paradigma des dynamischen Gleichgewichtszustands ins Wanken, und zwar auch dann nicht, wenn die Geologie wesentlich über den damaligen Entwicklungsstand hinausgekommen war; dies zeigen die *Principles of Geology* [1830–33] von Charles Lyell [1797–1875], die diesem Paradigma verpflichtet sind.) Welche Rolle diese historischen Momente in Lamarcks Theorie spielen, ist vielleicht am leichtesten herauszufinden, wenn wir noch einmal die beiden Prinzipien seiner Theorie der Arttransformation und ihr Verhältnis betrachten.

Lamarck stellte die beiden Prinzipien in eine hierarchische Rangfolge: Die den Organismen eigene Fähigkeit zur Höherentwicklung ist das Hauptprinzip der Arttransformation; die Artabwandlung aufgrund der Anpassung ist dagegen ein nur ergänzendes Nebenprinzip. Aber wie wirken diese beiden Prinzipien, die sich prima facie widersprechen oder doch wenigstens schlecht zusammenpassen, in der Arttransformation zusammen?

Lamarck erklärte die Arttransformation aus einer, in seiner Physiologie der Wechselwirkung zwischen Fluida und Geweben begründeten Fähigkeit der Organismen, ihre Organisation in einer bestimmten Schrittfolge auszubauen, sie immer komplexer und funktionsdifferenzierter zu gestalten, kurz: sich höher zu entwickeln. Aufgrund dessen entwickeln sich die durch Urzeugung entstandenen tierischen bzw. pflanzlichen Primitivorganismen im Laufe der Generationabfolge zu immer vollkommeneren Organismen und durchlaufen dabei die Stufenleiter der tierischen oder pflanzlichen Lebensformen. Lamarck kann mit diesem Hauptprinzip die allmähliche Entstehung aller Arten, den Ursprung von Flora und Fauna erklären. Es ist so nicht zu sehen, wieso er ein zweites Prinzip braucht, um die Arttransformation zu erklären. Bei diesem Ansatz ist, genau wie bei der Ontogenese, nur die Aufgabe gestellt, diesen Prozeß in der Abfolge aller seiner Stadien genau und detailliert zu untersuchen.

Das Nebenprinzip, das den Formwandel aus der Anpassung an die Umwelt erklärt, scheint so überflüssig. Es kommt aber hinzu, daß schwer zu sehen ist, wie sich diese Prinzipien ergänzen sollen. Eher ist doch zu erwarten, daß sie sich gegenseitig durchkreuzen und aufheben. Die Stufenleiter der schrittweisen Organisationsausbildung muß jedenfalls vom Anpassungsprinzip durcheinandergebracht werden. – Aber sehen wir zu, was an der Arttransformation Lamarck mit dem Hauptprinzip und was mit dem Anpassungsprinzip erklärt.

Das Hauptprinzip erklärt, wieso jeder urgezeugte Organismus in der langen Kette der Generationen Schritt für Schritt die Stufenleiter der Organisationsformen in der immer gleichen Abfolge vom kaum funktionsgegliederten Organismus zum komplexen und differenzierten durchläuft. Entsprechend der Maxime »natura non facit saltus« (die Natur macht keine Sprünge) steht die Anordnung und Abfolge der Organisationsformen auf dieser Stufenleiter unter der Anforderung, daß bei zwei aneinander grenzenden Organisationen die höherentwickelte nur um eine Nuance komplexer organisiert sein darf als ihr Nachbar. Dieser Anforderung muß sich, wie wir heute wissen, das tatsächliche Material des Systematikers oftmals nur schlecht und manchmal auch gar nicht fügen.

Lamarck war denn auch, wie schon erwähnt, mit seinen Anordnungen niemals zufrieden und nahm immer wieder Revisionen vor, um jener Anforderung seiner Theorie nachzukommen. So unerschüttert dabei seine Zuversicht blieb, daß dieser Anforderung, zumal mit weiteren Fortschritten der botanischen und zoologischen Formenkenntnis, prinzipiell Genüge getan werden kann[85], so wenig konnte er sich auf die Dauer verheimlichen, daß hier Irregularitäten im Spiel waren, die es nicht wegzudisputieren, sondern die es zu erklären galt.

> »Die Abstufung, von der ich spreche, ist nun aber in Wirklichkeit in ihrem Fortschreiten nicht immer einfach und regelmäßig. Oft fehlt dieses oder jenes Organ, oder es verändert sich plötzlich und tritt dann bisweilen in diesen Veränderungen in eigentümlichen Gestalten auf, die mit keiner anderen in erkennbaren Beziehungen verknüpft sind. Oft sogar verschwindet ein Organ, um mehrere Male wieder zu erscheinen, bevor es auf immer verlorengeht. Man wird aber sogleich merken, daß dies nicht anders sein konnte. Man wird einsehen, daß die Ursache der fortschreitenden Verwicklung der Organisation in ihrer Wirkung verschiedene Abweichungen erleiden mußte.«[86]

Unter Beibehaltung des Hauptprinzips, des Prinzips der gesetzmäßigen Höherentwicklung der Organismen und ihrer Manifestation in einer prinzipiell nur durch minimale Übergänge abgeschatteten Stufenleiter der Organisationsformen, versuchte Lamarck die Abweichungen von dieser Stufenleiter zu erklären, und zwar mit dem Anpassungsprinzip. Dies Nebenprinzip ist nötig und mit dem Hauptprinzip kompatibel, weil es die nicht wegräsonierbaren Abweichungen der tatsächlichen Organisationsformen von der nach dem Hauptprinzip zu fordernden Stufenleiter erklären läßt. Das Prinzip der gesetzmäßigen Höherentwicklung und das Anpassungsprinzip, diese wie Alternativen aussehenden Erklärungen des Formwandels der Arten, ergänzen sich also in Lamarcks Theorie vortrefflich: Das Hauptprinzip erklärt den prinzipiellen und normalen Weg dieser

Wandlungen und vor allem seine Richtung; das Anpassungsprinzip dagegen die Abweichungen von dieser in den Organismen determinierten Bahn.

Auf diese Weise gelang es Lamarck, in seinen Anordnungsschemen der tierischen Klassen durch beträchtlich, Elemente eines Stammbaums integrierende Modifikationen der linearen Stufenleiter dem Material besser gerecht zu werden, ohne sein die Stufenleiter erfordERNDES Hauptprinzip in Frage stellen zu müssen. Das in der *Philosophie zoologique*, in den Zusätzen zum 7. und 8. Kapitel des ersten Teils, aufgestellte Anordnungsschema zeigt dies sehr anschaulich (vgl. Abb. 2, S. 64).

Lamarcks Nebenprinzip erklärt die Abweichungen der tatsächlichen Organisationsformen von der Stufenleiter durch die Anpassung der Organismen an sich wandelnde Umweltbedingungen. Und hierin findet die Geschichtlichkeit der Natur ihren Niederschlag in seiner Evolutionstheorie. Es sind ja in erster Linie die erdgeschichtlich sich wandelnden Umweltbedingungen, die Lamarcks Organismen daran hindern, ihre Entwicklungstendenz rein zu verwirklichen. Aber die Funktion des Anpassungsprinzips macht zugleich deutlich, wie sich diese Geschichtlichkeit in seiner Evolutionstheorie niederschlägt. Sie spielt die Rolle eines unwesentlich modifizierenden Faktors. Soviel Energie Lamarck daran wandte, die Abweichungen von der Stufenleiter durch eine detaillierte Theorie des Anpassungsvorgangs in ihrer Gesetzlichkeit zu erfassen, so marginal waren für ihn zugleich diese erdgeschichtlich bedingten Hinderungen der reinen Verwirklichung der Stufenleiter der Organisationsformen. Es handelte sich für ihn nicht nur um einen marginalen, sondern vor allem auch um einen äußerlichen, nur hinzukommenden Faktor der Arttransformation. Die Niederschläge der Geschichtlichkeit der Natur blieben der Organismenentwicklung äußerlich. Wir müssen sogar konstatieren, daß diese Niederschläge und damit die Geschichtlichkeit der Natur in seiner Evolutionstheorie präzise die Rolle eines Störfaktors des gesetzmäßigen Entwicklungsprozesses spielen.

Anpassung und Reversibilität

Wie fern es Lamarck selbst lag, im Anpassungsprinzip etwas zu sehen, das über seine auf identische Reproduktion der Lebenswelt gerichtete Theorie hinaus auf einen historischen Charakter der Natur verweist, zeigt z. B. folgende Passage der *Philosophie zoologique*:

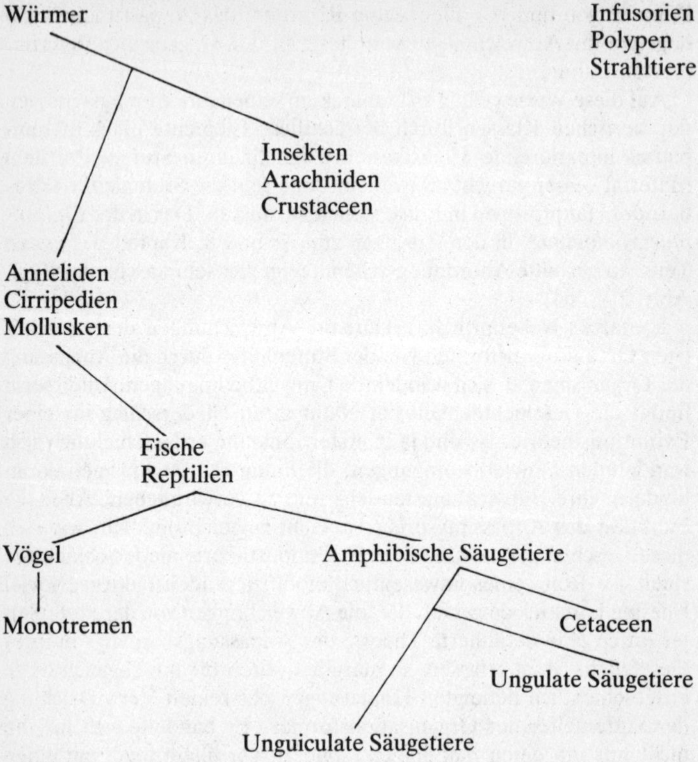

Abb. 2. Entwicklungslinie der Tiere nach Lamarck (1809)[87]

»Wir werden sogleich, indem wir zur Bestätigung bekannte Tatsachen anführen werden, sehen, daß einerseits neue Bedürfnisse, die irgendein Organ nötig machten, durch eine Reihe von Anstrengungen dieses Organ wirklich ins Dasein gerufen haben und daß dann der bleibende Gebrauch desselben es allmählich gestärkt, entwickelt und schließlich beträchtlich vergrößert hat. Andererseits werden wir sehen, daß, wenn die neuen Verhältnisse und Bedürfnisse ein Organ vollständig unnütz gemacht haben, der vollständige Nichtgebrauch desselben die stufenweise und allmähliche Rückbildung und, wenn dieser Nichtgebrauch während langer Zeiten vollständig gewesen ist, schließlich das Verschwinden desselben veranlaßt hat.«[88]

Lamarck ging also davon aus, daß die durch Anpassung bewirkten Änderungen der Organisation prinzipiell reversibel sind. Die in seiner *Hydrogéologie* (1802) dargestellte Theorie der Erdgeschichte faßte überdies die Umgestaltungen der Erdoberfläche selbst als einen periodischen, zyklischen Prozeß auf, so daß hier nicht nur an die Reversibilität der Anpassungsresultate zu denken ist, sondern tatsächlich an periodische Rückbildungen.

Es hat gleichwohl gute Gründe, warum in der Entwicklung der Evolutionstheorie nach Darwin Lamarcks Theorie des Anpassungsvorgangs immer wieder Beachtung gefunden hat. In ihr sind Momente enthalten, die objektiv, d. h. unabhängig von Lamarcks Evolutionstheorie, evolutionstheoretische Bedeutung haben. (Wir werden darauf bei der Betrachtung der *Origin* Darwins zurückkommen.) Dies resultiert aber nicht zuletzt daraus, daß Lamarck bei der Erklärung des Anpassungsvorgangs paläontologischen und biogeografischen Befunden Beachtung schenkte, die auch bei der Entschlüsselung des biologischen Evolutionsvorgangs ein halbes Jahrhundert nach Lamarck eine gewichtige Rolle spielten.

Noch einmal zur fehlenden Resonanz

Wenn wir uns am Schluß dieses Kapitels noch einmal der Frage zuwenden, warum am Beginn und in der ersten Hälfte des 19. Jahrhunderts Lamarcks Evolutionstheorie kaum Resonanz fand, so stellt sich uns jetzt diese Frage anders als den Lamarckisten an der letzten Jahrhundertwende. Verwunderlich kann die fehlende Resonanz gerade deswegen erscheinen, weil seine Theorie mit dem damals vorherrschenden unhistorischen Naturbild nicht nur verträglich war, sondern selbst zu einer umfassenden Naturtheorie gehörte, die die Natur als ein stabiles dynamisches Gleichgewichtssystem auffaßte.

Nun dürfen wir freilich nicht den Fehler machen, die philosophische und weltanschauliche Brisanz zu verkennen, die eine solche Naturtheorie in den ersten Jahrzehnten des 19. Jahrhunderts auch dann hatte, wenn sie des historischen Moments noch ermangelte. Wenn Cuviers erdgeschichtliche Theorie, die die Annahme periodischer

Neuschöpfungen erfordert, damals gerade deshalb ein positives Echo fand, weil man in ihr einen Damm gegen den Atheismus sah[89], dann erinnert das daran, daß Lamarck seine Theorie zur Zeit der Reaktion auf die Französische Revolution der Öffentlichkeit unterbreitete. Lamarck galt als »Atheist«, und wohl nicht nur deswegen, weil er für den geologischen Aktualismus James Huttons (1726–1797) eintrat.[90] Sein deistisches Weltsystem mußte im Restaurationszeitalter in der Tat lebhaft an das »gottlose« 18. Jahrhundert erinnern. Auch darauf zielt der Vorwurf, es handele sich bei seiner Theorie um ein »System à la Buffon«. Wenn Napoleon 1810 Lamarck streng ermahnte, seiner Professur entsprechend künftig nur noch Arbeiten auf dem Gebiet der zoologischen Systematik und Morphologie zu veröffentlichen, so ist auch dies nicht einfach als eine Verwaltungshandlung ohne politische und weltanschauliche Aspekte einzuschätzen, sondern gehört eher, wenn auch als vergleichsweise milder Fall, in den Kontext der napoleonischen »Ideologen«-Hatz.

Auf der anderen Seite müssen wir bei der Frage, warum Lamarcks Theorie damals so gut wie keine Anerkennung fand, die Tatsache ernst nehmen, daß sich Lamarck bereits in den 90er Jahren durch seine Veröffentlichungen zu physikalischen und chemischen Fragen bei den naturwissenschaftlichen Gelehrten seiner Zeit den Ruf erworben hatte, daß er wissenschaftlich nicht ernst zu nehmen sei, sobald er über anderes als Fragen der botanischen und zoologischen Systematik schreibe. Und dieser Ruf belastete auch die Wahrnehmung der *Philosophie zoologique.* Wahrscheinlich war es tatsächlich so, wie es Tschulok sah:

»Bei dieser großen Einheitlichkeit des Plans und der Ausführung (der umfassenden Naturtheorie Lamarcks – W. L.) ist es aber nicht verwunderlich, daß die kritischen Köpfe unter den Zeitgenossen den später erschienenen Teilen dieselbe Aufnahme bereiteten, wie den zuerst erschienenen; daß seine Geologie, Biologie, Psychologie und Erkenntnislehre dieselbe Ablehnung fanden, wie die Physik und Chemie. Die Zeitgenossen haben nicht erkannt, daß *ein Teil des ersten Teils* der ›Zoologischen Philosophie‹ auch einen Ansatz zu etwas Neuem enthält, das allerdings so wenig herausgearbeitet, so mangelhaft durch wirkliche Argumente gestützt und so eng mit der sehr anfechtbaren ›Theorie der Animalisation‹ (Fluida-Theorie – W. L.) und der antipneumatischen Chemie verknüpft war, daß ein ungeheurer Grad von gutem Willen dazu gehört hätte, diesen Ansatz liebevoll herauszuheben und weiter zu kultivieren. Oder kann man es den Zeitgenossen zum Vorwurf machen, nicht gewußt zu haben, daß nach fünfzig Jahren der Kern jenes Ansatzes unter gänzlich veränderter Argumentation, bei wesentlich anderer Lage der beteiligten Einzelwissenschaften sich zu einer siegreichen Theorie entwickeln würde? Und so wurden eben alle Teile seines theoretischen Systems von den Zeitgenossen in toto abgelehnt.«[91]

Ein gescheiterter Integrationsversuch

Was Lamarcks *biologische* Theorie angeht, so ist zusätzlich in Rechnung zu stellen, daß sie sich nicht dem damals herrschenden vitalistischen Zeitgeist einfügte und vielleicht auch deshalb kaum Anerkennung fand. Es wäre nun aber, wie ich meine, ganz verfehlt, daraus, daß Lamarck den damaligen Vitalismus nicht mitmachte, den Schluß zu ziehen, daß er eben doch seiner Zeit voraus war und deswegen von ihr nicht anerkannt wurde. Sosehr Lamarcks Einsicht in die fatalen Konsequenzen des Viatlismus gewürdigt zu werden verdient, sowenig darf verkannt werden, daß seine biologische Theorie, diese »Physik des tierischen und pflanzlichen Lebens«, nicht über den Vitalismus hinausführt, sondern in die mechanistische Biologie zurückfällt, gegen die sich der damalige Vitalismus richtete.

Was immer gegen diesen Vitalismus vorgebracht werden muß und auch damals bereits vorgebracht wurde, und zwar nicht nur von Lamarck, wie die Naturphilosophie Schellings (1775–1854) und Hegels (1770–1831) zeigt: Richtig und für die weitere Entwicklung der Biologie wichtig war die vitalistische Kritik, daß die mechanische Biologie das Spezifische der Lebenserscheinungen nicht angemessen zu erfassen gestattet. Wenn Lamarcks großer Versuch, die Wissenschaften von den Lebenserscheinungen in einer einheitlichen Biologie als erklärender Theorie zu vereinigen, von den damaligen Biologen so gut wie nicht aufgegriffen wurde und jedenfalls für den tatsächlichen Prozeß der Integration dieser Disziplinen folgenlos blieb, so ist diese Tatsache vielleicht als ein Symptom dafür zu werten, daß die Wissenschaften von den Lebenserscheinungen am Beginn des 19. Jahrhunderts bereits so weit entwickelt waren, daß eine der Spezifik der Lebensprozesse äußerliche Theorie nicht mehr ihre Integration leisten konnte. Dies würde aber darauf verweisen, daß dieser Entwicklungsstand der biologischen Disziplinen bereits *objektiv* die den Lebensprozessen spezifisch gerecht werdende Integrationstheorie »verlangte«, nämlich die Evolutionstheorie. Der Fall Lamarck würde so gewissermaßen negativ beweisen, daß die im ersten Kapitel hervorgehobene

Funktion der Evolutionstheorie als biologische Integrationstheorie in der Entstehungsgeschichte der Evolutionstheorie von Anfang an eine Rolle spielte.

Kapitel 3 Darwins Abstammungslehre

Ein erfolgreiches Buch

War der alte Lamarck an der Resonanzlosigkeit seiner theoretischen Schriften fast zum verbitterten Greis geworden, so konnte sich Charles Darwin (1809–1882) über mangelndes Interesse an seinem Buch *On the Origin of Species by Means of Natural Selection, or the Preservation of Favoured Races in the Struggle for Life* nicht beklagen. In der Tat war *On the Origin* ein erstaunlich erfolgreiches Buch. Einige Daten sollen davon eine Vorstellung vermitteln.

Die erste Auflage, 1250 Exemplare, wurde am Auslieferungstage, dem 24. XI. 1859, restlos verkauft. Die zweite Auflage, 3000 Exemplare, erschien am 7. 1. 1860 und war in etwa einem Jahr vergriffen. Im April 1861 kam eine dritte Auflage heraus; 2000 Exemplare wurden diesmal aufgelegt. 1866 folgte die vierte (1250 Exemplare), 1868 die fünfte (2000 Exemplare) und 1872 schließlich die sechste Auflage, die letzte, die Darwin noch selbst besorgte. Der internationale Erfolg der *Origin* war kaum geringer als der in England. Bereits im Mai 1860 erschien eine amerikanische Ausgabe, und ebenfalls noch 1860 die deutsche Übersetzung von Heinrich Georg Bronn (1800–1862). Nach Darwins eigenen Angaben[1] waren am 1. 2. 1874 6500 Exemplare der deutschen Übersetzung verkauft. In Frankreich wurde bereits 1865 eine zweite Auflage der französischen Ausgabe notwendig.

Darwin notierte all diese Verkaufsziffern buchhälterisch in seinem *Personal Diary*, und manche dieser Eintragungen[2] verrät trotz der geschäftsmäßigen Kürze, wie überrascht Darwin von diesem Erfolg der *Origin* war. Und dies zu Recht; er hatte mit diesem Interesse nicht rechnen können. 1858, ein Jahr vor dem Erscheinen seines Buchs, sandte ihm Alfred Russel Wallace (1823–1913) von einer Forschungsreise zum malaiischen Archipel eine Abhandlung zu, in der die Abstammung der Arten in einer Weise dargelegt und begründet wurde, die mit der Auffassung des Problemes, die sich Darwin Anfang der vierziger Jahre gebildet hatte und seitdem durch systematisches Sammeln von Belegmaterial unabweisbar zu machen versuchte, weitgehend übereinstimmte. Gedrängt von Lyell und Joseph Dalton Hooker (1817–1911), entschloß sich Darwin daraufhin, eine kurze Darlegung seiner Theorie zusammen mit Wallaces Abhandlung zu veröffentlichen. Die beiden Aufsätze erschienen noch im gleichen

Jahr 1858 unter dem Titel »On the Tendency of Species to Form Varieties; and on the Perpetuation of Varieties and Species by Natural Selection« im *Journal of the Proceedings of the Linnean Society*. Diese Veröffentlichung fand nur wenig Aufmerksamkeit, wenngleich auch nicht ganz so wenig, wie Darwin selbst später in seiner Erinnerung meinte.[3] Jedenfalls konnte sich Darwin aufgrund dieser Erfahrung keine Hoffnung auf große Resonanz seiner *Origin* machen.

Mehr noch als das große Interesse mußte Darwin die relativ schnelle Anerkennung seiner Abstammungslehre in Erstaunen setzen. Er hatte mit Widerstand oder doch zumindest mit anhaltender Reserviertheit gerechnet. Dies war ja ein Grund, warum er lange Jahre mit der Veröffentlichung seiner Theorie gezögert hatte, Jahre, die er dazu benutzte, eine Fülle von Belegmaterial, von dem er schließlich nur einen kleinen Teil in der *Origin* veröffentlichen sollte, zusammenzutragen, damit der von ihm erwarteten Ablehnung die Kritik wenigstens so schwer wie möglich gemacht werde. Zwar hatte Lyell Darwin 1856 soweit gebracht, mit der Abfassung eines Buchs über seine Theorie zu beginnen; aber hätte die Wallacesche Abhandlung Darwins Pläne nicht durcheinandergebracht, so wäre eine umfassende Darstellung seiner Theorie erst später fertiggestellt und veröffentlicht worden, vielleicht sogar erst posthum.

Darwins Vorsicht

Das Mißverhältnis zwischen der schnellen Anerkennung der Abstammungslehre Darwins und dessen schon fast wie Ängstlichkeit aussehende große Vorsicht scheint Darwins Gespür für den Geist seiner Zeit ein schlechtes Zeugnis auszustellen. So meint z. B. J. S. Wilkie[4], um die Mitte des 19. Jahrhunderts bei den Biologen eine Disposition für eine »general theory of evolution« ausmachen zu können, die Darwin verkannt oder wenigstens unterschätzt habe. Es gilt freilich zu sehen, daß Darwin gute Gründe für seine Vorsicht hatte. 1844, als Darwin seine Theorie der Artabwandlung sich nicht nur ganz allgemein und prinzipiell klargemacht, sondern bereits in einem 231 Seiten umfassenden Abriß schriftlich fixiert hatte, erschienen anonym die *Vestiges of the Natural History of Creation* des Buchhändlers Robert Chambers (1802–1871), eine Schrift, die, trotz expliziter Ablehnung Lamarcks, mit einem den beiden Prinzipien Lamarcks verwandten Erklärungsmodell der Artenentwicklung operierte[5]) und, ungeachtet ihrer mangelnden Professionalität, Argumentationskraft durch ihre Stützung auf paläontologische Befunde gewann. Dieses Buch, nach Zimmermann[6] »die meistgelesene vordarwinistische Entwicklungsschrift«, löste einen »allgemeinen Aufschrei«[7] aus, der Darwin belehrte, mit welchem Echo Entwicklungstheorien rechnen müssen.

Auch rückblickend auf den Erfolg der *Origin* sah Darwin keinen Grund, seine Vorsicht als Resultat einer Fehleinschätzung des Zeitgeistes anzusehen. »Es ist zuweilen gesagt worden«, schrieb er in der zweiten Hälfte der siebziger Jahre[8], »der Erfolg der ›Entstehung der Arten‹ habe bewiesen, ›daß der Gegenstand in der Luft gelegen habe‹, oder daß ›die Geister darauf vorbereitet gewesen seien‹. Ich glaube nicht, daß dies völlig zutrifft; denn ich habe gelegentlich nicht wenige Naturforscher sondiert, und es ist mir niemals vorgekommen, auch nur auf einen einzigen zu stoßen, der an der Beständigkeit der Arten zu zweifeln schien. Selbst Lyell und Hooker, obgleich sie mir mit Interesse zuhörten, schienen niemals mit mir übereinzustimmen. Ich habe ein- oder zweimal versucht, tüchtigen Männern zu erklären, was ich unter natürlicher Zuchtwahl verstände, doch entschieden ohne Erfolg.« Das macht auch verständlich, warum sich Darwin selbst durch den reißenden Absatz der *Origin* und die Zustimmung, die er sofort nach der Veröffentlichung bei einigen Biologen fand, nicht zu der Meinung verleiten ließ, seiner Theorie sei die Durchsetzung sicher. Erst 1869 glaubte auch er, daß seine Abstammungslehre Anerkennung gefunden habe.

Dies geht aus folgendem hervor. In der *Origin* hatte Darwin die Frage nach dem Ursprung des Menschen nicht behandelt. Er widmete dieser Frage ein eigenes Buch, *The Descent of Man,* das 1871 erschien. Dies lag nun nicht daran, daß sich Darwin über diese Frage 1859 noch nicht schlüssig gewesen wäre oder daß erst Thomas Henry Huxleys (1825–1895) *Man's Place in Nature* (1863) ihn auf diese Konsequenz seiner Abstammungslehre gebracht hätte. Die ersten Notizen zur *Descent of Man* gehen vielmehr genau wie die zur *Origin* auf die Jahre 1837/38 zurück.[9] Darwin hatte die Frage nach dem Ursprung des Menschen in der *Origin* vielmehr bewußt ausgeklammert, um die Anerkennung seiner Theorie nicht zusätzlich mit der Empörung zu belasten, die die Annahme eines gemeinsamen Vorfahren von Menschen und Affen hervorrufen würde. (Um aber andererseits nicht später den Vorwurf gemacht zu bekommen, in der *Origin* das Publikum bewußt getäuscht und seine »Ansichten verheimlicht«[10] zu haben, rückte er einen kurzen und etwas undeutlichen Hinweis zu dieser Frage am Schluß des Buches ein: »In einer fernen Zukunft sehe ich ein weites Feld für noch bedeutsamere Forschungen. (. . .) Licht wird auch fallen auf den Menschen und seine Geschichte.«[11] Bronn war noch vorsichtiger als Darwin und ließ diesen Satz in der ersten deutschen Übersetzung [1860] weg.) »Als ich aber merkte, daß viele Naturforscher die Lehre von der Entwicklung der Arten vollständig angenommen hatten, schien es mir ratsam zu sein, derartige Notizen, wie sie in meinem Besitze waren, auszuarbeiten und eine spezielle Abhandlung über den Ursprung des Menschen herauszugeben.«[12] Im Februar 1869 begann Darwin mit der Ausarbeitung seiner *Descent of Man*[13]; jetzt war er von der Durchsetzung seiner Abstammungslehre überzeugt.

»Lag in der Luft«

Wie sehr auch seine Erfahrungen Darwin zur Vorsicht mahnen mochten, so berechtigt sind jedoch Annahmen wie die Wilkies. Schon allein die Tatsache, daß Wallace ohne jede Kenntnis von Darwins Arbeit an der Evolutionstheorie eine weitgehend identische Theorie aufgrund seiner Forschungen entwickelte, bestätigt gerade, daß die Abstammungslehre damals »in der Luft lag«. Hätte Wallace seine Abhandlung gleich zu veröffentlichen versucht, anstatt sie Darwin zur Begutachtung zuzusenden, und wäre Wallace nicht von »gutmütiger und edler Gesinnung«[14] gewesen, so wäre Darwin für seine Vorsicht sogar damit bestraft worden, daß um die Ehre seiner Priorität an der Abstammungslehre erst ein Streit hätte ausgetragen werden müssen. Insbesondere aber zeigt die schnelle Durchsetzung der Theorie, daß sie »in der Luft lag«. Die Erfahrung Darwins, daß er in Gesprächen mit dieser Theorie auf Skepsis stieß, besagt angesichts des tatsächlichen Anerkennungsprozesses nur, wie recht er hatte, seine Theorie in Form eines Buchs der Öffentlichkeit vorzulegen, das mit einem reichen Belegmaterial für die Richtigkeit der Theorie argumentiert. Die Zeit war für die Abstammungslehre so reif, daß innerhalb eines Jahrzehnts ein bedeutender Teil der Biologen das Dogma der Artkonstanz über Bord warf, als sie die Abstammungslehre in dieser Form zur Kenntnis nehmen konnten.

Zwar[15] blieben viele der älteren Biologen, die ihren theoretischen Standpunkt in den dreißiger und vierziger Jahren des 19. Jahrhunderts gewonnen hatten, der Deszendenztheorie gegenüber reserviert. In England trat z. B. der bedeutende Morphologe Richard Owen (1804 bis 1892) der Deszendenztheorie mit prinzipiell ablehnender Kritik entgegen; in Deutschland verhielt sich z. B. der Embryologe Karl Ernst von Baer (1792–1876) skeptisch, auch wenn er die Theorie nicht gänzlich verwarf. Insofern blieb die Anerkennung der Theorie in der ersten Hälfte der sechziger Jahre tatsächlich zweifelhaft. In der zweiten Hälfte hatten jedoch jüngere Biologen, wobei vor allem Huxley in England und Haeckel in Deutschland zu nennen sind, die Anerkennung der Theorie weitgehend durchgesetzt. Dies gilt für England, Deutschland und die USA; in Frankreich überwog unter dem Einfluß Claude Bernards (1813–1878) noch lange die Ablehnung oder wenigstens Skepsis.

Widersprüchliche Anerkennung

Sehen wir weiterhin vom Echo der *Origin* beim breiten Publikum ab, also von der großen weltanschaulichen Kontroverse, die dies Buch, wie nicht anders zu erwarten, auslöste, und beschränken uns auf seine Aufnahme beim naturwissenschaftlichen Fachpublikum, wozu auch die geologischen Paläontologen zu rechnen sind, so ist zum bisher Ausgeführten zu ergänzen, daß die Aufnahme bei Anhängern wie Gegnern bzw. skeptisch Bleibenden bemerkenswert differenziert war, wie man heute sagt. Unter den Gegnern gab es kaum einen, der nicht in gewissen Punkten Darwin auch recht gab, und unter den Anhängern umgekehrt kaum einen, der Darwin nicht in dieser oder jener Frage auch kritisierte. Summiert man nun diese Fachkritik an den verschiedenen Seiten der *Origin*, so ergibt sich eine so umfassende Argumentation gegen Darwins Theorie, daß es fast unerklärlich zu sein scheint, wieso gleichwohl die Anerkennung der Abstammungslehre die Oberhand behielt.

Dies gilt es nun, näher zu untersuchen. Um das Gewicht dieser summierten Kritik klarzumachen, müssen die wichtigsten Kritikpunkte zusammengetragen und danach beurteilt werden, inwiefern sie damals – und vielleicht auch heute noch – stichhaltige Einwände gegen die Abstammungslehre waren. Voraussetzung für ein Verständnis dieser Kritik ist freilich, daß wir Darwins Theorie wenigstens in groben Zügen präsent haben, weshalb zunächst eine kurze, auf die wesentlichen Prinzipien konzentrierte Vergegenwärtigung der Deszendenztheorie Darwins folgen soll.

Jedoch zwei Anmerkungen zuvor. Erstens: Um einer möglichen anachronistischen Deutung der Theorie Darwins vorzubeugen, gebrauche ich die Begriffe »Art« und »Varietät« in der komplexen, von heute aus gesehen mangelhaft differenzierten Bedeutung, die sie bei Darwin und seinen damaligen Anhängern hatten. Es wird also beim Artbegriff nicht unterschieden zwischen seinen Bedeutungen a) als Bestimmung einer typologisch-morphologischen Spezifität, b) als Begriff einer reproduktiven Realeinheit und schließlich c) als Kennzeichnung einer bestimmten Population. Ebensowenig wird beim Varietätsbegriff zwischen Varietäten unterschieden, die als Realisation einer ins statistische Extrem gehenden Rekombination des genetischen Materials einer Population zu begreifen sind, und Varietäten, die sich tatsächlich Mutationen verdanken. Zweitens: Die folgende Darstellung gibt auch da, wo sie argumentiert, nur das nackte Resultat der Theorie Darwins wieder. Die Entwicklung dieser Theorie sowie die Zusammenhänge unter ihren Momenten werden erst im 6. Kapitel behandelt.

Darwins Theorie

Variabilität und Züchtung

Einen wesentlichen Ansatz- und Ausgangspunkt der Abstammungslehre Darwins, dem auch gleich die beiden ersten Kapitel der *Origin* gewidmet sind, bildet die, natürlich keineswegs erst von ihm entdeckte, vielmehr altbekannte Tatsache, daß Arten Varietäten bilden. Im Generationswechsel findet eine nur annähernd identische Reproduktion der Art statt. Häufig unterscheiden sich Nachkommen in einigen Merkmalen deutlich vom normalen Typ, und nicht selten sind diese Abweichungen auch vererbbar. Überläßt man, wie im Zustand der Wildheit, die Sache ihrem natürlichen Lauf, so bewirkt normalerweise die Kreuzung dieser Varietäten mit der Stammform, daß diese Abweichungen allmählich wieder verschwinden.

Die Praxis der Tier- und Pflanzenzüchter zeigte Darwin auf der anderen Seite, wie der Mensch die Varietätenbildung ausnützt, um aus einer Art wohlunterschiedene Rassen herauszuzüchten, die seinen landwirtschaftlichen, Hobby- oder Luxusbedürfnissen entsprechen. Lassen wir hier all die Raffinessen und Kniffe eines erfahrenen Züchters außer acht, so besteht der Kunstgriff prinzipiell darin zu unterbinden, daß eine in die gewünschte Richtung weisende Varietät – vorausgesetzt, es handelt sich überhaupt um eine vererbbare Abweichung – sich wieder mit der Stammform kreuzt, und dafür zu sorgen, daß sich diese Varietät mit anderen, ebenfalls in die gewünschte Richtung schlagenden und die Abweichung vererbenden Varietäten kreuzt. Konserviert diese Vorkehrung die erwünschten Merkmale, so lassen sie sich darüber hinaus gewissermaßen addieren, wenn bei dem so erzeugten Nachwuchs erneut wünschenswerte vererbbare Abweichungen auftreten und ihnen durch die beschriebene Kreuzungssteuerung die Erhaltung gesichert wird. Durch immer erneute Addition erwünschter Eigenschaften entsteht so allmählich eine Rasse, die von der Stammform so erheblich abweichen kann, daß ein Systematiker, der keine Gelegenheit hätte zu erproben, ob diese Rasse mit der Stammform fertilen Nachwuchs zeugen kann, sie ohne weiteres als verschiedene Arten oder gar als Arten verschiedener Gattungen bestimmen würde. Der Mensch macht sich, wenn schon nicht zum Schöpfer, so doch zum Bildner in der organischen Natur, indem er als Züchter die ihm erwünschten Varietäten zu solchen Kreuzungen selegiert, die die Eigenschaften, auf die es ihm ankommt, erhalten und Schritt für Schritt vermehren.

Liegt in dieser züchterischen Rassenbildung nicht ein Fingerzeig, wie die natürliche Bildung von Rassen und vielleicht gar von eng verwandten Arten vonstatten geht? Aber was in der Natur könnte die Rolle des selegierenden Züchters übernehmen? Ohne die Wahrnehmung ähnlicher oder auch nur entfernt an die Rolle des Züchters erinnernder Separations- und Distinktionsphänomene in der Natur ist die Züchterpraxis nicht als solch ein Fingerzeig aufzufassen.

Beobachtungen in Südamerika

Es ist deswegen nicht zufällig, daß für Darwin, wie übrigens auch für Wallace, Eigentümlichkeiten der geografischen Verteilung von Pflanzen und Tieren den Zugangspunkt zur Abstammungslehre bildeten. Darwin machte in den Jahren 1831 bis 36, während seiner Weltreise mit der »Beagle«, auf dem südamerikanischen Kontinent und auf den Galapagos-Inseln vor der Küste Equadors die für ihn entscheidenden Beobachtungen.

Die »Beagle« fuhr an der südamerikanischen Atlantikküste entlang südwärts, und jedesmal, wenn eine Landung Darwin Gelegenheit gab, die örtliche Flora und Fauna zu studieren, machte er, wie Forschungsreisende vor ihm, die Erfahrung einer leicht veränderten, den veränderten geografischen und klimatischen Bedingungen angepaßten Flora und Fauna. Insbesondere war zu beobachten, wie die Arten und Gattungen sich in einer Abfolge immer leicht abgestufter Vertreter darstellten. Die Vertreter der Arten und Gattungen verteilten sich also so, daß sehr ähnliche einander ablösten, so daß die extremer unterschiedenen, die am nördlichsten bzw. südlichsten Inspektionspunkt, durch eine Kette geringfügiger Abstufungen miteinander verbunden waren. Handelte es sich um Vertreter einer Art, also um Varietäten, so war klar, daß sie einer gemeinsamen Stammform entsprungen waren; die unterschiedlichen Klima- und Bodenbedingungen schienen aber ihre Anordnung über den Kontinent reguliert zu haben. Sollte nicht ganz entsprechend die beobachtete allmähliche Abfolge nahe verwandter Arten erklärt werden können? Darwin schrak damals vor den Konsequenzen dieser Frage zurück. Und dennoch stellte er diese Frage sogleich auch hinsichtlich der Verteilung der Flora- und Faunaformen in der Zeit. Lyells *Principles of Geology* war die wichtigste Lektüre Darwins während dieser ersten Etappe seiner Weltreise; und unter ihrem Einfluß studierte er Fossilien des südamerikanischen Kontinents unter eben der Fragestellung, vor deren Konsequenzen er erschrak.[16]

Die entscheidenden Beobachtungen aber machte Darwin auf dem Galapagos-Archipel, Beobachtungen, die den Schlüssen aus den eben geschilderten Erfahrungen zu widersprechen schienen. Die Galapagos-Inseln liegen dicht beieinander; manche sogar auf Sichtweite; sie unterscheiden sich nicht im Klima. Sie sind überdies alle des gleichen vulkanischen Ursprungs und unterscheiden sich so auch nicht im geologischen Zustand. Die Inseln stellen also ein Ensemble nicht unterscheidbarer anorganischer Umwelten dar und weisen gleichwohl jede eine deutlich unterschiedene Flora und Fauna auf. Zwar sind sie alle von den gleichen pflanzlichen und tierischen Gattungen bewohnt; aber die Inseln unterscheiden sich darin voneinander, daß diese Gattungen jeweils von anderen Arten oder auch nur Varietäten von Arten repräsentiert werden. Darwins Verwunderung war nicht leicht zu überbieten.[17] Wie sollte man sich darauf einen Reim machen?

Schieden ersichtlich klimatische und geografische Unterschiede für eine Erklärung dieses merkwürdigen Tatbestands aus, so blieb allein übrig, eine Anpassung nicht an geografische und klimatische Bedingungen, sondern an das jeder der einzelnen Inseln spezifisch eigentümliche Ensemble von Gattungsvertretern in Anschlag zu bringen. Das bedeutete aber: Nicht nur die geografischen und klimatischen Umweltbedingungen regulieren die räumliche Verteilung der Varietäten und Arten; Flora und Fauna sind selbst solch ein regulierender Umweltfaktor. Angesichts einer so merkwürdig distinkten Verteilung der Gattungsvertreter in einem so kleinen Gebiet, wie es das Galapagos-Archipel ist, innerhalb dessen es für die meisten der dort lebenden Arten auch keine absoluten natürlichen Migrationshindernisse gibt, lag es nahe, zusätzlich den Schluß zu ziehen, daß die den speziellen Flora- und Faunabedingungen einer Insel am besten angepaßten Vertreter einer Art oder Gattung das Aufkommen weniger gut angepaßter Vertreter verhindern. Ein »Kampf ums Dasein« gerade zwischen den Vertretern ein und derselben Art oder Gattung schien die verwunderliche Verteilung der Lebewesen auf diesem Archipel bewirkt zu haben.

Anpassung und »Kampf ums Dasein«

Mit diesem Schluß, den Darwin allerdings erst nach der Reise aufgrund verschiedener zusätzlicher Überlegungen zog (das 6. Kapitel wird darauf näher eingehen), eröffnete sich ihm, wie später Wallace, der Zugang zur Abstammungslehre. Wir können uns das klarmachen, wenn wir darauf achten, worin sich der »Kampf ums Dasein« als Regulationsprinzip der räumlichen Verteilung der Arten vom Anpassungsprinzip unterscheidet, und zwar im Hinblick auf die Entschlüsselung des Abwandlungsvorgangs einer Art. Drängt sich einem Forscher angesichts von Erfahrungen, wie sie Darwin mit der Flora und Fauna des südamerikanischen Kontinents machte, die Vermutung auf, daß die räumliche Abfolge jeweils nahe verwandter Arten auf eine tatsächliche Verwandtschaft, auf einen Abstammungszusammenhang dieser Arten verweist, und wagte er dieser Idee nachzugehen und eine erklärende Hypothese zu ersinnen, so determiniert das Anpassungsprinzip seine Erklärungsmöglichkeiten der Abstammung dahingehend, daß die direkte Einwirkung der Umwelt auf den Organismus – so Etienne Geoffroy Saint-Hilaire – oder eine dem Organismus eigentümliche Reaktion auf diese Umwelt – so Lamarcks zweites Prinzip – eine Art abwandelt. Damit ist die Tatsache der Anpassung im Prinzip erklärt (auf die Schwierigkeiten dieser Erklärung kommt das 5. Kapitel zurück). Aber als Erklärungen des Abwandlungsvorgangs selbst haben diese Hypothesen den Nachteil, daß sie sich nicht mit den einzigen gesicherten Erfahrungen in Verbindung bringen lassen, die die Menschen mit dem Vorgang der Abwandlung damals hatten, nämlich mit den Erfahrungen über Varietätenbildung und ihrer Fixierung durch die Selektion des Züchters.

Anders beim Regulationsprinzip »Kampf ums Dasein«. Auch dieses Prinzip operiert mit der Anpassung. Es geht nämlich von den Anpassungsunterschieden zwischen den Individuen einer Art aus, führt sie auf die altbekannte, wenngleich in ihren Ursachen damals unerforschte Varietätenbildung zurück und kann für ihre Fixierung und Akkumulation eine mit den Zuchterfahrungen übereinstimmende Ursache angeben, eine der Tätigkeit des Züchters äquivalente natürliche Selektionsinstanz, eben den »Kampf ums Dasein«. In der Erklärung des Anpassungsphänomens durch Abwandlung der Arten sind die beiden Prinzipien gleichwertig, nicht dagegen in ihrer Erklärung des Abwandlungsvorgangs selbst. Es ist der Vorzug des Prinzips »Kampf ums Dasein«, daß es, als Instanz natürlicher Selektion begriffen, die Möglichkeit eröffnet, die Kenntnisse der Zuchtpraxis für die Erklärung des Abwandlungsvorgangs nutzbar zu machen.

Die Identifizierung des »Kampfs ums Dasein« als ein natürliches Äquivalent zur Tätigkeit des Züchters, als Instanz natürlicher Selektion, war für Darwin der Schlüssel zur Deszendenztheorie. Er betont dies als den Springpunkt im Titel sowohl der Abhandlung von 1858 und noch einmal im Titel der *Origin*: »by natural selection« bzw. »by means of natural selection«. Und auf die beiden ersten, mit der Varietätenbildung im domestizierten bzw. wilden Zustand befaßten Kapitel folgen in der *Origin* »Der Kampf ums Dasein« (Kapitel 3) und »Natürliche Zuchtwahl« (Kapitel 4).[18] Damit sind die Prinzipien der Abstammungslehre exponiert, und das 5. Kapitel, »Gesetze der Abänderung«, kann die Darstellung des prinzipiellen Erklärungsmodells der Artenabstammung abschließen.

Entgegen den Erwartungen, die der Titel »On the Origin of Species« – zumindest in seiner deutschen Fassung: »Die Entstehung der Arten« – vielleicht weckt, unternahm es Darwin in diesem Buch nicht (und übrigens auch in keinem anderen seiner Werke), die Entwicklungsgeschichte der ausgestorbenen und rezenten Arten und Gattungen zu rekonstruieren oder für sie einen Stammbaum aufzustellen. Anschließend an die in den ersten fünf Kapiteln dargelegte prinzipielle Erklärung des Abwandlungsvorgangs versuchte Darwin vielmehr, in einer wahren Materialschlacht zu zeigen, wie diese Erklärung in den Befunden der Systematik, der Paläontologie, der Biogeografie, der Morphologie und der Embryologie Stützung findet und wie sie umgekehrt manches Problem einer zwanglosen Lösung zuführt, das in diesen Disziplinen so lange Rätsel aufgab. Da es in diesem Kapitel nur darum geht, Darwins Theorie so weit zu vergegenwärtigen, wie das zum Verständnis der zeitgenössischen Kritik an ihr notwendig ist, können wir ihre Vorstellung mit der Schilderung der wichtigsten Punkte der prinzipiellen Erklärung der Artabwandlung abschließen.

Die Abstammungslehre

Bei der Erzeugung ihres Nachwuchses bringen die Arten mehr oder minder häufig Individuen mit solchen Abweichungen in der Organisation hervor, die vererbbar sind. Diese Abweichungen sind nach Darwin immer nur minimale: »Natura non facit saltus«.[19] Im Hinblick auf die Lebensbedingungen in einer bestimmten Umwelt sind diese Abweichungen entweder vorteilhaft, schädlich oder neutral. Läßt man letztere beiseite, so haben diese Abweichungen Bedeutung im »Kampf ums Dasein«. Individuen mit vorteilhaften Abweichungen haben zugleich mit der besseren Chance, diesen Kampf erfolgreich zu bestehen, eine erhöhte Chance, sich fortzupflanzen (»natürliche Zuchtwahl«). So kommt es zur Propagierung der vorteilhaften Abweichungen. In ihrer Erhaltung und Verbreitung im Generationswechsel und in der Kette der Generationen tritt auch die Akkumulation vorteilhafter Abweichungen ein, so daß allmählich wohlunterschiedene Rassen und schließlich nahverwandte Arten entstehen.

Für die Individuen mit nachteiligen Abweichungen gilt entsprechend das Umgekehrte; sie werden sich nicht oder nicht lange fortpflanzen und so wieder verschwinden. Aber nicht nur diese nachteiligen Abwandlungen werden ausgemerzt; auch Arten können aussterben. So, wenn die Umwelt, der sie angepaßt sind, sich in einschneidender Weise wandelt. Sie können auch aussterben, weil andere Arten – sei es zugewanderte oder abgewandelte oder aus ihnen selbst hervorgegangene – ihnen in der Ausbeutung ihrer spezifischen Lebensquellen überlegen sind.

Divergenz der Charaktere

Dieser Prozeß beschränkt sich jedoch nicht darauf, untauglichere Arten durch tauglichere zu ersetzen, oder besser, auf dieses Resultat läuft er nur dann hinaus, wenn es sich um die Konkurrenz zwischen Arten oder Rassen handelt, die für die Ausbeutung der gleichen Lebensquellen eines Gebiets eingerichtet sind. Entstehen dagegen durch Abwandlung Rassen und schließlich Arten, deren vorteilhafte Abänderung darin besteht, daß ihnen andere, noch von keiner anderen Art genutzte Lebensquellen erschließbar werden, so führt das nicht zur Ersetzung vorhandener Arten, sondern zur Vervielfältigung der Flora oder Fauna dieses Gebiets. Damit gewinnt der Abwandlungsprozeß die Tendenz, zur »Divergenz der Charaktere«[20] zu führen, sukzessiv Spezialisierungen hervorzubringen, also die Lebensmöglichkeiten einer Region durch Ausdifferenzierung der Arten den Lebewesen allseitig nutzbar zu machen. Erst so wird die Entstehung des Artenreichtums verständlich und ebenso die geschichtliche Ausbildung immer komplizierter organisierter Lebewesen.

Die zeitgenössische Fachkritik an der Abstammungslehre

Wenden wir uns nach dieser summarischen Vergegenwärtigung der Abstammungslehre Darwins der zeitgenössischen Kritik an dieser Theorie zu. Wie gesagt, soll dabei die weltanschauliche Kritik, die von seiten der Politik, Moral, Religion oder Philosophie vorgebracht wurde, außer acht bleiben. Hier interessiert die fachliche Kritik der damaligen Biologen und Geologen, die Stichhaltigkeit dieser Kritik, wie im Licht dieser Kritik die Konsistenz der Deszendenztheorie Darwins sich darstellt und wie schließlich die Anerkennung der Theorie vor diesem Hintergrund zu beurteilen ist.

Prinzipielle Einwände

So säuberlich läßt sich freilich die fachliche Kritik nicht herauspräparieren; insbesondere zur Philosophie gibt es teilweise keine scharf markierten Grenzen. Das Argument z. B., das vielleicht am häufigsten gegen Darwin ins Feld geführt wurde, hat zweifellos philosophischen Charakter, das Argument nämlich, Darwin erkläre die Entstehung der Arten letztlich aus dem Zufall, und das heißt, er erkläre sie in Wirklichkeit gar nicht. Dieser Einwand, der besonders in Deutschland von von Baer[21] bis zu Oscar Hertwig (1849–1922)[22] immer wieder explizit gemacht wurde, liegt auch implizit den »konstruktiven« Kritiken zugrunde, die einen die Richtung der Evolution bestimmenden Faktor in Darwins Theorie einbauen wollten. Sachlich geht es darum, daß die der Rassen- und Artbildung zugrunde liegenden individuellen Abweichungen zwar irgendeine, damals unbekannte Ursache haben, aber insofern zufällig sind, als sie Darwin nicht auf eine Notwendigkeit der Anpassung oder Evolution zurückführte. Darwin unterstellte keine Instanz, die dafür sorgt, daß die individuellen Abweichungen den Erfordernissen der Anpassung und Entwicklung entsprechen, und ging gleichwohl davon aus, daß der Selektion im allgemeinen in diesen individuellen Abweichungen das für die Abwandlung zu lebenstüchtigen Formen geeignete Material zur Verfügung steht.

Nun hätte Darwin diesem Einwand wie Friedrich Engels (1820–1895), der Hegels *Wissenschaft der Logik* und ihre Kritik an der metaphysischen Gegenüberstellung von Zufall und Notwendigkeit kannte, entgegenhalten können: »Die bisherige Vorstellung von der Notwendigkeit versagt«[23], sie erweist sich nicht nur vor der philosophischen Kritik als unzureichend, sondern nun auch vor den Anforderungen an Begriffsbildung in den empirischen Naturwissenschaften. Aufgrund des damals unter den Naturwissenschaftlern vorherrschenden positivistischen Wissenschaftsverständnisses lag Darwin – vgl. z. B. seinen Brief an Asa Gray (1810–1888) vom 16. V. 1860 – und seinen Anhängern solch eine Argumentation gänzlich fern. Das bedeutet aber, sie konnten diesen Einwand nur ignorieren, nicht entkräften. Es blieb ein harter Einwand, auch wenn die teleologischen Konstruktionen, die diese Kritiker als Ausweg anboten, nicht schwer zu destruieren waren.

Ganz ähnlich lag der Fall bei der Kritik, die Darwins Artbegriff einen Verstoß gegen die Anforderungen konsistenter Begriffsbildung ankreidete – zuerst, soweit ich sehe, von dem Neurophysiologen Marie Jean Pierre Flourens (1794–1867) vorgebracht.[24] Darwins Abstammungslehre enthält ebenso, wie das im zweiten Kapitel bei Lamarck zu studieren war, eine Sprengung des Artbegriffs, der in den Wissenschaften von den Lebenserscheinungen seit dem 17. Jahrhundert eingeführt war. Die Konstanz der Art, die seine Theorie gerade negiert, war integrales Moment dieses Artbegriffs. Wie kann eine Theorie, die diesem Begriff die Grundlage entzieht, gleichwohl mit diesem Begriff weiterhin operieren? Das ist der Kern des Einwands, der keineswegs nur begriffsklauberisch ist. Denn selbst wenn man es für möglich hält, die verschiedenen in der *Origin* verstreuten Bemerkungen zum Problem der Art als Momente eines zwar implizit bleibenden, aber konsistenten und den Erfordernissen der Evolutionstheorie gerecht werdenden Artbegriffs zu interpretieren[25], bleibt die gravierende Tatsache, daß Darwin explizit keinen seiner Theorie entsprechenden Artbegriff ausarbeitete.

Gravierend ist diese Tatsache, weil es hierbei nicht einfach um die Ersetzung des alten durch einen neuen Artbegriff ging, sondern um die – im Doppelsinne – Aufhebung des alten in einem neuen Artbegriff, der den alten hinsichtlich seiner Dominiertheit vom morphologischen Typusdenken negiert und zugleich dessen Artkriterium, die Diskretheit der Reproduktionsgemeinschaften, als Maß- und Knotenpunkt in der (intraspezifischen) Artenentwicklung aufbewahrt. Wenn Darwin, objektiv dieser Sachlage Rechnung tragend, einerseits mit dem Artkriterium weiterhin operierte und andererseits klassifikatorische Unterscheidungen als Konventionen kennzeichnete[26], bleibt in der Tat offen, ob er sich an diesem Punkt bloß pragmatisch durchgeholfen hat oder nicht. Den Eindruck der begrifflichen Inkonsistenz mußte er jedenfalls auf diese Weise provozieren, und die Tatsache, daß er die entsprechenden Einwände ignorierte, legt die Vermutung nahe, daß seine Abstammungslehre die abstrakte, Unterschied und Veränderung bloß ausschließende Identitätskategorie, die den alten Artbegriff beherrschte, nur praktisch negierte. Darüber hinaus läßt sich wohl sagen, daß diese Identitätskategorie zumindest das Denken der meisten seiner Anhänger weiterhin beherrschte. Auch hier teilten sie die philosophischen Voraussetzungen des Einwands, den sie so nicht entkräften, sondern dem sie sich nur entziehen konnten, indem sie dem Artbegriff die Rolle eines nominalistischen Hilfsmittels der Taxonomie zuwiesen; und dies blieb für achtzig Jahre, bis zu Ernst Mayrs *Systematics and the Origin of Species* (1942), im großen und ganzen die Situation.

Das positivistische Wissenschaftsverständnis, auf dessen Grundlage solche Probleme ungelöst bleiben mußten, bildete aber zugleich die Voraussetzung dafür, daß allgemein-theoretische Einwände dieser Art kein ausschlaggebendes Gewicht für die Anerkennung oder Nichtanerkennung einer Theorie durch die Fachgelehrten haben konnten. Ein solches Gewicht konnte nur Einwänden zukommen, die Darwins Erklärung der Artabwandlung in ihren Einzelheiten oder im ganzen als mit gesicherten oder wenigstens mit für gesichert gehaltenen biologischen Erkenntnissen schwer oder gar nicht vereinbar in Frage stellten. Dieser Kritik wollen wir uns nun zuwenden, wobei wir die Einwände, soweit das möglich ist, danach ordnen, welches der beiden Hauptprinzipien der Erklärung Darwins ihr Gegenstand ist, die Entstehung neuer Arten aus Varietäten vorhandener oder die natürliche Selektion.

Einwände gegen die Entwicklung von Varietäten zu Arten

Beginnen wir mit dem Prinzip der Entstehung von Arten aus Varietäten, gegen das damals eine ganze Palette von Einwänden erhoben wurde. Der generellste, zwar etwas unspezifische, aber doch äußerst massive Einwand legte den Finger darauf, daß Darwin nicht einen Fall empirisch vorweisen konnte, an dem man sich von dem Übergang einer Rasse zu einer neuen Art hätte überzeugen können. Dieser Einwand, u. a. von von Baer vorgebracht[27], war für empiristisch eingestellte Wissenschaftler nicht leicht abzutun und ist auch von einem nicht-positivistischen Wissenschaftsverständnis her keineswegs einfach als platt empiristisch zu qualifizieren. Denn selbst wenn man die Forderung, jedes einzelne Moment einer Theorie müsse empirisch zu verifizieren sein, als ein theoriefremdes Verlangen erkennt, muß man sich doch davon überzeugen, gegenüber welchen Momenten einer Theorie sie erhoben wird, um ihre Berechtigung zu beurteilen. In Darwins Theorie hat das Prinzip, daß aus Rassen neue Arten entstehen, den Status einer realen Möglichkeit, und auf dieser realen Möglichkeit beruht alles andere. Die anderen Momente seiner Theorie begründen nicht diese Möglichkeit, sondern setzen sie voraus. Aus ihnen ist also nicht umkehrend abzuleiten, daß es sich bei dieser Voraussetzung um eine reale Möglichkeit handelt. Und auch die Tauglichkeit der Theorie insgesamt für die Deutung unendlich vieler empirischer Tatsachen kann sie nicht über den Status einer plausiblen Hypothese herausheben, solange ihre tragende Voraussetzung eine bloße Möglichkeit ist.

Darwins Versuch, diese tragende Voraussetzung gewissermaßen indirekt zu beweisen, verdeutlicht die Probleme, auf die dieser massive Einwand zielte. Darwin war sich offenkundig klar, daß es eine Interpretation der Tatbestände in der freien Natur ist, wenn er sie als Resultate von Abstammungsvorgängen begriff. Aber er konnte darauf verweisen, daß diese Interpretation nicht willkürlich ist. Sie beruhte vielmehr auf den Erfahrungen der Zuchtpraxis, die von ihm nicht zufällig gleich am Anfang des Buchs dargelegt wurden. Die Zuchtpraxis zeigte nun zwar, wie es zur Bildung wohlausgeprägter Rassen kommt. Aber einen Fall, in dem es zur Züchtung einer neuen Art gekommen wäre, konnte auch sie nicht vorweisen. Hier mußte wieder die große Ähnlichkeit zwischen sog. nahverwandten Arten herangezogen werden, um ihre wirkliche Verwandtschaft auf dem Hintergrund der Erfahrungen mit Rassenzüchtungen wahrscheinlich zu machen. Zu mehr als Wahrscheinlichkeit führt dieser leicht zirkuläre Beweisgang bei strenger Prüfung nicht.

Das leicht Zirkuläre des Beweisgangs ist auch an seinen Einzelargumenten zu beobachten. Als einer der wichtigsten Belege für die Annahme, daß wohlausgeprägte Rassen schließlich in veritable Arten übergehen, spielte die Tatsache eine Rolle, daß es Züchtern in einigen

Fällen gelang, durch Kreuzung nahverwandter Arten fertile Hybriden hervorzubringen. Hier schien man also endlich empirisch Arten vorweisen zu können, die ihre Abstammung aus einer gemeinsamen Art dadurch bekundeten, daß sie noch miteinander fertilen Nachwuchs zu zeugen vermochten. Aber nach dem Buffonschen Artkriterium, nach dem ja nach wie vor die Unterscheidung zwischen Varietät und Art getroffen wurde, zeigte der Fall doch gerade im Gegenteil, daß hier offenkundig irrtümlich Rassen als nahverwandte Arten bestimmt worden waren. (Dafür sprach übrigens auch, daß sich diese Hybriden nach wenigen Generationen zu einer der beiden Ausgangsformen zurückentwickelten.) Wer nicht bereits von der Abstammung der Arten überzeugt war, also das voraussetzte, was bewiesen werden sollte, den konnte dieser Beleg nicht überzeugen. (Entsprechend diskutierte Darwin das Problem der Fertilität von Hybriden nicht nur mit der Stoßrichtung, daß die gewöhnliche Infertilität nichts gegen die Entwicklung von Arten aus Varietäten besage; er verwendet es zugleich, um die Artdiskretion aus einer Abänderung der »sexual elements« herzuleiten.[28]) Der Fall beleuchtet übrigens zugleich, daß die von Flourens u. a. gerügte Weiterverwendung des alten Artbegriffs nicht nur ein allgemein-theoretischer Schönheitsfehler war; mit diesem Artbegriff verwickelte sich vielmehr die Argumentation auch im Detail in Widersprüche.

An diesen Widersprüchen machten sich weitere schwerwiegende Einwände fest. Mit dem am Ende des 17. Jahrhunderts entwickelten biologischen Artbegriff war die Artkonstanz und damit auch die Diskretion zwischen den Arten unterstellt. Die Tatsache, daß die Individuen einer Art sich in ihrer Reproduktion real als eine diskrete Art erweisen, war auf dieser Grundlage selbstverständlich und bedurfte keiner weiteren Erklärung. Die Artdiskretion mußte jedoch zum Problem werden, wenn die Konstanz der Art ihre absolute Gültigkeit verlor. Wie war bei der Annahme der Abwandlung der Arten zu erklären, daß das ganze organische Naturreich nicht nur aus Varietäten oder gar nur aus Individuen besteht, daß es nicht erscheint als »ein Chaos von Übergängen ohne konstante Formen« (von Baer)[29], sondern die Artdiskretion eintritt, und die Varietäten aufhören, miteinander fertilen Nachwuchs zeugen zu können – vgl. z. B. William Hopkins (1793–1866)[30]?

Darwins prinzipielle Antwort[31] auf diese Einwände liegt in seiner Erklärung der »Divergenz der Charaktere«. Ganz ähnliche, auf dieselbe Lebensweise spezialisierte Varietäten führen – und das gilt auch für entsprechende Arten – den erbittertsten »Kampf ums Dasein«, aus dem die »tüchtigste« allein als überlebend hervorgehen wird. Koexistieren können dagegen Varietäten und Arten, die sich auf unterschiedliche Lebensquellen spezialisieren. So wird aus dem »Chaos der Übergänge« eine Formenvielfalt mit diskreten Charakteren.

Aber, so wandte Moriz Wagner (1813–1887) ein[32], beruht die Divergenz der Charaktere nicht selbst auf einer zirkulären Voraussetzung? Mit der Divergenzbildung lassen sich die Zäsuren in der Formenvielfalt erklären und schließlich auch, wenngleich das dunkel bleibt, der Übergang von Varietäten zu neuen Arten. Wie aber kann es zur Divergenz kommen, ohne daß sie dafür selbst vorausgesetzt wird? Der »Kampf ums Dasein«, aus dem die Divergenzbildung resultiert, setzt voraus, daß die Varietäten mit vorteilhaften Abweichungen diese konservieren können. Nach aller Erfahrung der Zuchtpraxis können dies die Varietäten jedoch sich selbst überlassen nicht; sie bilden sich vielmehr durch Kreuzung mit der Stammform wieder zurück. Gibt es keine Divergenzbildung, die für diese Konservierung sorgt, so wird es auch keine Chancenunterschiede im »Kampf ums Dasein« geben und damit keine Ausbildung der Divergenz der Charaktere. (Wagner, ein Anhänger der Abstammungslehre, schlug eine alternative Erklärung des Abwandlungsvorgangs vor, die an die Stelle des »Kampfs ums Dasein« die Migration setzte.[33])

Eine ganze Gruppe von Einwänden gegen die Entstehung von Arten aus Varietäten richtete sich gegen die Voraussetzungen, die Darwin hinsichtlich der Vererbbarkeit von Abweichungen machte. Ich gehe darauf nicht ein, weil es auf der Hand liegt, daß vor den Entdeckungen Gregor Johann Mendels (1822–1884) und August Weismanns (1834–1914) alle Beteiligten bei dieser Frage im dunklen tappen mußten. (Die Ausklammerung der Vererbungsfrage, die Darwin in der *Origin* versucht hatte, ließ sich angesichts der Kritik nicht durchhalten, so daß er schließlich in *The Variation of Animals and Plants under Domestication* [1868] seine »vielgeschmähte«[34] Pangenesis-Hypothese unterbreitete, mit der er nicht nur die Vererbung erworbener Eigenschaften zu erklären versuchte, sondern auch Phänomene wie die Erhaltung von Eigenschaften bei Überspringung von Generationen, die ohne die Unterscheidung von Geno- und Phänotypus in der Tat kaum deutbar waren.)

Paläontologische Einwände

Viele Kritiker waren trotz all dieser Unklarheiten bereit, den Übergang von Rassen zu Arten als genug wahrscheinlich gemacht zu akzeptieren und nahverwandte Arten als real verwandte anzusehen. Die Schlüsse, die daraus zu ziehen waren, blieben aber umstritten. Selbst wenn man es für möglich hielt, daß die Arten einer Gattung aus einer gemeinsamen Art entsprungen sind, mußte man noch lange nicht davon überzeugt sein, daß auch nahverwandte Gattungen gemeinsamer Abstammung sind. Im Gegenteil, je höher man in den taxonomischen Rängen aufstieg, um so verwegener konnte einem solch ein Schluß scheinen.

Gegen Schlußfolgerungen solcher Art protestierten Systematiker, z. B. der Botaniker Carl Wilhelm Nägeli (1817–1891)[35], vor allem aber Paläontologen (Louis Agassiz [1807–1873], Roderick Murchison [1792–1871], François-Jules Pictet [1809–1872] u. a.). Nun ist es sicherlich wichtig zu wissen, daß in der ersten Hälfte des 19. Jahrhunderts die Paläontologie vor allem Forschungsdomäne der Geologen, namentlich der Stratigrafen, war, deren wichtigstes Mittel der (relativen) erdgeschichtlichen Chronologie, nämlich die Leitfossilien, durch Darwins Theorie unscharf zu werden drohte.[36] Aber dies fachbedingte Interesse an eindeutigen, und das heißt übergangslosen, Fossilformen nimmt ihren Einwänden nicht alle Sachlichkeit. In der Tat waren vorerst so viele der für jene Schlußfolgerungen zu fordernden Zwischenglieder nicht nachweisbar, daß der Gedanke, das ganze Tier- und Pflanzenreich stelle einen Abstammungszusammenhang dar, als Spekulation zurückgewiesen werden konnte. Darwin wußte selbst, wie schwach an dieser Stelle seine Theorie belegt war, und betonte den unzureichenden Kenntnisstand der fossilen Formen[37], machte daraus, wie wir noch sehen werden, ein Argument gegen die paläontologischen Einwände. In diesen Kontext gehört auch, daß ihm der Vorschlag gemacht wurde, die Annahme, das ganze Reich der Lebensformen entstamme einer einzigen Urform, fallenzulassen, da sie die Theorie unnötig belaste; die Theorie verliere ja nichts, wenn man statt dessen mehrere Ausgangsformen unterstellt (so z. B. Rudolf Albert Kölliker [1817–1905], George Henry Lewes [1817–1878] u. a.).

Einwände gegen das Selektionsprinzip

Auch gegen das Selektionsprinzip wurde eine ganze Palette von Einwänden vorgebracht. Der vielleicht verbreitetste Einwand machte geltend, daß der »Kampf ums Dasein« doch nur dann als natürliches Äquivalent zur Selektion des Züchters wirken könne, wenn die Individuen nicht nur durch minimale »fluctuations« von den Stammformen abweichen, sondern gelegentlich auch durch sprunghafte Abänderungen (saltations). In diesem Sinne hielt sogar Huxley, der sich selbst als »Darwin's own lieutenant« bezeichnete und in der Tat für die Durchsetzung der Deszendenztheorie in England Entscheidendes leistete, eine Retouche an Darwins Theorie für unumgänglich. In diesem Einwand vereinigen sich zwei Argumentationsstränge, die es gesondert zu betrachten gilt.

Die Forderung nach »saltations« entstammte zum einen morphologischen Überlegungen, nach denen es unmöglich schien, daß aus winzigen einzelnen Abänderungen allmählich der Bautypus der verschiedenen Klassen gewissermaßen zusammen-»gepuzzelt« worden sei. Seit Cuviers »Gesetz der Koexistenz«[38] (Gesetz der Korrelation), wonach Organismen als Systeme begriffen werden, deren Teile »koordiniert« sind, war eine kombinatorische Auffassung der Organismen für Morphologen unakzeptabel. Zu einer solchen Auffassung aber schienen Darwins »fluctuations« wieder zurückzuführen. Darwin versuchte, diesen Bedenken durch die Annahme »korrelativer Abänderungen« Rechnung zu tragen.[39] Aber er blieb eine Begründung für diese Annahme schuldig, so daß hierin die Kritik eine unbewiesene Zusatzhypothese zur Rettung der Theorie erblicken konnten (so Nägeli, von Baer und auch Bronn, der Übersetzer der ersten deutschen Ausgabe der *Origin*).

Die Forderung nach »saltations« als Voraussetzung für das Wirken des »Kampfs ums Dasein« als natürlicher Selektionsinstanz resultierte zum anderen daraus, daß in der Tat nur schwer einzusehen war, wieso die minimalen »fluctuations« bereits einen Vorteil im »Kampf ums Dasein« darstellen und deswegen selegiert werden (so z. B. Paul Broca [1824–1880] und Bronn). Mag auch im Einzelfall eine minimale Abweichung bereits einen Selektionsvorteil darstellen, so bleibt doch dunkel, wieso solche »fluctuations« selegiert werden, die erst in ihrer Akkumulation einen Selektionsvorteil ergeben. Die Stärke dieses Einwands wird deutlich, wenn man sich die Bildung eines neuen Organs mit Hilfe minimaler Abweichungen erklären will. Ein Vorteil im »Kampf ums Dasein« kann sich erst einstellen, wenn das Organ wenigstens so roh gebildet ist, daß es seine vorteilhafte Funktion zu erfüllen beginnt. All die kleinen Abweichungen, die in ihrer Akkumulation allmählich zu dieser ersten rohen Form des Organs führen, bieten bis zu diesem Zeitpunkt keinen Vorteil. Warum aber wurden sie dann selegiert? Weil sie zur Bildung eines Organs nötig sind, das in der Zukunft einen Vorteil bringen wird? Dann wäre die Selektion eine teleologisch fungierende Instanz. Dieser bedenkliche Punkt stand im Zentrum der Kritik St. George Mivarts (1827–1900).[40]

Darwin hat in der sechsten Auflage der *Origin* (1872) diesen Einwand dadurch zu entkräften versucht, daß er einen Funktionswechsel von Organen annahm.[41] Darwin dachte dabei daran, daß vorhandene Organe bei veränderten Lebensgewohnheiten neue Funktionen erhalten, und aufgrund dessen bereits kleinste Abänderungen dieser Organe, die für ihren neuen Gebrauch von Vorteil sind, selegiert werden. In der Akkumulation dieser kleinsten Abänderungen kann auf diese Weise allmählich ein neues Organ aus der Umbildung eines alten entstehen.

Zweifellos liegt hier eine Entsprechung, wenn nicht gar – angesichts Darwins genauer Kenntnis der *Philosophie zoologique*[42] – die Übernahme eines wesentlichen Moments der Anpassungserklärung Lamarcks vor. Man hat zuweilen Darwin seine Konzessionen an den Lamarckismus als unnötige und die Sache verderbende Inkonsequenzen vorgeworfen.[43] (»Darwin war eben nicht ›darwinistisch‹ genug!«[44]) Es gilt jedoch, diese Konzessionen nicht alle in einen Topf zu werfen. Selbst die Vererbung erworbener Eigenschaften, zu deren Begründung Darwin die »vielgeschmähte« Pangenesis-Hypothese entwarf, war vor Weismann, wie wir schon bei Lamarck betonten, als möglicher Faktor der Artabwandlung gar nicht definitiv auszuschließen. Immerhin könnte man dazu sagen, daß es Darwin hätte skeptisch machen sollen, daß er für die Begründung dieser Annahme auf eine so spekulative Hypothese zurückgreifen mußte.

Der Funktionswechsel der Organe, bei dem Darwin, wie vor ihm Lamarck, mit veränderten Lebensgewohnheiten und den Folgen von Gebrauch und Nichtgebrauch von Organen operierte, ist m. E. eine »Konzession« ganz anderer Art. Hier griff Darwin auf Momente der Theorie Lamarcks zurück, die wir schon im zweiten Kapitel als Momente von objektiv evolutionstheoretischer Bedeutung charakterisierten. Zunächst ist weder über die Tatsache, daß Arten unter veränderten Umweltbedingungen ihre Lebensgewohnheiten ändern, zu streiten noch über die, daß infolgedessen Organe gewissermaßen »zweckentfremdet« werden. Und auch die nur relative Übereinstimmung von Struktur und Funktion der Organe gehörte seit Cuvier zu den elementaren Einsichten der Morphologie. Wie der morphologische Begriff der »Analogie« gerade zum Ausdruck bringt, daß bei verschiedenen Familien, Ordnungen oder Klassen jeweils andere Organe der gleichen Funktion dienen, so besagt der Begriff der »Funktionsdifferenzierung«, daß spezielle, für eine bestimmte Verrichtung allein geeignete Organe solche, die verschiedenen Funktionen dienen, zur genetischen Voraussetzung haben. Nicht erst für die Werkzeuge der Menschen gilt, daß die Zwecke, denen sie anfangs dienen, ihre Möglichkeiten nicht ausschöpfen, daß sie in diesem Sinne »allgemeiner« sind als ihre jeweiligen Funktionen. Diese größere Allgemeinheit der Mittel ist auch in der organischen Natur eine Grundlage der Entwicklung. Darwin ergriff den evolutionstheoretischen Kern des Anpassungsprinzips Lamarcks, insofern er den Funktionswechsel nicht selbst zum Agens der Evolution machte, sondern eben als eine Grundlage behandelte, auf der Abweichungen und natürliche Selektion zur Entwicklung zusammenwirken können.

Wenn hierbei Konzessionen an den Lamarckismus zu rügen sind, dann insofern, als Darwin selbst gelegentlich den Gebrauch und Nichtgebrauch von Organen wie ein Agens der Evolution auffaßte.[45] Das zeigt uns aber, daß Darwin den entscheidenden Schritt, den er mit dem Funktionswechsel über Lamarck hinaus gemacht hatte, selbst nur unzureichend realisierte, worauf auch schon äußerlich hinweist, daß er diesen Gedanken nur beiläufig zur Sprache brachte, als sei er für ihn nur ein willkommenes zusätzliches Argument gegen Mivart, dem sonst kein systematischer Stellenwert zukomme. Für ihn wie für seine Anhänger war wohl viel entscheidender eine Widerlegung Mivarts ex contrario, nämlich daraus, zu welchen absurden Konsequenzen es führe, wenn Organe nicht als Akkumulationsresultate kleinster Abweichungen gedacht werden.[46] (Daß Darwin und seine Anhänger den systematischen Status des Funktionswechsels für die Evolutionstheorie nicht realisierten und diese Seite der Theorie nicht ausbauten, ist sicherlich einer der Gründe, warum bis zu unserer Zeit die Debatte um die Notwendigkeit von »Großmutationen« geführt wurde.[47]) Wir können deswegen vielleicht sagen, daß Darwin die Einwände Brocas, Bronns und Mivarts nur »an sich« entkräftet hat, nicht aber für die Debattierenden.

In der Kritik des Selektionsprinzips war schließlich die schon besprochene generelle Kritik an der Rolle des Zufalls in Darwins Theorie ein gewichtiges Argument. Sie äußerte sich in diesem Zusammenhang als der Einwand, daß mit der Selektion vorteilhafter Abänderungen nicht die Richtung der Evolution erklärt werden könne. Diese Kritik war vor allem in Deutschland verbreitet (z. B. Eugen Askenasy [1845–1903][48], von Baer[49] und Nägeli[50]) und bildete den Ausgangspunkt für den Lamarckismus der Jahrhundertwende. (Das 6. Kapitel wird darauf zurückkommen.)

Zum Schluß dieser Kritikrevue sei noch ein genereller Einwand erwähnt, der von seiten der damaligen *Physik* kam. William Thomson, Lord Kelvin (1824–1907), der zusammen mit Rudolf Clausius (1822–1888) der Thermodynamik James Prescott Joules (1818–1889) und Julius Robert Mayers (1814–1878) die theoretische Form gab, zog aus thermodynamischen Berechnungen den Schluß, daß kaum mehr als 100 bis 200, allerhöchstens aber 400 Millionen Jahre seit der Bildung der Erdkruste vergangen sein könnten. Reichte dann die Zeit, seit die Erde für Lebewesen bewohnbar geworden war, überhaupt für den Evolutionsprozeß aus? Daran zweifelte auch Darwin. Dieser Einwand, den Darwin als den »vermutlich schwerwiegendsten aller bisherigen« bezeichnete[51], veranlaßte ihn, seine zeitlichen Berechnungen in späteren Auflagen der *Origin* ersatzlos zu streichen; für die Anerkennung der Abstammungslehre konnte dieser Einwand nicht ausschlaggebend werden. Diese Theorie war – wenn man will: zum Glück – noch nicht soweit entwickelt, über das Evolutionstempo mehr als vage Vermutungen anstellen zu können. Als sie aber soweit war, gehörten Thomsons Berechnungen längst zu den abgelegten physikalischen Erkenntnissen.

Das Problem der Anerkennung

Die Deszendenztheorie Darwins stieß also keineswegs nur auf Kritik seitens der Politik, der Religion und sonstiger weltanschaulicher Instanzen. Weiterhin ist zu konstatieren, daß die hier kurz vorgestellten Einwände der damaligen Biologen und Geologen durchaus nicht als Zeugnisse bornierter Abwehr einer neuen Idee durch Fachgelehrte zu charakterisieren sind, die in der herkömmlichen Denkweise festgefahren waren. Von wenigen Ausnahmen abgesehen, war die wissenschaftliche Kritik an der *Origin* jederzeit fair und dokumentiert eine von Anhängern wie Gegnern bemerkenswert sachlich geführte, auf einem aufgeschlossenen Studium des Buchs beruhende Kontroverse. Dies zeigen die Einwendungen selbst. Diese Einwendungen sind teilweise auch von heute aus als völlig berechtigt zu werten, teilweise waren sie es beim damaligen Erkenntnisstand.

Darwins Erklärung der Artabstammung konnte tatsächlich mancher kritischen Frage nicht standhalten und war an einzelnen Stellen sogar in Widersprüche verstrickt. So ist es auch nicht verwunderlich, daß viele der hier wiedergegebenen Einwände auch aus dem Lager der Anhänger Darwins vorgebracht wurden.

Dagegen ist es erstaunlich, daß sich unter den Gegnern der Theorie nur einige wenige finden lassen, die sie in toto ablehnten, obgleich die kritisierten Mängel dazu doch genug Anlaß boten. Denn zieht man die Summe der berechtigten Einwendungen, so kann man sich verwundert fragen, was diese Kritik an Darwins Theorie eigentlich hat gelten lassen. An den beiden Hauptprinzipien der Theorie, der Entstehung neuer Arten aus Varietäten und dem »Kampf ums Dasein« als natürlicher Selektionsinstanz, waren alle tragenden Elemente mit schwerwiegenden Fragezeichen versehen worden. Waren diese Prinzipien aber fragwürdig, dann war es auch die ganze Erklärung, die Darwin für die Abstammung der Arten vorgetragen hatte. Wie soll man sich angesichts dessen das erstaunlich schnelle Überwiegen der Anerkennung der Abstammungslehre erklären und wie die Tatsache, daß die meisten Gegner zwar die Erklärung der Artabstammung kritisierten, die Artabstammung selbst aber nicht prinzipiell in Frage stellten?

Außerwissenschaftliche Gründe der Anerkennung?

Wenn der tonangebende Teil der damaligen Biologen in England, Deutschland und den USA Darwins Deszendenztheorie anerkannte, obwohl so schwerwiegende fachliche Kritik an ihr geübt wurde, dann liegt die Vermutung nahe, daß dabei außerwissenschaftliche Motive den Ausschlag gegeben haben. Es wird so plausibel, warum z. B. Stephen F. Mason gerade in der biologischen Evolutionstheorie ein gutes Beispiel dafür sieht, »in welchem Umfang wissenschaftliche Theorien vom Zeitgeist abhängig sind und von den jeweiligen politischen und sozialen Strömungen beeinflußt werden können«.[52] Den Zeitgenossen Darwins war schon aufgefallen, wie eigentümlich seine Theorie mit den gesellschaftlichen Verhältnissen des damaligen England harmonierte. So bemerkte etwa 1862 Karl Marx (1818–1883) in einem Brief an Engels: »Es ist merkwürdig, wie Darwin unter Bestien und Pflanzen seine englische Gesellschaft mit ihrer Teilung der Arbeit, Konkurrenz, Aufschluß neuer Märkte, ›Erfindungen‹ und Malthusschem ›Kampf ums Dasein‹ wiedererkennt. Es ist Hobbes' bellum omnium contra omnes (Krieg aller gegen alle – W. L.), und es erinnert an Hegel in der ›Phänomenologie (des Geistes)‹, wo die bürgerliche Gesellschaft als ›geistiges Tierreich‹, während bei Darwin das Tierreich als bürgerliche Gesellschaft figuriert.«[53] Solches »Wiedererkennen« mag keine geringe Rolle bei der fachlichen Anerkennung gespielt haben, gibt es doch dem Darwinschen Text eine zusätzliche Ebene der Plausibilität. Wendungen wie »Kampf ums Dasein«, »natürliche Auslese«, »Überleben des Tüchtigsten« etc., die in einer Theorie vielleicht befremdlich wirken, da es sich um Metaphern, nicht um Begriffe handelt, setzen auf ein Vorverständnis, das der sozialen Welt entstammt. (Darin erschöpft sich allerdings die Funktion dieser Metaphern nicht.[54])

Aber auch wenn wir in Anschlag bringen, daß das sozial bedingte Weltverständnis der damaligen Biologen dazu beigetragen hat, manches an Darwins Deszendenztheorie selbstverständlich zu finden, was näheren Nachdenkens wohl wert wäre, so führt es doch eher zu gewagten Konstruktionen, wenn ernstlich der Versuch gemacht wird, die ja außerordentlich differenzierte Aufnahme der Deszendenztheorie innerhalb der Biologie aus »politischen und sozialen Strömungen« verstehen zu wollen. Die bei Mason als bedenkenswert angeführten Konstruktionen der Biologen Patrick Geddes (1854–1932) und J. Arthur Thomson (1861–1933) mögen hier als warnendes Beispiel zitiert werden:

»Die Menschen, die den Höhepunkt der politischen Revolution in Frankreich und der industriellen Revolution in England erlebten, haben sich selbst durch die Theorien von Lamarck auf der einen Seite und von Darwin auf der anderen Seite klarer offenbart, als irgendeinem Denker jemals träumte (. . .). Was sind Lamarcks Auslegungen der Folgen von Gebrauch und Nichtgebrauch der Organe, sein Bestehen auf der inneren Freiheit des Organismus zur Verwirklichung seiner äußersten Fähigkeiten anderes als eine Parallele zur Lehre vom sozialen Fortschritt, der der Freiheit neue Formen erschließt, indem er überholte Gesellschaftsordnungen fallenläßt? (. . .) Aber der für das englische Denken so charakteristische Geschäftsgeist setzte sich über derartige politische und militärische Überbetonungen leicht hinweg (. . .). Daher ist der Standpunkt der Evolutionslehre durchaus mechanistisch und ihre Sprache die der Wirtschaft und Technik. (. . .) So auch heute (1911 – W. L.) im Neo-Darwinismus. Mit allem schuldigen Respekt vor Weismann (. . .) muß ein Vorwurf vorgebracht werden: der verblüffende Parallelismus zwischen seiner Keimplasmatherorie und dem Denken des zeitgenössischen Deutschlands mit den Siegen und der Hegemonie Preußens sowie den neuerlichen Ansprüchen seiner Aristokratie und vor allem mit seiner politisch und anthropologisch eine Einheit bildenden Rassenlehre.«[55]

Wenn wir zugestehen, daß sich gesellschaftliche und politische Schicksale und Erfahrungen von Völkern auch in naturwissenschaftlichen Werken »offenbaren«, werden wir daraus den Schluß nicht ziehen, daß sich der Inhalt der Theorien, die in solchen Werken dargelegt werden, aus diesen Schicksalen und Erfahrungen begreifen läßt. »Der für das englische Denken so charakteristische Geschäftsgeist« ist kein zureichender Grund für die Abstammungslehre Darwins und auch keine Gewähr, diese Theorie begreifen zu können.

Solche Konstruktionen helfen in der uns interessierenden Frage auch dann nicht weiter, wenn sie weniger spekulativ sind, wenn sie nicht von Volksgeistern, sondern von den ideologischen Prozessen innerhalb der Völker und den ihnen zugrunde liegenden Klassenauseinandersetzungen ausgehen. Denn sie thematisieren das nicht, was unser Problem ist. Was von dem größeren Teil der damaligen Biologen trotz ihrer, in der Summe, vernichtenden Kritik der Erklärung des Abstammungsvorgangs an Darwins Theorie anerkannt wurde, das war ja nicht der »Kampf ums Dasein«, das »Überleben des Tüchtigsten« etc., sondern das war die Ansicht, daß ausgestorbene wie rezente Arten als ein Abstammungszusammenhang zu begreifen sind und das Resultat einer geschichtlichen Entwicklung darstellen. Genau darin sah Darwin selbst den harten Kern seiner Theorie und war um dieses Kerns willen sogar zu erstaunlichen Zugeständnissen bereit, wie seine Zuschrift an die Zeitschrift *Atheneum* von 1863 zeigt: »Ob der Naturforscher an die Ansichten glaubt, welche Lamarck, Geoffroy Saint-Hilaire, der Verfasser der *Vestiges* (also Chambers – W. L.) oder Wallace und ich selbst gegeben haben, oder an irgendeine andere derartige Ansicht, hat äußerst wenig zu bedeuten im Vergleich mit der Annahme, daß Spezies von anderen Spezies abgestammt und nicht unveränderlich erschaffen worden sind.«[56]

Diesem Kern der Theorie folgten nun nicht nur die Anhänger Darwins, sondern diese Ansicht setzte sich auch bei seinen Gegnern durch. Der eindrucksvollste Beleg dafür ist der Lamarckismus der Jahrhundertwende, dieser erste große Rückschlag gegen den Darwinismus. Der selbstverständliche Ausgangspunkt der Lamarckisten war die Abstammungslehre und nicht etwa Lamarcks Theorie der Arttransformation; letztere kannten sie überhaupt nicht, weshalb sie, wie im zweiten Kapitel gezeigt, Lamarck als Ahnherrn der Abstammungslehre feierten. Trotz aller Kontroversen, die auch in unserem Jahrhundert um den Darwinismus geführt wurden und noch werden, ist der Abstammungszusammenhang des Tier- und Pflanzenreichs niemals mehr ernstlich und durchgreifend in Frage gestellt worden. Was also immer zu den sozialen Bedingungen und ideologischen Konstellationen der Theorie Darwins im einzelnen auszuführen ist, die Abstammungslehre läßt sich nicht darauf zurückführen und nicht daraus erklären. Unsere Frage aber ist, wieso die damaligen Biologen genau diesen harten Kern der Theorie Darwins aufgriffen und anerkannten, obwohl sie an Darwins Erklärung der Abstammung fast kein gutes Haar ließen. Was setzte die Biologen dazu in den Stand?

Den aufgespeicherten Tatsachen die richtige Stelle angewiesen

Bei Darwin selbst finden sich für diese Frage weiterhelfende Hinweise. Er schrieb am Ende der *Origin*, gleichsam als Resümee seiner Abwägung der vielen gegen seine Theorie vorgebrachten Einwände, so, als beantworte er sich selbst die Frage, ob angesichts dieser Kritik seine Abstammungslehre vielleicht nicht mehr als eine unbewiesene Hypothese ist: »Es ist kaum anzunehmen, daß eine falsche Theorie so ausgezeichnet die verschiedenen angeführten Tatsachen zu erklären vermöchte wie die Theorie der natürlichen Zuchtwahl.«[57] Den Sinn dieser Bemerkung verfehlt man leicht, wenn man sie rein wissenschaftstheoretisch wertet und dann vermutlich für zu leicht befindet. Ihre Bedeutung wird erkennbar, wenn man einen Satz aus seiner Autobiografie hinzunimmt, der zu den Reflexionen über den Erfolg der *Origin* gehört: »Eins war meiner Meinung nach vollkommen richtig (an der Meinung, die Theorie habe in der Luft gelegen – W. L.), nämlich, daß unzählige gut beobachtete Tatsachen in den Geistern der Naturforscher aufgespeichert waren, bereit, sofort die richtige Stelle angewiesen zu erhalten, sobald irgendeine zu ihrer Aufnahme aufgestellte Theorie hinreichend erklärt sein werde.«[58]

Darwin sah die Wahrheit seiner Abstammungslehre demnach nicht nur in der von ihm gegebenen Erklärung des Abstammungsvorgangs verbürgt, von deren Richtigkeit er selbstverständlich trotz aller Einwände überzeugt war; ihre Wahrheit verbürgte ihm ebenso, welche Fülle von Tatsachen sich nun aufgrund dieser Theorie erklären läßt. Für ihn zählte also nicht nur, wie diese Theorie erklärt wird, sondern ebenso ihre Erklärungsleistung. Und aus dieser Erklärungsleistung wurde für ihn auch die Anerkennung plausibel. Er spricht von einer

Aufspeicherung unzähliger Tatsachen in den Köpfen der Naturforscher, die gewissermaßen auf dem Sprung standen, ihre richtige Stelle im ganzen der biologischen Wissenschaften einzunehmen, wenn eine Theorie ihnen das ermöglichen würde, die also gleichsam auf eine entsprechende Theorie warteten. Die entsprechende Theorie aber war die Abstammungslehre. Um uns verständlich zu machen, warum die damaligen Biologen die Abstammungslehre trotz der umfassenden Kritik an Darwins Erklärung des Abstammungsvorgangs anerkannten und aufgriffen, müssen wir uns, wenn auch nur an einigen Punkten, die Erklärungsleistungen dieser Lehre vor Augen führen, müssen wir uns wenigstens ein prinzipielles Bild davon verschaffen, was sich da in den Wisschenschaften von den Lebenserscheinungen aufgespeichert hatte, »bereit«, von der Abstammungslehre »die richtige Stelle angewiesen zu erhalten«.

Die Erklärungsleistung der Abstammungslehre

Darwin sprach von »unzähligen Tatsachen«, die durch die Deszendenztheorie ihre Erklärung erfahren, so daß man dabei an isolierte Befunde und Tatbestände denken kann, die bis dahin rätselhaft waren. Und darum handelt es sich auch zum Teil, wenngleich natürlich nicht um einzelne isolierte Tatsachen, die in Wissenschaften in der Regel keine wichtige Rolle spielen, sondern um Tatbestandsgruppen, die in keinem Zusammenhang stehen. Eine solche isoliert stehende Gruppe schwer erklärbarer Tatsachen war beispielsweise das Phänomen der rudimentären Organe. Bei ihnen versagte die in der Morphologie bewährte funktionelle Interpretation. Es war schon versucht worden, sie aus Notwendigkeiten der »Symmetrie« des Organismus zu erklären, eine Erklärung, der die Ratlosigkeit anzusehen ist, mit der man diesen Tatbeständen gegenüberstand. Mit der Deszendenztheorie ließen sich diese Organe zwanglos und sehr einfach erklären. Danach stellten sie sich als ein fortgeschlepptes Erbe dar, das infolge der Abwandlungen des Organismus funktionslos geworden war und sich zurückbildete, das aber bei den Ahnen der betreffenden Art seine Funktionen gehabt hatte. Zwar entstehen auf der Grundlage dieser Erklärung neue Probleme – z. B.: wie unterscheidet man bei den rudimentären Organen sich rückbildende von werdenden –, aber diese Probleme[59] stellen sich nun auf der Grundlage einer tragfähigen Theorie. In ganz entsprechender Weise finden die funktionslos scheinenden Formen, die die Organismen in ihrer Embryonalentwicklung durchlaufen, durch die Deszendenztheorie eine Erklärung.[60]

Aber die Leistung der Abstammungslehre erschöpft sich nicht in solchen Einzelerklärungen. Die Dimension ihrer Leistung tritt schon deutlicher an solchen Tatsachen hervor, deren Deutung die Erkenntnisse und Erklärungen von biologischen Teildisziplinen in einen neuen Zusammenhang stellt und damit diesen Disziplinen ein neues theoretisches Fundament verschafft. Als wir bei der Vergegenwärtigung der Abstammungslehre Darwins kurz die Beobachtungen streiften, die Darwin auf seiner Reise mit der »Beagle« machte, deutete sich dies bereits für die Disziplin der Biogeografie an.

Abstammungslehre und Biogeografie

Die Eigentümlichkeiten der Verteilung von Pflanzen und Tieren auf unserem Planeten waren zu Darwins Zeiten trotz der weißen Flecke, die die Karten besonders im Inneren der Kontinente noch reichlich aufwiesen, längst soweit erforscht, daß mit der milieutheoretischen Pauschalerklärung, daß Flora und Fauna in Abhängigkeit von Klima und geografischer Beschaffenheit differieren, den Tatsachen nicht mehr gerecht zu werden war. Sosehr diese Abhängigkeit im allgemeinen besteht, so bekannt waren Fälle, in denen Gebiete mit vergleichbaren klimatischen und geographischen Bedingungen wohlunterschiedene Flora- und Fauna-Ensembles beherbergen. Die Bedeutung natürlicher Migrationshindernisse wie Hochgebirge oder Meere für die Ausprägung eigentümlicher Flora- und Fauna-»Provinzen« war bekannt, löste aber keineswegs das Problem, wieso geographisch und klimatisch vergleichbare »Provinzen« nicht auch eine im wesentlichen gleiche Flora und Fauna aufweisen. Stellten die Migrationsgrenzen keine Lösung des Problems dar, so verschärfte es sich erneut durch die Fortschritte der Geologie, die die alte Vermutung bestätigten, daß die heutigen Migrationshindernisse nicht immer bestanden hatten. Je mehr die geografische Verteilung der Lebewesen erforscht wurde, um so schwieriger, um so weniger möglich schien es, in den widersprechenden Tatsachen eine Gesetzmäßigkeit auszumachen.

So wie Darwin und Wallace an diesen widersprüchlichen Befunden den Zugang zur Deszendenztheorie gefunden hatten, so bewährte sich die Erklärungsleistung dieser Theorie in der Biogeografie eindrucksvoll. Die Abstufung der Vertreter von Gattungen und Familien entsprechend dem Wandel der geografischen Bedingungen in zusammenhängenden, nicht von natürlichen Migrationshindernissen unterteilten Gebieten – z. B. auf dem südamerikanischen Kontinent die

Gebiete beidseits der Anden – erklärte sich als Resultat der Abwandlung real verwandter Arten und Gattungen. Es blieb aber auch nicht rätselhaft, warum in solchen zusammenhängenden Gebieten mit in vergleichbarer Weise sich wandelnden geographischen Bedingungen – z. B. die Gebiete östlich und westlich der Anden oder, noch ausgeprägter, Südamerika und Afrika – die Abstufung von Flora und Fauna einerseits ähnlich und zum anderen charakteristisch unterschieden ausfällt. Die Ähnlichkeit erklärt sich daraus, daß die Gattungen und Familien von gemeinsamen Vorfahren abstammen, deren Nachkommen erst durch inzwischen entstandene Migrationshindernisse getrennt wurden. Die eigentümliche Unterschiedenheit erklärt sich aber aus eben dieser Trennung, die ja bedeutet, daß diese getrennten Nachkommen ihre Abwandlung und Ausdifferenzierung unabhängig voneinander entwickelten, was nur unter Annahme der Arttransformationstheorie Lamarcks zu gleichen Ergebnissen führen könnte, in Wirklichkeit aber zu nur ähnlichen. Diese Entwicklung erfolgte nicht nur unter vergleichbaren geografischen Bedingungen, sondern zugleich unter unterschiedlichen Bedingungen des organischen Milieus und erhielt so ein jeweils charakteristisches Gepräge.

Es kann hier nicht auf die Einzelheiten eingegangen werden, die Darwin in den der Biogeografie gewidmeten Kapiteln 12 und 13 der *Origin* auseinandersetzte, soll aber noch darauf hingewiesen werden, daß mit der Deszendenztheorie nicht alle Schwierigkeiten in der Erklärung der geografischen Verteilung der Lebewesen mit einem Schlage behoben waren. Die Deszendenztheorie hatte jedoch der Biogeografie zu einer tragfähigen theoretischen Grundlage verholfen, wie sich daran zeigt, daß die weitere Erforschung der Verteilungstatsachen wie der geschichtlichen Umbildungen der Erdoberfläche die verbleibenden und zum Teil erheblichen Schwierigkeiten allmählich zu überwinden gestattete, anstatt, wie bis dahin, die Biogeografie in immer größere Verlegenheiten und Schwierigkeiten zu verwickeln.

Abstammungslehre und Paläontologie

Eine vergleichbare Leistung traute Darwin der Deszendenztheorie auch auf dem Gebiet der Paläontologie zu, obgleich seine Theorie, wie schon gesehen, gerade von vielen Geologen, deren Domäne die Paläontologie damals noch weitgehend war, kritisiert und abgelehnt wurde. Um die Mitte des 19. Jahrhunderts waren zwar sehr viele Geologen Anhänger der aktualistischen Erdgeschichtstheorie, die Karl Ernst Adolf von Hoff (1771–1837) und Lyell in der ersten Hälfte des Jahrhunderts entwickelt hatten. Unter den Stratigrafen jedoch, deren Arbeit besonders eng mit paläontologischen Fragen verbunden war, fanden sich immer noch viele Anhänger der Erdgeschichtstheorie Cuviers, nach der die großen Unterschiede zwischen den Flora- und Faunaformen der verschiedenen erdgeschichtlichen Epochen auf Neuschöpfungen nach Katastrophen verweisen, die alles oder fast alles Leben zerstörten.[61] Lyell erklärte dagegen die formationsspezifischen Flora- und Faunaformen durch eine Balance zwischen Aussterben und Neuentstehen von Arten in jeder erdgeschichtlichen Epoche. (An einer Stelle im dritten Band der *Principles of Geology* kennzeichnet er die periodische Vernichtung und Neuproduktion von Arten mit der Metapher »the working of this machinery«.[62]) Bei der Neuentstehung dachte Lyell nicht an Abwandlungen vorhandener Arten, sondern an Neuentstehungen nach Art von Urzeugungen.[63] Natürlich konnten einen Biologen die Neuschöpfungen nicht befriedigen und vielleicht noch weniger die an Buffon erinnernden Urzeugungen der Arten, die schon aufgrund des morphologischen Kenntnisstands für andere als ganz undifferenzierte Primitivorganismen nicht annehmbar waren.

Beide Theorien gehen darin konform, daß sie abrupte Zäsuren zwischen den fossilen Formen betonen, und dies nicht, oder wenigstens nicht allein, aus dogmatischen Gründen, sondern weil die paläontologische Materiallage zum großen Teil dieses Bild darbot. Um zeigen zu können, daß mit der Abstammungslehre jene prekären, für die Biologie unannehmbaren Theorien überwunden werden können, mußte Darwin zunächst nachweisen, daß die Zäsuren zwischen den fossilen Formen, wie sie die Befunde zeigten, nicht die Unmöglichkeit von Übergängen zwischen diesen Formen beweisen, sondern nur, wie lückenhaft die Kenntnis der fossilen Formen ist und teilweise auch aufgrund der Konservierungsbedingungen organischer Überreste unvermeidlich sein muß.[64]

Hierbei konnte Darwin eine den Geologen vertraute Argumentationsweise aufgreifen; Lyell hatte (u. a.) aus den Konservierungsbedingungen zu begründen versucht, warum für erdgeschichtliche Datierungen die Überreste von Meeresbewohnern verläßlichere Zeugnisse sind als die anderer Lebewesen.[65] Ließen sich die Paläontologen auf diese Weise überzeugen, daß aufgrund des Materialstands die Möglichkeit von Übergängen zwischen den fossilen Formen nicht legitimer Weise definitiv verneint werden kann, dann war es Darwin möglich, eben dieses Material durch die Deszendenztheorie zum Sprechen zu bringen. Denn es enthielt genügend unbestreitbare Tatsachen, die weder mit der Katastrophentheorie der Anhänger Cuviers noch mit der Neuentstehungsannahme Lyells vereinbar waren, die sich aber mit der Abstammungslehre zwanglos erklären ließen. Dies kann hier nur an einigen exemplarischen Punkten verdeutlicht werden.[66]

Mit Cuviers Theorie ließ sich die gut belegte Tatsache nicht vereinbaren, daß neue Arten nicht gleichzeitig aufkommen und ebensowenig gleichzeitig aussterben. Neue Arten treten in den erdgeschichtlichen Formationen vielmehr allmählich auf, eine nach der anderen, sind eine Zeitlang als vielfältige Gruppe nachzuweisen und verschwinden schließlich ebenso allmählich wieder, eine nach der anderen, bis die entsprechende Gruppe entweder ganz ausgestorben oder nur noch durch einige singuläre Arten vertreten ist. Für die Deszendenztheorie wäre nur das Gegenteil eine unerklärliche Tatsache. Abwandlungen, die einen Vorteil darstellen, entstehen vereinzelt. Die Nachkommen solcher den Bedingungen gut angepaßten neuen Arten brauchen Zeit, um in der Kette der Generationen weitere Abweichungen hervorzubringen, die bessere Chancen im »Kampf ums Dasein« haben. Nur allmählich kann es also nach dieser Theorie zur Ausdifferenzierung in viele neue Arten kommen, zur Bildung einer Artengruppe mit divergenten Charakteren. Und eben wegen dieser Divergenz der Charaktere ist die Gruppe von neuen, den Bedingungen besser angepaßten Arten nicht auf einen Schlag zu verdrängen. Diese neuen Arten müssen ebenso allmählich für all die divergenten Spezialisierungen überlegene Arten im Prozeß der Generationen hervorbringen, bis sie die alte Gruppe zum Aussterben gebracht haben.

Lyells Theorie war in der Geologie ein gewichtiger Schritt über Cuvier hinaus. Mit den paläontologischen Befunden jedoch stand sie auf ärgerem Kriegsfuß als die Theorie Cuviers. Nach Lyell stellen die erdgeschichtlichen Umbildungen einen Prozeß dar, der sich in einem dynamischen Gleichgewichtszustand resümiert; die erdgeschichtlichen Perioden sind so gewissermaßen als Abschnitte einer Pendelbewegung zu verstehen und oszillieren in ihrer Abfolge um einen mittleren Zustand. Das bedeutet aber, daß in diesem Prozeß keine Tendenz feststellbar sein kann, vielmehr Wiederholungen und Rückkehr zu früheren Zuständen erwartet werden müssen. Gegen diese Theorie, das hatten schon die Anhänger Cuviers zu nutzen gewußt, waren die paläontologischen Befunde ein einziges Arsenal von Gegenargumenten. Schon die Tatsache, daß ausgestorbene Arten in späteren erdgeschichtlichen Epochen nicht erneut auftauchen, widerstritt im Grunde dieser Theorie. Vor allem aber widerstritt ihr die

Tatsache, daß die zeitliche Abfolge der fossilen Formen zugleich eine Schrittfolge der Ausbildung der Organisation darstellt. Dies war einfach nicht wegzudisputieren, und Lyells Versuch, dies zu tun[67], war auch unter Berücksichtigung des Kenntnisstandes, der 1830 erreicht war, mit den Tatsachen nicht mehr zu vereinbaren. Bereits ein Vierteljahrhundert zuvor hatten z. B. Henrik Steffens (1773–1845), in seinen *Beiträge(n) zur inneren Naturgeschichte der Erde* (1801), oder Leopold von Buch (1774–1853), in einer Rede vor der Akademie der Wissenschaften zu Berlin (1806)[68], darauf hingewiesen, daß die Unterschiede zwischen den fossilen Formen desto größer waren, desto zeitlich weiter auseinanderliegenden Formationen sie entstammten, und ebenso, daß die Verwandtschaft der Formen zunahm, je geringer der zeitliche Abstand der Formationen war. Weiterhin hatten sie aufgezeigt,daß die Komplexität und Funktionsdifferenzierung der Organisation bei den fossil bezeugten Arten in dem Maße zunahm, in dem sich die Formationen, denen sie angehörten, der Gegenwart näherten. Diese inzwischen wohlbelegte Abfolge in der Ausbildung der fossilen Formen war mit Lyells Theorie nicht vereinbar. Sie erhielt dagegen eine einfache und einheitliche Erklärung, wenn man einen Abstammungszusammenhang unter den fossilen Formen annahm und in Darwins Art die Divergenzausbildung als integrales Moment des Abwandlungsprozesses auseinandersetzte.

Damit stellte die Deszendenztheorie der Paläontologie nicht nur einfach eine andere, endlich konsistente Erklärung ihrer Befunde zur Verfügung. Die Deutung des paläontologischen Materials auf der Grundlage der Abstammungslehre löste zugleich die Paläontologie aus der geologischen Perspektive, in der ihre Gesetzmäßigkeiten so, wie wir das bereits bei der geografischen Verteilung der Lebensformen beobachten konnten, direkt aus geologischen Gegebenheiten abzuleiten versucht und damit die biologischen Eigentümlichkeiten dieser Gesetzmäßigkeiten verstellt wurden. Erst auf der Grundlage der Abstammungslehre wurde die Paläontologie eine veritable biologische Disziplin. Ihr waren dadurch neue Forschungsrichtungen gewiesen[69], so schwer deren Einlösung angesichts der eigentümlichen Probleme ihres Materials auch sein mochte. Diese neuen Aufgaben stellten sich dadurch, daß die Paläontologie als biologische Disziplin in ein engeres Verhältnis zu den anderen biologischen Disziplinen der Ordnungsebene trat, insbesondere zur Morphologie und Systematik, deren theoretische Grundlegung von der Deszendenztheorie ebenfalls nicht unberührt blieb, wie nun kurz verdeutlicht werden soll.

Hinsichtlich der Morphologie können wir uns hier mit Darwin[70] darauf beschränken, dies an einigen Punkten zu erläutern, die mit dem zentralen Begriff der »Homologie« zusammenhängen. Seit John Ray (1627–1705)[71] bezeichnete man mit diesem aristotelischen Begriff Übereinstimmungen zwischen verschiedenen Arten oder Gattungen hinsichtlich ihrer Organisation; nachdem Cuvier und Geoffroy Saint-Hilaire aber zwischen Übereinstimmungen in Struktur und Funktion zu unterscheiden gelehrt hatten, präzisierte Owen die Bedeutung von Homologie dahingehend, daß mit ihr nur Strukturübereinstimmungen bezeichnet werden. Am Anfang des 19. Jahrhunderts hatten nun die Morphologen konstatiert, daß alle Arten eines Stammes in ihrer Organisation homolog sind. Die Zugehörigkeit zu einem Stamm bedeutete von da an, Exemplar eines bestimmten Organisations-»Typus« zu sein. Wie verschieden die Vertreter eines Typus im einzelnen auch waren, in einem Punkt stimmten sie alle minutiös überein, nämlich in der Anordnung ihrer Organe, in ihrem »Bauplan«.

An der Identität des Bauplans machte sich nicht nur der Begriff des Typus fest; sie war auch der Ariadnefaden der konkreten Erforschung homologer Organe, die innerhalb eines Typus extrem unterschiedlich sein können. In vielen Fällen wäre die Homologie so stark differierender Organe nur schwer nachweisbar gewesen, hätte nicht die Stelle, die diese Organe im Bauplan innehaben, darauf geführt und als Kriterium für die Entscheidung zweifelhafter Fälle gedient. Überblickten nun die Morphologen innerhalb eines Typus die Formunterschiede, die die homologen Organe bei den verschiedenen Arten aufweisen, und reihten sie diese Organe nach dem Prinzip des kleinsten Formunterschieds aneinander, so ergab sich eine (verästelte) Abfolge von Formabänderungen. Aufgrund dessen hatten sich die Morphologen seit dem Anfang des 19. Jahrhunderts angewöhnt, metaphorisch von der »Umwandlung« homologer Organe zu sprechen.

Wenn sich ein Naturforscher nicht damit zufriedengab, diese merkwürdigen Tatsachen mit der Phrase vom unerforschlichen Schöpfungsplan auf sich beruhen zu lassen, ergab nur die Annahme einer Abstammung der Arten einer Klasse von einem gemeinsamen Vorfahren eine einheitliche Erklärung sowohl für die Identität des Bauplans als auch für die rekonstruierbare schrittweise »Umwandlung« der homologen Organe. Vermutungen in dieser Richtung waren denn auch seit Lamarck immer wieder von Morphologen in Erwägung gezogen worden. Sogar Cuvier, Lamarcks »Rivale«, hatte aufgrund dieser morphologischen Befunde innerhalb bestimmter Typen – er dachte vor allem an die Klassen der Meeresbewohner – Abwandlungen der Arten nicht ausgeschlossen.[72] Die Deszendenztheorie erlaubte nun den Morphologen, aus diesen Tatbeständen nicht nur vermutungsweise die unvermeidlichen Schlußfolgerungen zu ziehen und nicht nur uneigentlich von »Umwandlungen« zu sprechen, sondern im realen Abwandlungs- und Ausdifferenzierungsprozeß der voneinander abstammenden Vertreter eines Stammes die Erklärung der von ihnen erforschten Eigentümlichkeiten zu ergreifen und auf dieser Grundlage ihr Fach nicht länger als eine Strukturgesetzmäßigkeiten nur beschreibende, sondern als eine diese Gesetzmäßigkeiten erklärende Disziplin zu betreiben.

Abstammungslehre und Systematik

Metaphern mit evolutionstheoretischer Valenz wie das »Umwandeln« der Morphologen begegnen uns in der Systematik nicht allein massiert; sie verweisen dort darüber hinaus direkt auf die Abstammung, entstammen der genealogischen Sphäre: »Familie«, »Sippe«, »Verwandtschaft« etc. Auch gegenüber der Systematik stellte so die Deszendenztheorie gewissermaßen die Aufforderung und Legitimation dar, diese Termini nicht länger nur figürlich zu gebrauchen, sondern sie wörtlich zu nehmen. Aber natürlich konnte die Deszendenztheorie dazu nur »auffordern«, wenn sie sich durch die Lösung von Problemen der Systematik vor dieser erst einmal selbst legitimierte.

Ohne Zweifel lag die wichtigste und alle einzelnen Erklärungsleistungen überragende Bedeutung der Deszendenztheorie für die Systematik darin, daß mit ihr das Natürliche System ein Fundament erhielt und damit die Systematik selbst als Wissenschaft. Die Systematik versuchte ja mit dem Natürlichen System etwas qualitativ anderes als nur ein Instrumentarium für die Diagnostik zu schaffen, das lediglich nach seiner Zweckmäßigkeit zu bewerten ist, nicht aber danach, ob es natürliche Sachverhalte nach ihrer eigenen Gesetzmäßigkeit abbildet, nicht danach, ob es die Gliederungen, Abhängigkeiten, wechselseitigen Stellungen und Zusammenhänge in den Reichen der Pflanzen und Tiere so erfaßt, wie sie diesen Reichen eigentümlich sind. Mit dem Natürlichen System erhob die Systematik vielmehr den Anspruch, nicht eine diagnostische Kunstlehre zu sein, sondern die Wissenschaft vom objektiven Zusammenhang der Flora- und Faunaformen. Vorerst blieb dies jedoch ein Anspruch, während ihr Charakter als Kunstlehre an ihren Verfahren deutlich zum Vorschein kam. Darwin machte das sehr schön an den »Regeln« der Systematiker klar.[73]

Ein geübter Systematiker wußte, daß Merkmale von physiologischer Wichtigkeit oft keine entsprechende taxonomische Bedeutung besitzen; in vielen Fällen waren für ihn im Gegenteil rudimentäre Organe oder embryologische Merkmale die untrüglichsten Anhaltspunkte für eine richtige Bestimmung und Einordnung. Seit Linné hatte sich in vielen botanischen Fällen die Orientierung an den Geschlechtsorganen bewährt. In anderen Fällen wiederum hatte es weitergeholfen, den Standort der betreffenden Formen, der an sich in einer Systematik gar nichts zu suchen hat, bei der Einordnung zu berücksichtigen. Seit Lamarck wurden Ähnlichkeiten danach unterschieden, ob sie »Verwandtschaften« (im metaphorischen Sinne) anzeigen oder bloß »Analogien« sind, und zwar nach der Regel, daß Ähnlichkeiten zwischen Vertretern derselben Gruppe »Verwandtschaft« indizieren und Ähnlichkeiten zwischen Vertretern verschiedener Gruppen Analogie.

Die Systematiker verfuhren nach diesen und weiteren Regeln, weil sie sich bewährt hatten, ohne zu wissen, worauf die Tauglichkeit dieser Regeln beruht. Welche dieser Regeln im Einzelfall anwendbar war, das zu entscheiden setzte viel Erfahrung und Übung, manchmal sogar so etwas wie den sechsten Sinn voraus, wie denn überhaupt Formulierungen wie »das geübte Auge Candolles« oder »der sichere Griff Linnés«, die einem in der damaligen Literatur häufig begegnen, darauf hinweisen, daß in der Systematik Wissen allein nicht ausreichte, daß vielmehr ein guter Systematiker über Fähigkeiten und »Griffe« verfügen mußte, die mit Worten schlecht oder gar nicht zu vermitteln waren. Aber eben daran zeigte sich, daß die Systematik eine Kunstlehre war, denn dies sind Eigentümlichkeiten, wie sie für Kunsthandwerker, Ingenieur-Künstler oder Virtuosen charakteristisch sind.

Darwin war nun nicht etwa der Ansicht, daß die Deszendenztheorie diese Regeln überflüssig mache. Sie erhalten durch diese Theorie einen anderen Status. »Wenn wir«, schrieb er, »von dieser Idee ausgehen, daß das natürliche System, soweit es durchgeführt werden kann, genealogisch angeordnet ist, (. . .) so verstehen wir die Regeln, die wir bei unserer Klassifikation befolgen müssen.«[74] Indem die Abstammungslehre die Gründe erkennbar macht, warum diese Regeln bei der Klassifikation gute Dienste leisten, verwandelt sie sie nicht allein aus Erfahrungsregeln in solche, die aus einer Theorie ableitbar sind; sie gibt damit selbst die Regel für die Anwendung dieser Regeln an die Hand. Die Erfahrungen aber, die diesen Regeln ursprünglich zugrunde lagen, werden dabei zugleich zu Belegen der Deszendenztheorie.

Darwin hat, wie schon erwähnt, nicht den Versuch gemacht, selbst ein genealogisches, ein Natürliches System der Flora- und Faunaformen aufzustellen. Er begnügte sich zu zeigen, daß die Natürlichkeit eines Systems davon abhängt, ob die hierarchische Anordnung der taxonomischen Ränge (Arten unter Gattungen, Gattungen unter Familien, Familien unter Ordnungen, Ordnungen unter Klassen) als genealogische Verzweigung, als Abstammungszusammenhang erklärt werden kann, und daß die natürliche Selektion mit ihrem wichtigen Prinzip der Divergenzentwicklung eben diese Erklärung gestattet. Er erörterte dies entsprechend nur in prinzipieller Form[75], indem er auf das Schema zurückgriff, mit dem er im vierten Kapitel die »wahrscheinliche Wirkung der natürlichen Zuchtwahl auf die Nachkommen gemeinsamer Eltern durch Divergenz der Charaktere und durch Aussterben« erläutert hatte (Abb. 3). Er demonstrierte damit, daß die Systematik auf der Grundlage der Abstammungslehre ihren Anspruch, eine Wissenschaft zu sein, zu realisieren vermag.

Anerkennung als Integrationstheorie

Blicken wir zurück, so hat sich bestätigt, daß sich die Leistung der Deszendenztheorie nicht in einer Fülle von Einzelerklärungen erschöpfte. Wir sagten, daß die Dimension ihrer Leistung schon deutlicher an solchen Tatbeständen hervortritt, deren Erklärung durch die Abstammungslehre ganze Teildisziplinen der Biologie auf ein neues theoretisches Fundament stellte, und haben uns das an den Disziplinen der Ordnungsebene, für die dies zunächst zutraf, zu verdeutlichen versucht. Was sich dabei im Zusammenhang der Paläontologie andeutete, zeigt sich nun in vollem Ausmaß: Die Disziplinen der Ordnungsebene haben durch die Deszendenztheorie nicht nur jede für sich ein neues theoretisches Fundament erhalten, auf dem sie aus beschreibenden zu auf einer erklärenden Theorie beruhenden Wissenschaften wurden; auf dieser Grundlage bestand von nun an zwischen ihnen auch ein innerer Zusammenhang. Sie bilden seitdem eine gegliederte Einheit, deren Teile sich wechselseitig stützen und die die Ordnung der organischen Formen zugleich arbeitsteilig und gemeinsam, durch

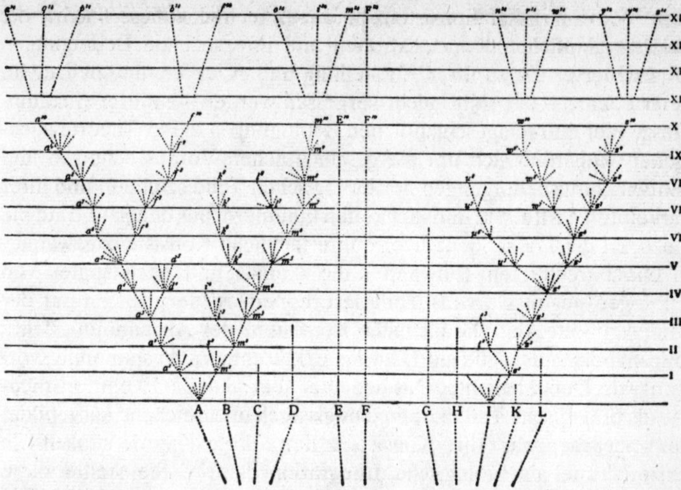

Abb. 3. Schema der Artentwicklung aus Darwins *Origin.*[76] Die Buchstaben A bis L bedeuten Arten einer Gattung. Die Zwischenräume zwischen den Querlinien stellen Zeitabschnitte von je 1000 Generationen dar. Die Arten A und I variieren vielfach und haben nach 14 000 Generationen 8 bzw. 6 Tochterarten hervorgebracht. F hat sich als einzige in der ursprünglichen Form erhalten. Die übrigen sind ausgestorben.

eine gemeinsame Theorie verbunden, erforschen. Diese Kooperation und wechselseitige Stützung der Ordnungsdisziplinen hatte sich seit der Wende vom 18. zum 19. Jahrhundert angebahnt; mit der Deszendenztheorie erhielt diese Integration ihre explizierte theoretische Basis. Wir sehen so: Erst als Integrationstheorie der biologischen Teildisziplinen macht die Abstammungslehre die ganze Dimension ihres theoretischen Werts erkennbar. Zugleich sehen wir, daß diese Theorie sofort, von ihrer ersten umfassenden Formulierung in Darwins *Origin* an, als biologische Integrationstheorie fungierte.

Die erstaunlich schnelle Durchsetzung dieser umstürzenden Theorie bei dem größten Teil der damaligen Biologen ist danach nicht mehr so verwunderlich, daß wir auf außerfachliche Gründe – was immer sie dazu beigetragen haben mögen – zurückgreifen müßten, um nicht vor einem Rätsel zu stehen. Die fachliche Anerkennung beruhte ganz wesentlich auf der fachlichen Konsistenz, die dieser Theorie eigen war. Und auf dieser Konsistenz beruht es auch, daß diese Theorie die weltanschaulichen Konstellationen und ihre sozialen Bedingungen überdauerte, die zu ihrer Aufstellung und Anerkennung beitrugen, aber ebenso – das sollte nicht vergessen werden – zu ihrer Bekämpfung. Wer den realgeschichtlichen Bedingungen dieser Theorie nachgehen will, muß sich um die geschichtlichen Voraussetzungen und Entwicklungsbedingungen der biologischen Teildisziplinen und ihrer Erkenntnismittel wie -möglichkeiten kümmern, aus denen und auf die bezogen die Deszendenztheorie ihre fachliche Konsistenz gewann.

Die berechtigten Einwände, die damals und auch später von Biologen gegen Darwins Theorie erhoben wurden, zeigen auf der anderen Seite, daß die fachliche Konsistenz der Abstammungslehre nur im geringen Maße auf Darwins Erklärung des Abstammungsvorgangs im Detail beruhte. Das bedeutet aber, daß die Evolutionstheorie als biologische Teildisziplin damals noch unzureichend ausgebildet und bewiesen war. Ihre Konsistenz hatte diese Theorie zunächst in erster Linie als biologische Integrationstheorie. Sie stellte diese Konsistenz in der Aufklärung von Ungereimtheiten und Problemen unter Beweis, die sich in den Teildisziplinen der Ordnungsebene aufgestaut hatten, sowie als theoretische Basis eines fruchtbaren Zusammenhangs unter diesen Disziplinen. – Wir haben jetzt zu überlegen, welche Schlüsse daraus für die Rekonstruktion der Entstehung der biologischen Evolutionstheorie zu ziehen sind.

Kapitel 4 Doppelcharakter und Genese der Evolutionstheorie

Im ersten Kapitel hatten wir uns in summarischer Weise klargemacht, daß die Evolutionstheorie in der Biologie zwei zu unterscheidende Funktionen hat. Zum einen ist sie, ungeachtet ihres »synthetischen« Charakters, d. h. ungeachtet der Tatsache, daß sie heute selbst aus den Forschungen unterschiedlicher Teildisziplinen resultiert, eine Teildisziplin neben anderen Teildisziplinen der Biologie. Als diese Teildisziplin untersucht sie die geschichtliche Entwicklung der Lebensformen sowie die diese geschichtliche Entwicklung regierenden Gesetzmäßigkeiten und ihre Bedingungen. Zum anderen aber ist sie die Theorie, die die biologischen Teildisziplinen innerlich verbindet, auf die es also zurückgeht, wenn die Biologie nicht ein bloßes Konglomerat von Einzeldisziplinen ist, sondern eine gegliederte Einheit. Um diese zweite Funktion der Evolutionstheorie zu kennzeichnen, nannte ich sie biologische Integrationstheorie; und um hervorzuheben, daß die Evolutionstheorie zugleich Teildisziplin der Biologie und ihre Integrationstheorie ist, sprach ich vom Doppelcharakter der Evolutionstheorie.

Ausgehend davon stellte sich die Frage, ob dieser Doppelcharakter der Evolutionstheorie erst für ihren heutigen Entwicklungsstand kennzeichnend ist oder ob er der Evolutionstheorie von Anfang an eigen war. Zu diesem Zwecke untersuchten die beiden vorangehenden Kapitel die Theorien von Lamarck und Darwin und kamen zu dem Ergebnis, daß der Doppelcharakter der Evolutionstheorie von Anfang an eine Rolle spielte.

Lamarcks Theorie der Arttransformation stand im Kontext seines Versuchs, den damaligen Wissenschaften von den Lebenserscheinungen mit seiner epigenetischen Theorie ein Fundament zu geben, das sie zu einer einheitlichen erklärenden Wissenschaft macht. Die Theorie der Arttransformation war nicht nur Moment dieses Versuchs, sondern sie resultierte, wie gesehen, aus diesem Versuch. Ihr geringer Einfluß auf die Biologie in der ersten Hälfte des 19. Jahrhunderts war u. a. aber gerade darin begründet, daß sie Moment einer nicht-evolutionistischen Integrationstheorie war, der es an biologischer Spezifik mangelte. In Lamarcks Versuch kann man so gewissermaßen den negativen Nachweis sehen, daß von einem bestimmten Entwicklungsstand an die biologischen Teildisziplinen qualifizierte Anforderungen an die biologische Spezifik der Theorie stellen, die ihre innere Verbindung ermöglichen soll, und daß es die Evolutionstheorie ist, die über diese Spezifik verfügt und deswegen die Integration zustande bringt.

An der Deszendenztheorie Darwins zeigte sich der Doppelcharakter der Evolutionstheorie darin, daß sie als biologische Teildisziplin, das heißt in ihrer Erklärung der geschichtlichen Entstehung der Arten, mit erheblichen, auch damals bemerkbaren und bemerkten Mängeln behaftet war, während sie als biologische Integrationstheorie trotz mancher offener Probleme bestach. Die Durchsetzung der Abstammungslehre in der Biologie beruhte zunächst auf ihrer Leistung als Integrationstheorie, nicht darauf, daß sie als Teildisziplin überzeugte.

Ursache und Wirkung

Ist so festzuhalten, daß der Doppelcharakter der Evolutionstheorie bereits in ihren ersten Lebensjahren eine Rolle spielte, so ist doch nicht ohne weiteres zu sehen, inwiefern diese Feststellung Bedeutung für die Frage nach der Genese der Evolutionstheorie hat. Wenn sich die Biologen von der Evolutionstheorie zunächst aufgrund ihrer Leistung als biologischer Integrationstheorie überzeugen ließen, so besagt das etwas über die Anerkennung und Durchsetzung der Theorie, nicht unbedingt aber auch etwas über ihre Genese. Hier scheint sogar die Gefahr eines bei historischen Rekonstruktionen naheliegenden und sich deswegen immer wieder einschleichenden Fehlschlusses zu lauern, des Fehlschlusses nämlich, die Funktion, die eine Sache hat, wenn sie entstanden ist, unbesehen für die Ursache ihrer Entstehung zu nehmen. Würden wir die Funktion der Evolutionstheorie als biologische Integrationstheorie als die Ursache ihrer Genese ansehen, ihre Genese aus ihrer Funktion zu erklären versuchen, so verwechselten wir Ursache und Wirkung.

Erst die entstandene Evolutionstheorie fungiert als biologische Integrationstheorie; die Integrationsfunktion der Evolutionstheorie ist Wirkung, ist Resultat der Genese dieser Theorie. Schon die Tatsache, daß diese Integrationsfunktion zunächst nur partiell war, anfänglich im wesentlichen auf die Disziplinen der Ordnungsebene beschränkt blieb, macht deutlich, daß die Integrationsfunktion aus der Entwicklung der Evolutionstheorie resultiert und nicht umgekehrt diese Entwicklung aus der Integrationsfunktion.

Es hilft auch nicht weiter, wenn wir die Integrationsfunktion insofern eine ursächliche Rolle in der Genese der Evolutionstheorie spielen lassen, als das Ziel dieser Funktion vielleicht in den Köpfen derer wirksam war, die die Evolutionstheorie hervorbrachten. Für Darwin läßt sich eine solche Intention nicht nachweisen. Weder spielte diese Intention bei seiner Entdeckung des prinzipiellen »Mechanismus« der Artabwandlung eine Rolle noch auch bei seiner Abstützung der Theorie durch das Material der biologischen Teildisziplinen. Sosehr er faktisch bei dieser Abstützung das Integrationspotential seiner Theorie zur Erscheinung brachte, sosehr handelt es sich dabei für ihn um nichts anderes als um das Belegen seiner Theorie. Wie wenig ihm eine entsprechende Intention die Entschlüsselung der Evolution ermöglicht hätte, zeigt sich übrigens schlagend an Lamarck. Dieser arbeitete unter der bewußten Zielsetzung, den Wissenschaften von den Lebenserscheinungen eine einheitliche Integrationstheorie zu schaffen. Sein Versuch scheiterte, und daraus ist zu entnehmen, daß solch eine Intention keine hinreichende Bedingung ist, um die biologische Evolutionstheorie zu entwickeln; für diese Entwicklung sind offenbar andere spezifische Voraussetzungen erforderlich. Um deren Entstehung geht es bei einer Untersuchung der Genese der Evolutionstheorie, und diese Voraussetzungen sind als Voraussetzungen der Evolutionstheorie zugleich die Voraussetzungen ihrer Funktion als biologische Integrationstheorie.

Unterschiedliche Voraussetzungen für die beiden Charaktere

Aus der Zurückweisung des Versuchs, die Genese der Evolutionstheorie aus ihrer Integrationsfunktion zu erklären, folgt nun aber keineswegs, daß der Doppelcharakter dieser Theorie allein für das Verständnis ihrer ersten Anerkennung und Durchsetzung von Bedeutung ist, nicht aber auch für die Untersuchung ihrer Genese. Aus der Tatsache, daß die Evolutionstheorie sogleich von ihrer Entstehung an ihren Doppelcharakter bewährte, folgt vielmehr, daß die Voraussetzungen für die Ausarbeitung der Theorie, deren Entstehung Gegenstand einer Untersuchung ihrer Genese ist, die Voraussetzungen für ihre Funktion als Integrationstheorie mitumfassen müssen. Darüber hinaus kann nicht einfach unterstellt werden, daß es sich um dieselben Voraussetzungen handelt, die einmal die Evolutionstheorie als biologische Teildisziplin und ein anderes Mal als Integrationstheorie der Biologie in ihrer Entwicklung ermöglichten, so daß die Unterscheidung zwischen den beiden Funktionen der Evolutionstheorie für die Untersuchung ihrer Genese keine praktische Bedeutung hätte.

Wie verfehlt es wäre, für beide Charaktere der Evolutionstheorie einfach dieselben Voraussetzungen zu unterstellen, zeigt sich ohne weiteres an Folgendem. Wie gesehen, war Darwins Erklärung des Abstammungsvorgangs teils richtig, aber nicht bewiesen, sondern nur wahrscheinlich gemacht, teils lückenhaft und unzureichend, zum Teil aber auch widersprüchlich bzw. schlicht falsch. Von heute aus ist viel klarer als damals zu sehen, daß diese Defizite der ersten Fassung der Deszendenztheorie nur in unwesentlichen Einzelheiten auf das Konto Darwins gehen. Beim damaligen Entwicklungsstand der biologischen Disziplinen, beim Fehlen insbesondere einer gesicherten Vererbungslehre, ohne Ökologie, Populationsgenetik und Verhaltensforschung, mußte die Erklärung des Abstammungsvorgangs defizitär sein. Das bedeutet aber, für die Evolutionstheorie als biologische Teildisziplin waren damals die Voraussetzungen nur unzureichend entwickelt. Wenn es Darwin trotzdem gelang, eine Abstammungslehre auszuarbeiten, die in ihren Grundzügen Bestand haben sollte, dann ist das nicht eine unerklärliche Genieleistung. Möglich war das vielmehr, weil es um die Voraussetzungen der Evolutionstheorie als biologischer Integrationstheorie damals besser bestellt war. Darwins geniale Tat bestand gerade darin, die Voraussetzungen, die in den biologischen Teildisziplinen für ihre Integration durch die Evolutionstheorie entstanden waren, für deren Entwicklung zu nutzen. In diesem Zusammenhang wird übrigens auch deutlich, warum die oft konstatierte Tatsache, daß Darwin in den meisten biologischen Disziplinen entweder völliger Laie oder nur Amateur war, »ein Vorteil«[1] sein konnte; es erklärt sich aus der Art der genialen Tat, die hier zu vollbringen war. Diese Tat gilt es noch einmal zu vergegenwärtigen, um herauszufinden, was an der Genese der Evolutionstheorie untersucht werden muß, welche Voraussetzungen es sind, deren Herkunft dabei freizulegen ist.

Darwins Tat

Es war, wie gesagt, keineswegs Darwins Intention, eine Integrationstheorie für die biologischen Disziplinen der Ordnungsebene auszuarbeiten. So wie charkteristische Befunde ihrer Disziplin Morphologen zu der Vermutung geführt hatten, daß die Arten einer Klasse voneinander abstammen, so führten Darwin und Wallace Aporien in der Erklärung charakteristischer Tatbestände der Biogeografie zu entsprechenden Vermutungen. Der wechselseitige Ausschluß von Arten, in dem die einzig mögliche Deutung gewisser dieser Tatbestände zu liegen schien, gestattete es, den Vorgang mit der Abwandlungspraxis der Züchter in Verbindung zu bringen und von daher eine Erklärung des Abstammungszusammenhangs der Arten zu finden. Bei der Suche nach Bestätigungen und Belegen für diese Erklärung sammelte sich allmählich in Darwins Händen ein außerordentlich reichhaltiges Material, das ihm nicht nur die Gewißheit gab, auf der richtigen Spur zu sein, sondern das ihm auch zeigte, wie seine Theorie differenzierter auszuarbeiten war. Er fand diese Belege in allen Disziplinen der Ordnungsebene und sah überdies, daß sich mit seiner Theorie grundsätzliche Probleme dieser Disziplinen zwanglos und einheitlich lösen ließen.

Zweierlei ist daran hervorzuheben. Erstens: Darwin mußte, von wenigen Ausnahmen abgesehen, nicht selbst als Systematiker, als Paläontologe etc. Forschungen durchführen, um die seine Theorie bestätigenden Tatsachen zu entdecken. Diese Tatsachen waren bereits von jenen Disziplinen entdeckt, gesammelt und in verschiedenen Formen registriert und ausgewertet. Darwins Aufgabe bestand also darin, die Entdeckungen und Erkenntnisse dieser Disziplinen daraufhin zu mustern, wie sie zu seiner Theorie stehen, ob sie ihr widersprechen oder ob sie sie stützen. – Zweitens: In diesen Disziplinen hatte sich nicht allein eine Fülle von Tatsachen angesammelt, die Darwin als Belege für seine Theorie dienen konnten. So wie in der Biogeografie diese Tatsachenfülle sich zu einem Material verdichtet hatte, vor dem die bis dahin bewährten Formen der theoretischen Verarbeitung zu versagen begannen, so hatte auch in den anderen Disziplinen der Ordnungsebene die Materialfülle Probleme ihrer theoretischen Verarbeitung aufgestaut. Darwin fand also nicht allein die Belege für seine Theorie vor, sondern ebenso eine theoretische Aufarbeitung dieses Materials, deren Probleme und Aporien seine Theorie gewissermaßen negativ bestätigten, so wie sie sie im Falle der Biogeografie induziert hatten.

Die Tatsache, daß Darwin all dies vorfand, es nicht selbst entdecken bzw. es nur für sich entdecken, also Entdecktes sich aneignen, Entdecktes in seiner Bedeutung für die Evolutionstheorie entdecken mußte, zeigt ohne weiteres, daß die Erkenntnisse jener Disziplinen mitsamt den Problemen ihrer theoretischen Verarbeitung zu den Voraussetzungen der Evolutionstheorie gehören, deren Zustandekommen ein wesentlicher Gegenstand einer Untersuchung der Genese der Evolutionstheorie ist.

Um zu vermeiden, daß sich die besprochene Verwechslung von

Ursache und Wirkung an dieser Stelle erneut ergibt, hat die historische Untersuchung jedoch von einer bestimmten Vorüberlegung auszugehen. All die in den Disziplinen der Ordnungsebene aufgehäuften und aufgestauten Erkenntnisse und Probleme, auf die Darwin zurückgreifen konnte, waren so zwar Indizien, Belege und Voraussetzungen der Evolutionstheorie. Aber diese Erkenntnisse und Belege verdanken ihre Entstehung nicht dieser Funktion. Systematiker, Paläontologen, Morphologen und Biogeografen hatten dieses Material selbstverständlich nicht zusammengetragen, weil sie Belege und Indizien für die Evolutionstheorie suchten. Die Probleme in der theoretischen Verarbeitung des Materials zeigen ja, daß in diesen Disziplinen die Einordnung des Materials auf anderen theoretischen Grundlagen versucht wurde und nicht unter einer evolutionstheoretischen Perspektive stand. Die objektive evolutionstheoretische Relevanz der Resultate dieser Disziplinen darf also nicht dazu verleiten, das Zustandekommen dieser Resultate in irgend etwas anderem zu suchen als in der wirklichen Entwicklung dieser Disziplinen, in denen vor Darwin die Evolutionstheorie keine Rolle spielte.

Wenn diese Verwechslung von Ursache und Folge nicht vermieden wird, ist auch das Verständnis der Tat Darwins verstellt. Die Resultate der biologischen Disziplinen der Ordnungsebene hatten objektiv eine evolutionstheoretische Relevanz; aber nur an sich. Diese Dimension war in ihnen nur im Modus der Möglichkeit vorhanden. Es war die Tat Darwins, die an sich seiende objektive evolutionstheoretische Relevanz zu realisieren, die den Resultaten dieser Disziplinen eigen war.

Darwin realisierte diese Relevanz, indem er diese Resultate in Belege und Indizien der Deszendenztheorie verwandelte. Man kann hier wirklich von Verwandlung sprechen. Denn bei diesen Resultaten handelte es sich ja nicht einfach um facts, nackte Tatsachen; es waren vielmehr in Theorien eingeordnete Tatsachen, theoretisch reproduzierte Wirklichkeit. Diese Tatsachen als Indizien und Belege der Deszendenztheorie zu lesen, bedeutete, sie aus ihrer alten theoretischen Einordnung zu lösen und sie in einen neuen Zusammenhang einzustellen, ihnen die »richtige Stelle anzuweisen«, wie Darwin treffend formulierte.[2] Die Tatsachen, um die es hier geht, hatten objektiv evolutionstheoretische Relevanz; aber diese erschien nicht in dem theoretischen Zusammenhang, unter dessen Perspektive sie erforscht, registriert und verarbeitet worden waren; diese Relevanz zeigte sich erst, als sie durch die Abstammungslehre ihre richtige Stelle angewiesen erhalten hatten. Mit seiner Theorie berührte Darwin die Ergebnisse der Disziplinen der Ordnungsebene gleichsam wie mit einem Zauberstab, der sie in Belege und Indizien der Evolutionstheorie verwandelte und sie in einen neuen theoretischen Zusammenhang einordnete, wodurch zugleich diese Disziplinen selbst zu einer gegliederten Einheit integriert wurden.

Schlußfolgerungen für die Rekonstruktion

Für die Untersuchung der Genese der Evolutionstheorie folgt daraus unmittelbar, daß *erstens* herauszufinden ist, wie die biologischen Ordnungsdiziplinen zu den Resultaten mit objektiv evolutionstheoretischer Relevanz gelangten, und zwar unter ihren eigenen theoretischen Perspektiven, nicht der der Evolutionstheorie. Denn diese Resultate sind eine elementare Voraussetzung der Evolutionstheorie. Ihrer Entstehung wird das 5. Kapitel nachgehen.

Auf der anderen Seite gilt es die Verwandlung dieser Resultate durch die Evolutionstheorie ernst zu nehmen, d. h. festzuhalten, daß die Evolutionstheorie an diese Resultate von außen, das heißt als ein fremder theoretischer Einordnungszusammenhang herantrat, der sie neu interpretierte. Gewiß, hätten jene Resultate nicht objektiv eine evolutionstheoretische Bedeutung besessen, wäre ihre Interpretation durch die Evolutionstheorie so nicht möglich gewesen. Dies ändert aber nichts daran, daß erst mit der Evolutionstheorie diese Bedeutung überhaupt zu entdecken war. Sosehr also jene Disziplinen mit ihren Resultaten eine wesentliche Voraussetzung der Evolutionstheorie waren, sowenig ist die Evolutionstheorie aus ihnen herzuleiten. Zwar gilt: Wie die Evolutionstheorie die objektive evolutionstheoretische Relevanz der Ergebnisse dieser Disziplinen realisierte, so ließ sie sich selbst erst unter Voraussetzungen dieser Ergebnisse realisieren; aber dies besagt doch gerade: Sowenig wir die Herkunft jener Resultate aus ihrer Bedeutung für die Evolutionstheorie ableiten können, sowenig die Evolutionstheorie allein aus den Bedingungen ihrer Realisierung.

Gegenstand einer Untersuchung der Genese der Deszendenztheorie Darwins ist also *zweitens* ihre eigene Herkunft mit Akzent auf ihrer relativen Selbständigkeit gegenüber den biologischen Disziplinen der Ordnungsebene. Gemeint ist damit nicht Darwins erste Idee einer evolutionären Entwicklung der Lebensformen, die bei dem Versuch aufkeimte, Eigentümlichkeiten der geografischen Verteilung von Arten und Gattungen zu deuten. Solche Ideen und Vermutungen waren in der ersten Hälfte des 19. Jahrhunderts häufig bei Naturforschern anzutreffen. Diese Ideen verschafften ihnen aber nicht jenen Zauberstab, der die Resultate der Ordnungsdisziplinen in der geschilderten Weise verwandelte. Warum ging es Darwin mit seinen evolutionistischen Vermutungen besser als jenen Forschern? Waren es qualitativ andere Spekulationen, die er anstellte? Oder spielten vielleicht diese Vermutungen gar nicht die entscheidende Rolle für die Entdeckung der Deszendenztheorie? Diesen Fragen wird das 6. Kapitel nachgehen.

Zweiter Teil

Die Entstehung der Evolutionstheorie

Kapitel 5 Geschichte der Vorbedingungen in den biologischen Disziplinen der Ordnung

Aufgabe dieses Kapitels ist es, an der Geschichte der biologischen Disziplinen der Ordnungsebene zu verfolgen, wie in ihnen die Erkenntnisse und Problemlagen entstanden, die als Voraussetzungen der Deszendenztheorie anzusehen sind und die auch schließlich von Darwin in Indizien und Belege seiner Theorie verwandelt wurden. Die Geschichte dieser Disziplinen kommt hier also durchaus selektiv unter dem Blickwinkel ihrer Vorleistungen für die Deszendenztheorie zur Sprache, jedoch nicht so, als sei diese Geschichte vom Fluchtpunkt Darwin her zu verstehen. Es kommt vielmehr gerade darauf an, deutlich zu machen, wie jede dieser Disziplinen gemäß ihren tatsächlichen historischen Entwicklungsbedingungen sowie unter ihren eigenen Fragestellungen und theoretischen wie praktischen Kontexten und Perspektiven jene Resultate hervorbrachte, deren objektive evolutionstheoretische Relevanz Darwin realisierte.

Die Disziplinen Biogeografie, Paläontologie, Morphologie und Systematik werden in diesem Kapitel einzeln und nacheinander unser Gegenstand sein. Dies ist keine darstellungstechnische Entscheidung, sondern von der Sache her geboten. Die Geschichte dieser Disziplinen muß ja bis in die Zeit zurückverfolgt werden, die der Integration der Wissenschaften von den Lebenserscheinungen in der Biologie vorausging, bis in eine Zeit also, in der diese Disziplinen sich tatsächlich relativ unabhängig voneinander entwickelten. Der Zusammenhang dieser Disziplinen ist nicht Ausgangspunkt ihrer Entwicklung, sondern vielmehr deren Resultat. In der Geschichte dieser Disziplinen wird sich so zugleich verfolgen lassen, wie die Ansätze zu Interdependenzen unter ihnen allmählich entstanden und realisiert wurden.

1. Biogeografie

Die Biogeografie konfrontiert uns sogleich mit einem Problem, das uns bei allen in diesem Kapitel behandelten biologischen Disziplinen begegnen wird: Sie ist zunächst als eine eigenständige Disziplin gar nicht auszumachen. Nicht nur die Integration dieser Disziplinen zu Teildisziplinen der Biologie ist also historisches Resultat, sondern ebenso ihre vorgängige Herausbildung als relativ eigenständige Wissenschaften von bestimmten Aspekten der Lebenserscheinungen. Es muß deswegen jeweils am Anfang untersucht werden, in welchem theoretischen oder praktischen Kontext diese Aspekte vor der Herausbildung der entsprechenden Disziplinen Gegenstand des Interesses waren und wie sich die Disziplinen aus diesen Kontexten entwikkelten.

Der Standort ist kein Merkmal

Biogeografische Tatsachen und Fragen waren ein selbstverständlicher Bestandteil der alten deskriptiven Historia Naturalis. Wie diese möglichst umfassend darzustellen versuchte, was über die Naturdinge bekannt war, so machte sie auch Angaben darüber, wo auf der Erde sich diese Naturdinge finden und wie bestimmte Erdstriche durch das Vorkommen bestimmter Mineralien, Pflanzen oder Tiere ausgezeichnet sind. Solche Angaben hatten dabei keinen besonderen Status. Sie gehörten zur Beschreibung der Gegenstände so selbstverständlich dazu, als wenn es sich bei den Standorten oder bei der geografischen Verteilung der Naturdinge um eine ihrer Eigenschaften handelte wie ihre Farbe oder Gestalt.[1]

Impulse zur Ausdifferenzierung dieser wahllosen und nicht unterscheidenden Naturbeschreibung gingen nun nicht von biogeografischen Fragestellungen aus; der erste Schritt zur Herausbesonderung erfolgte vielmehr als indirektes Resultat der Herauslösung der botanischen Systematik aus der Historia Naturalis. (Der vierte Abschnitt dieses Kapitels wird darauf näher eingehen.) Die Systematik versuchte ihr Gegenstandsfeld gerade unter Abstraktion von der wahllosen Beschreibung und Registrierung aller möglichen Tatsachen und Zusammenhänge durch Konzentration auf einige wenige Merkmale zu strukturieren. Und zu dem aus ihrem Gesichtsfeld Verbannten gehörten auch die biogeografischen Tatsachen und Zusammenhänge. So schrieb z. B. Joseph Pitton de Tournefort (1656–1708), einer der Pioniere der botanischen Systematik vor Linné, in seinen *Elémens de botanique* (1694):

> »(. . .) ist es unbedingt nötig, die einander ähnlichen Pflanzen wie einen Strauß zusammenzustellen und sie von denen zu trennen, die sich nicht ähneln. Was die Ähnlichkeit betrifft, so dürfen nur ihre nächstliegenden Beziehungen herangezogen werden, d. h. die der Struktur irgendeines ihrer Teile; entlegene Beziehungen, die sich zwischen gewissen Pflanzen finden, sind nicht zu beachten, etwa die Beziehungen ihrer Wirkkräfte oder ihrer Standorte.«[2]

Die Systematik stieß sich so mit ihrer Herauslösung aus der Historia Naturalis zugleich von biogeografischen Fragestellungen ab. Der Ausbau der Systematik aufgrund dieser Trennung bildete gleichwohl eine wesentliche positive Voraussetzung der Biogeografie, und zwar in doppelter Hinsicht. Die Systematisierung der Formenkenntnis schuf das diagnostische Instrumentarium, ohne das biogeografische Forschungen undenkbar sind. Zugleich erstellten aber Systematiker im Laufe des 18. Jahrhunderts regionale Bestandsaufnahmen – es sei stellvertretend an die schon erwähnte *Flore françoise* Lamarcks erinnert –, die zwar nicht unter biogeografischen Gesichtspunkten standen, vielmehr das Heraustreten aus den Umfriedungen der botanischen Gärten dokumentierten, faktisch aber wesentliche Beiträge zur Biogeografie darstellten.

Entwicklung im Rahmen der Länderkunde

Im Rahmen der Historia Naturalis erfolgte die Herausbildung der Biogeografie über die Ausdifferenzierung der beschreibenden Erd- und Länderkunde. Es ist also kein Zufall, wenn wir als Pioniere der Biogeografie – für den deutschen Kontext seien Georg Forster (1754 bis 1794) und Alexander von Humboldt (1769–1859) genannt – Wissenschaftler kennenlernen, die uns als bedeutende Geografen bekannt sind, während ein Naturhistoriker wie Eberhard August Wilhelm Zimmermann (1743–1815), der biogeografische Untersuchungen zum Zentrum seiner Forschungstätigkeit machte, im 18. Jahrhundert eine Ausnahme darstellte. Erst im 19. Jahrhundert finden wir Spezialisten für Biogeografie, etwa Philip Luthley Sclater (1829–1913) und Wallace, die nicht mehr als Geografen zu bezeichnen sind.

Die Ausdifferenzierung der Erd- und Länderkunde und auf dieser Grundlage der Biogeografie ist als interner Prozeß im Rahmen der Historia Naturalis nicht adäquat zu erfassen. Diese Ausdifferenzierung ist Resultat der Akkumulation und Vertiefung von Kenntnissen, einer Erweiterung des Gesichtsfelds, einer Bereicherung des Wissens, die praktischen Kontexten entstammten und sich in der Historia Naturalis nur bis zu einem gewissen Grad niederschlugen. Hinsichtlich der Erd- und Länderkunde bildeten der damals entstehende Welthandel und namentlich der Kolonialismus den praktischen Kontext dieser Wissenserweiterung.

In den ersten beiden Jahrhunderten nach den Entdeckungen Cristoforo Colombos (1451–1506) und Vasco da Gamas (1469–1524) überwog das Interesse an topografischen Feststellungen das an eigentlich länderkundlichen und geografischen Beobachtungen, und auch in der Historia Naturalis schlug sich von letzteren Befunden vor allem das nieder, was als besonders kurios und verwunderlich erschien. Systematische geografische Forschung, die auch bewußt und konsequent Fauna und Flora ins Blickfeld einbezog, kam erst mit den wissenschaftlichen Reisen des 18. Jahrhunderts auf.

Diese wissenschaftlichen Reisen waren nun nicht einfach Ausdruck des Aufklärungsgeistes, sosehr sie am Ende des 18. Jahrhunderts ein Charakteristikum des Zeitgeistes wurden, wie die vielen und zum Teil von prominenten Autoren – u. a. von Blumenbach, Cuvier, Lamarck, Linné – verfaßten Anleitungen zum wissenschaftlichen Reisen beweisen. Die berühmtesten wissenschaftlichen Reisen des Jahrhunderts, die ersten beiden des James Cook (1728–1779) und die des Louis Antoine de Bougainville (1729–1811), resultierten aus dem kolonialistischen Wettlauf Frankreichs und Englands um die Entdeckung des »Südkontinents«. (Aufgrund bestimmter Annahmen über die symmetrische Verteilung der Landmassen auf dem Globus vermutete man damals südlich des 40. Grads südlicher Breite einen Kontinent von gewaltigen Ausmaßen und mit den entsprechenden nördlichen Breiten vergleichbaren klimatischen und geografischen Gegebenheiten, dessen Entdeckung und Inbesitznahme als entscheidend für die Vormachtstellung unter den Kolonialmächten angesehen wurde.[3])

Wenn in der zweiten Hälfte des 18. Jahrhunderts solche Entdekkungsreisen nicht einfach nur von mutigen und erfahrenen Kapitänen durchgeführt wurden, wenn vielmehr Regierungen oder Kompanien entweder dafür regelrechte wissenschaftliche Expeditionen ausrüsteten oder wenistens Gelehrte einluden, sich an solchen Reisen zu beteiligen, so gibt das neuartigen kolonialistischen Zielstellungen Ausdruck. Nicht mehr die Edelmetalle und einige Gewürze bildeten den Drehpunkt der kolonialistischen Unternehmungen. Europa stand an der Schwelle des industriellen Zeitalters; manufakturelle Massenproduktion und Verstädterung begannen in seinen fortgeschrittensten Ländern die Situation zu kennzeichnen. Zwar waren die Kolonien noch kaum Absatzmärkte für die Mutterländer; aber sie wurden damals als Lieferanten agrarischer Produkte zu einem nicht unbedeutenden Faktor der sich anbahnenden industriellen Produktionsweise in Europa, erlangten eine neue Bedeutung als Produzenten agrarischer Rohstoffe für Manufaktur und Industrie sowie als Produzenten von Lebensmitteln.

Koloniale Plantagen und Biogeografie

Hatte man sich bis dahin im wesentlichen damit begnügt, aus den Kolonien im Verfahren des Raubbaus herauszuholen, was sich an Brauchbarem fand, und bestenfalls begehrte Pflanzen der jeweiligen Kolonie in eigner Regie plantagenmäßig angebaut, so ging man jetzt einen entscheidenden Schritt weiter. Wie man Pflanzen, z. B. die Kartoffel oder die Tomate, aus den entdeckten Weltteilen nach Europa gebracht und hier angebaut hatte, so betrieb man nun in den Kolonien den plantagenmäßigen Anbau von Pflanzen, die dort ursprünglich nicht heimisch waren. Der menschliche Eingriff in die geografische Verteilung der Flora ist alt; erst jetzt begann er im großen Stil betrieben zu werden.

Hier sei auf die bekannte Meuterei auf der »Bounty« (1789) verwiesen[4], die den Auftrag hatte, Setzlinge des Brotbaums aus der Südsee zur Anpflanzung auf den karibischen Inseln zu transportieren, wo man sich davon eine wohlfeilere Verköstigung der auf den Zuckerrohrplantagen arbeitenden Sklaven versprach, die, wie das Zuckerrohr aus Ostindien, vom afrikanischen Kontinent hierher verpflanzt worden waren. Ebenso kann hier an den Cercle des Philadelphes auf San Domingo erinnert werden, eine sich mit Physik, Heilkunde, Naturgeschichte und landwirtschaftlichen Fragen beschäftigende Gesellschaft, die in den achtziger Jahren ein Geheimkommando nach dem spanischen Mexiko entsandte, um den Nopal, eine Kakteenart, zu rauben, auf dem die Scharlachlaus (Cochenille) gezüchtet wird, und so Frankreich hinsichtlich dieser Farbe von Spanien unabhängig zu machen.[5] Spiegeln diese Berichte gewissermaßen das Romantisch-Abenteuerliche der Sache wider, so Reiseberichte wie der des Abbé Rochon über Madagaskar[6] oder der von Le Gentil über die Philippinen[7] ihren prosaischen Charakter. Bei ihrer Lektüre gewinnt man den Eindruck, daß im späten 18. Jahrhundert die Frage, ob sich irgendwo die Kolonisierung lohne oder ob eine bestehende Kolonie optimal genutzt werde, geradezu analytisch-synthetisch gestellt wurde: Was läßt sich unter den gegebenen klimatischen Verhältnissen und Bodenbedingungen an Kulturen zusammenstellen?[8] Die kolonialistische Agrarpraxis stellte also spezifisch biogeografische

Fragen und trieb Geografen wie Botaniker an, den Zusammenhang von Flora und geografischen Bedingungen genauer zu erforschen.

Angepaßtheit – Göttliche Weisheit – Milieutheorie

Die Biogeografie bildete sich auf diesem Hintergrund als ein besonderer Aspekt geografischer und botanischer Forschungen heraus, verblieb aber insofern im Rahmen der Historia Naturalis, als sie zunächst ganz deskriptiv betrieben wurde. War es angesichts der Mannigfaltigkeit des Gegenstands prinzipiell geboten, erst einmal das Material zu sammeln und zu registrieren, so bestand vorderhand auch kein Anlaß, sich nicht mit der Konstatierung und Beschreibung zufriedenzugeben. Denn wie erstaunlich und fremdartig auch die Tatsachen waren, die man entdeckte, sowenig warfen sie irgendwelche theoretischen Probleme auf. Es war ja etwas Altvertrautes, daß Flora und Fauna mit dem Klima und den Bodenbedingungen wechseln, daß sie ihrer natürlichen Umwelt angepaßt sind. Dieser Tatbestand vertrug sich ausgezeichnet mit der ungebrochen vorherrschenden Ansicht, daß die Arten von Gott geschaffen wurden. Die Angepaßtheit der Arten an ihre natürlichen Existenzbedingungen galt ja von jeher als ein besonders eindrucksvolles Zeugnis für die Zweckmäßigkeit und Vollkommenheit des göttlichen Schöpfungsplans, und gerade das 18. Jahrhundert brachte es zu einem Höhepunkt populärer Physikotheologie, die sich nicht zuletzt bei den in der Tat erstaunlichen Anpassungsphänomenen mit Beispielen versah. – Für den deutschen Kontext sei an Barthold Hinrich Brockes' neunbändiges *Irdisches Vergnügen in Gott* (1721–1748) erinnert.

Auch die spezifisch unterschiedenen Ausformungen der gleichen Art oder Gattung je nach Klima und sonstigen natürlichen Umweltsbedingungen war altvertraut und seit der Antike mit einer nicht weiter ins einzelne gehenden Anpassungsvorstellung plausibel gemacht worden, eine Vorstellung, die als Milieutheorie gerade seit dem 17. Jahrhundert den Status eines recht universellen Erklärungsmodells erhielt. So warfen auch die charakteristischen Unterschiede zwischen den Vertretern bestimmter Gattungen oder Familien in der alten und der neuen Welt, die man konstatierte, keinerlei theoretische Probleme auf. Wenn man registriert, wie noch am Anfang des 19. Jahrhunderts Humboldt bei fast jedem der bereits seit langem den Europäern bekannten Orte des südamerikanischen Kontinents, die er auf seiner Reise berührte, ganz elementare Richtigstellungen an den bis dahin als gesichert geltenden Befunden vornehmen mußte, dann verwundert es nicht weiter, daß beim Stand der geografischen Kenntnisse im 18. Jahrhundert jene milieutheoretische Anpassungsvorstellung problemlos der universelle Schlüssel zur Erklärung aller biogeografischen Erkenntnisse blieb.

Biogeografische Befunde, die in der beschreibenden Biogeografie selbst keinerlei Schwierigkeit darstellten, riefen im 18. Jahrhundert jedoch Irritationen bei Naturforschern hervor, die sich unter anderen Aspekten mit den Lebenserscheinungen befaßten. Diese Irritationen und die Versuche, sie zu überwinden, leiteten ein neues Entwicklungsstadium der Biogeografie ein, das Stadium der Biogeografie als erklärender Wissenschaft. Ausgangspunkt waren die charakteristischen Unterschiede von Flora und Fauna zwischen alter und neuer Welt. Probleme bereiteten diese Unterschiede Buffon, der seit Lyell als der Nestor der Biogeografie gilt. Die Umstände, die Buffon zu diesem Nestor machten, sind für das Verständnis der geschichtlichen Entwicklung der Biogeografie aufschlußreich.

Buffon – Nestor der Biogeografie

Buffon forschte nicht selbst auf biogeografischem Gebiet. Er führte allerdings für die Abfassung seiner *Histoirenaturelle* eine umfangreiche Korrespondenz mit Forschungsreisenden und organisierte für dieses Werk geradezu ein Informanten- und Korrespondentennetz. Aber nicht im Zusammenhang mit der *Histoire naturelle* irritierten ihn die eigenartig unterschiedenen Flora- und Faunaformen der neuen Welt, oder genauer: ihre Erklärung als Anpassungsresultate an das für die neue Welt charakteristische natürliche Milieu. Er verfügte selbstverständlich über keine besseren geografischen Kenntnisse als die Geografen seiner Zeit, um etwa von daher in Frage stellen zu können, ob die klimatischen Verhältnisse und Bodenbedingungen der neuen Welt wirklich so andersartig sind, daß sich jene Flora- und Faunaunterschiede daraus milieutheoretisch erklären lassen. Ihn irritierte die Rückführung dieser Unterschiede auf Milieuanpassung vielmehr im Kontext seiner epigenetischen Theorie der Entstehung und Konstanz der Arten.

Wie bereits am Anfang des zweiten Kapitels kurz dargelegt, begriff Buffon die Arten als Kombinationen organischer Moleküle, die unter bestimmten physikalischen Bedingungen entstehen. Ihre Bildung wie ihr Bestehen ist so einerseits abhängig von der Erdgeschichte, insbesondere vom Abkühlungsgrad der Erde, zum anderen aber davon, daß diese Kombinationen in sich harmonisch sind und mit anderen Arten in demselben Gebiet zusammen existieren können. Entstehen so die Arten im Verlauf der Erdgeschichte zwar gewissermaßen durch Urzeugung, so erhalten sie sich durch Zeugung, wobei die »moules intèrieurs« dafür sorgen, daß die Nachkommenschaft im wesentlichen die gleiche Kombination darstellt wie die Elterngeneration. Aufgrund dieser epigenetischen Zeugungstheorie stand es für Buffon trotz scheinbarer Schwankungen fest, daß Arten konstant sind.

Varietätenbildung kam für ihn nur in engen Grenzen in Betracht und stand unter dem Vorzeichen der »décadence«. Von der *Histoire de l'homme* (1749), in der es um die Zugehörigkeit aller Menschenrassen zu einer Art ging – ein unabhängig von Buffons Absichten brisantes Thema angesichts der damals kursierenden pseudobiologischen Rechtfertigungen der Sklaverei[9] –, in der also Varietäten nur in den Artgrenzen anerkannt wurden, über den Artikel »De la dégénération des animaux« (1766) bis hin zu den *Epoques de la nature* (1778) hielt Buffon prinzipiell an dieser Ansicht fest. Ausgehend von den weitfächrigen Variationsbildungen im domestizierten Zustande (vgl. vor allem den Artikel über Ziege und Schaf – 1755) und allmählich auch weitere Grenzen der Variation für Arten im wilden Zustand anerkennend (vgl. vor allem den Artikel über das Mufflon – 1764) gelangte er dahin, die bisherigen Unterscheidungen zwischen Art und Gattung in Frage zu stellen, das heißt gewisse Arten als Varietäten und gewisse Gattungen als Arten aufzufassen –, dies aber unverändert nach dem Kriterium, daß eine Art – oder seit 1764 zuweilen auch: eine »physische oder wirkliche Gattung«[10] – die Individuen umfaßt, die miteinander fertilen Nachwuchs zeugen können. Für die »décadence« einer Art aber machte Buffon ganz konform mit den damals vorherrschenden milieutheoretischen Ansichten Klima, Nahrung und ähnliches verantwortlich.

Vor dem Hintergrund dieser theoretischen Begründung der Konstanz der Arten und ihrer begrenzten Variationsfähigkeit unter dem Einfluß ihres natürlichen Milieus war es für Buffon unakzeptabel, die Faunaunterschiede – er beschränkte die Erörterung auf die Säugetiere – zwischen alter und neuer Welt auf Anpassungen zurückzuführen. Denn träfe diese Deutung zu, so wäre die Konstanz der Art nicht mehr haltbar und so auch nicht Buffons epigenetische Begründung der Entstehung und Erhaltung der Arten. Buffon war also gehalten, diese Deutung zu destruieren, und er entwickelte dafür in dem Artikel »De la dégénération des animaux« eine scharfsinnige Argumentation.

Zunächst konnte er anführen, daß bestimmte Säugetiere nur jeweils in einer der beiden Welten heimisch sind. So gibt es z. B. Elefanten und Flußpferde nur in der alten Welt, während das Opussum, der Nasen- oder Rüsselbär, das Gürteltier, das Faultier, der Tapir[11] und das Flußschwein, diese der neuen Welt eigentümlichen Säugetiere, »nicht allein der Gattung, sondern auch der Art nach von allen Tieren des alten Festlandes so verschieden (sind), daß man sie mit keinem vergleichen kann.«[12] Dies Argument besagte für sich noch nicht viel, weil bei diesen Arten auf den Schöpfergott ausgewichen werden konnte. Buffon zeigte damit nur eine Grenze der milieutheoretischen Anpassungsargumentation auf: Selbst wenn man sich dazu verstehen würde, Gattungen wie etwa das Lama und das Kamel, die sich in entfernter Weise ähneln, als Varietäten einer »wirklichen Gattung« zu interpretieren, die sich jeweils den natürlichen Bedingungen der einen und der anderen Welt angepaßt haben, so blieben doch Tiere wie das Opossum und die anderen, die beweisen, daß die Flora- und Faunaunterschiede zwischen alter und neuer Welt allein mit Milieu und Anpassung nicht zu erklären sind. (Buffon selbst erklärte übrigens diese Amerika allein angehörenden Gattungen in den *Epoques de la nature* erdgeschichtlich aus einer speziell in Südamerika erfolgten dritten Welle spontaner Artenbildung, bei der aber bereits die Erdtemperatur beträchtlich abgenommen hatte, weswegen diese Tiere nicht die Größe der größten Landsäugetiere der alten Welt erreichen; das Fehlen bestimmter Gattungen der alten Welt aber daraus, daß diese mit den Amerika allein eigenen Gattungen nicht zusammen bestehen können.[13]

Buffon dachte nun gar nicht daran und konnte aufgrund seiner epigenetischen Theorie auch gar nicht daran denken, wirklich die Konzession zu machen, daß die Gattungen der alten und der neuen Welt, die sich, wie Lama und Kamel, entfernt ähneln, als Arten einer gemeinsamen »wirklichen Gattung« gedeutet werden können. Und zur Abwehr dieser Deutung benutzte er u. a. folgendes Argument. Aguti, das sog. Ferkelkaninchen, und Paka ähneln entfernt unseren Hasen und Kaninchen. Aber »Zweifel darüber, daß sie in ihrem Ursprung etwas miteinander gemein haben, erregt es wohl, daß sich der Hase über fast alle Erdstriche des alten Festlandes verbreitet hat, ohne daß sich seine Natur verändert, und er einen anderen Wechsel als in seiner Haarfarbe erlitten hat. Man kann sich also nicht mit Grund vorstellen, der amerikanische Erdstrich habe getan, was alle anderen Erdstriche nicht haben tun können.«[14]

Dieses Argument ist in seiner Bedeutung für die Biogeografie kaum zu überschätzen. Das Entscheidende daran ist nicht der Hinweis, daß sich unser Feldhase vom Schneehasen nur durch die Fellfärbung unterscheidet, obgleich sie unter extrem unterschiedlichen klimatischen Bedingungen leben. Das war nichts Neues. Neu ist daran, daß Buffon die gewöhnliche Deutung, die die Arten auf den Schöpfer und die Varietäten auf geografische und klimatische Bedingungen zurückführte, ganz im Gegensatz zu den beschreibenden Naturkundlern, die sich mit dieser Deutung ohne weitere Gedanken zufriedengaben, als theoretische Erklärung ernst nahm und ihre Konsequenzen vor Augen führte. Dann besagt aber der Fall des Hasen, daß dem Klima in Fällen, wo das das Material erfordert, Wirkungen zugeschrieben werden, die ihm in anderen Fällen nicht zukommen. Das ist natürlich unakzeptabel.

Die Pointe der gesamten Argumentation, um die es Buffon geht, besteht aber darin, daß sie eine implizite Konsequenz der üblichen milieutheoretischen Deutung aufdeckt: Aus dieser Deutung, angewandt zur Erkkärung der biogeografischen Eigentümlichkeiten der neuen Welt, folgt nämlich unabweislich die Ungeheuerlichkeit, daß sich Arten entsprechend den klimatischen Umständen verändern, daß also die Art nicht konstant ist. Es geht Buffon um die Abweisung dieser Ungeheuerlichkeit, nicht um biogeografische Zusammenhänge, wenn er die Wirkung des geografischen Milieus auf die Ausprägung von Flora und Fauna einschränkt und damit die Biogeografie auf die höchst bedeutsamen Phänomene aufmerksam macht, bei denen Verteilungseigentümlichkeiten nicht auf geografische Bedingungen zurückzuführen sind.

Aufschlußreich für die Entwicklung der Biogeografie ist dieser Vorgang zunächst, weil er zeigt, daß die Biogeografen gewissermaßen von außen auf die widersprüchlichen Konsequenzen ihrer Deutung aufmerksam gemacht wurden. Sie hatten gar nicht bemerkt, daß das Erklärungsmodell, das sie weniger anwandten, als daß sie von ihm als einem Vorurteil beherrscht wurden, ihre Befunde nicht konsistent zu deuten gestattete und überdies bei diesen Deutungen zu Schlußfolgerungen führte, die nicht nur Buffon als ungeheuerlich erschienen. Diese Konsequenzen wurden erst von der Warte theoretischer Fragestellungen aus sichtbar, bei denen es explizit um die naturwissenschaftliche Erklärung der Lebenserscheinungen ging, also von theoretischen Problemstellungen her, die deskriptiven Wissenschaftlern fern lagen. Buffons epigenetische Erklärung der Entstehung und Erhaltung der Arten ist nicht biospezifisch; aber selbst diese physikalisch-chemische Erklärung ist bereits dazu geeignet, als Gegenstand einer Theorie des Lebens zu reklamieren, was in der deskriptiven Biogeografie teils dem Schöpfergott und teils den Geografen überlassen war.

Bemerkenswert ist weiterhin folgendes an diesem Vorgang. Die nur relative Abhängigkeit der Flora- und Faunaformen von den geografischen Bedingungen war, wie wir im dritten Kapitel sahen, ein wichtiger Ausgangspunkt für Darwin und Wallace. Die Einsicht, daß neben den geografischen Bedingungen auch milieuunabhängige Unterschiede und Übereinstimmungen von Flora und Fauna für ihre Verbreitung auf der Erde charakteristisch sind, ist geradezu das Zentrum der objektiven evolutionstheoretischen Relevanz der biogeografischen Befunde. Buffon lenkte nun die Aufmerksamkeit der Biogeografen auf diese Phänomene aufgrund einer Theorie, die nicht die Evolution, sondern die gerade die Konstanz der Arten zu begründen versuchte. Dies bestätigt, wie verfehlt es wäre, die Entstehung der objektiv evolutions-theoretisch relevanten Resultate in den biologischen Disziplinen der Ordnungsebene mit evolutionstheoretischen Vermutungen oder Ahnungen in Verbindung zu bringen. Wir werden noch in anderen Fällen sehen, daß oftmals gerade die explizit nicht-evolutinistischen Theorien in diesen Disziplinen die entscheidenden Fortschritte zeitigten.

Buffon brachte übrigens in diesem Zusammenhang, wenn auch wohl mehr rhetorisch, den Gedanken ins Spiel, daß sich die eigentümliche Verteilung der Säugetiere zwischen alter und neuer Welt durch die Annahme einer historischen Veränderung der natürlichen Migrationsgrenzen erklären lasse. Um das Defizitäre der Milieuanpassung als Erklärung für diese Verteilung hervorzuheben, bemerkte er, daß es noch eher vernünftig wäre »zu denken, daß vor Zeiten die beiden Festländer zusammenstießen oder aneinanderhingen und die Arten, die sich in diese Gegenden der neuen Welt eingelagert hatten, weil sie deren Erde und Himmel zuträglicher für ihre Natur gefunden, durch den Einbruch der Meere (. . .) daselbst eingeschlossen und von den übrigen getrennt wurden«.[15] Man sollte solche Sätze freilich nicht für mehr nehmen als sie sind, nämlich als Ideen, die wohl auch zufällig einmal ins Schwarze treffen können, denen aber vorläufig jede Grundlage fehlte. (Übrigens konnte Buffon hierbei auf eine bis ins 16. Jahrhundert zurückverfolgbare Spekulation zurückgreifen, derzufolge die Trennung von alter und neuer Welt durch den Untergang des sagenhaften Landes Atlantis verursacht wurde.[16]) Nicht deswegen also sollte man Buffon als den Nestor der Biogeografie ehren. Sein diesen Titel rechtfertigendes Verdienst ist, die Biogeografie, ausgehend von einem theoretischen

Kontext, der ihr ganz fremd war, mit Fragen konfrontiert zu haben, die ihre bisherige implizite theoretische Grundlage brüchig werden ließen, die Probleme sichtbar machten, die mit ihren Befunden verbunden waren, und die ihr so gewissermaßen die deskriptive Unschuld nahmen. Insofern leitete Buffon das Stadium einer erklärenden Biogeografie ein.

Erklärende Biogeografie

Dies ist nun freilich nicht so zu verstehen, als datiere von Buffon an eine Wende in der theoretischen Ausrichtung der Naturforscher, die biogeografische Tatbestände entdeckten, sammelten und registrierten. Diese Registrierung in der deskriptiven Manier der Historia Naturalis ging ihren alten Gang weiter, wenn auch in beschleunigter Gangart aufgrund der kolonialistischen Aktivitäten in der zweiten Hälfte des 18. Jahrhunderts. Ganz unabhängig davon, ob diese Forscher Buffons Ansichten kannten oder, wenn sie sie kannten, auch teilten, führten ihre erweiterten Kenntnisse dazu, die Zweifel an der Brauchbarkeit der milieutheoretischen Universalerklärung, die Buffon aus theoretischen Erwägungen geäußert hatte, aus dem Material selbst erwachsen zu lassen. Buffons Zweifel bekamen so nach und nach eine empirische Basis. Insbesondere die genauere Erforschung der tatsächlichen klimatischen Verhältnisse und Bodenbedingungen wirkte in diese Richtung, auch wenn dies nur allmählich vorankam, wie wir bereits anläßlich der elementaren Richtigstellungen bemerkten, zu denen Humboldt noch am Beginn des 19. Jahrhunderts genötigt war.

Die Biogeografie war aber hierbei nicht allein und zunächst auch nicht einmal in erster Linie von einer umfassenden und minutiösen Beschreibung der natürlichen Gegebenheiten auf dem Erdball abhängig. Darauf verweist eine Passage in Humboldts Bericht über die mit Aimé Bonpland (1773–1858) in den Jahren 1799 bis 1804 unternommene Reise nach Süd- und Mittelamerika:

> »Die Ursachen der Verteilung der Arten im Pflanzen- wie im Tierreiche gehören zu den Rätseln, welche die Naturphilosophie nicht zu lösen imstande ist. Mit dem Ursprung der Wesen hat diese Wissenschaft nichts zu tun, sondern nur mit den Gesetzen, nach denen diese Wesen über den Erdball verteilt sind. Ferner ist zu bemerken, daß die Versuche, die Verteilung der Arten auf dem Erdballe allein aus dem Einflusse der Klimate zu erklären, einer Zeit angehören, wo die physische Geographie noch in der Wiege lag, wo

man fortwährend an vermeintlichen Gegensätzen beider Welten festhielt und sich vorstellte, ganz Afrika und Amerika gleichen den Wüsten Aegyptens und den Sümpfen Cayennes. Seit man den Sachverhalt nicht nach einem willkürlich angenommenen Typus, sondern nach positiven Kenntnissen beurteilt, weiß man auch, daß die beiden Kontinente in ihrer unermeßlichen Ausdehnung Bodenstücke mit völlig übereinstimmenden Naturverhältnissen aufzuweisen haben. Amerika hat so dürre und glühend heiße Landstriche als das innere Afrika. Die Inseln, welche die indischen Gewürze erzeugen, zeichnen sich keineswegs durch Trockenheit aus, und die Feuchtigkeit des Klimas ist durchaus nicht, wie in neueren Werken behauptet wird, die Ursache, warum auf dem neuen Kontinent die schönen Laurineen- und Myristiceenarten nicht vorkommen, die im indischen Archipel in einem kleinen Erdwinkel nebeneinander wachsen. Seit einigen Jahren wird in mehreren Ländern des neuen Kontinents der echte Zimtbaum mit Erfolg gebaut, und ein Landstrich, auf dem der Coumarouna (die Tongabohne), die Vanillie, der Pucheri, die Ananas, Mirtus pimenta, der Tolubalsam, Myroxylon peruvianum, die Crotonarten, die Citrosmen, der Pejoa (Gaultheria odorata), der Incienso der Silla von Caracas, die Pankratiumarten und so viele herrliche Lilienarten wachsen, kann nicht für einen gelten, dem es an Aromen fehlt. Die heftigsten Gifte werden im feuchtesten Landstriche Amerikas erzeugt, und gerade unter dem Einfluß der anhaltend tropischen Regen gedeiht der amerikanische Pfeffer (Capsitum baccatum) am besten, dessen Frucht häufig so scharf und beißend ist als der ostindische Pfeffer.«[17]

»Die Versuche, die Verteilung der Arten auf dem Erdballe allein aus dem Einflusse der Klimate zu erklären«, gehören vergangenen Zeiten an, seitdem man diese Fragen »nach positiven Kenntnissen beurteilt«. Diese positiven Kenntnisse aber sind nicht allein geografischer Natur: »Seit einigen Jahren wird in mehreren Ländern des neuen Kontinents der echte Zimtbaum mit Erfolg gebaut«. Ganz entscheidend sind also Erkenntnisse, die aus der kolonialistischen Anbaupraxis stammen. Und diese Erkenntnisse haben einen anderen theoretischen Status als geografische Tatsachen. Sie repräsentieren gewissermaßen die experimentelle Überprüfung des alten Erklärungsmodells, dem damit in prinzipieller Weise der Boden entzogen wird.

Die landwirtschaftliche Praxis der Kolonialmächte war also nicht allein eine förderliche äußerliche Bedingung, die botanische und biogeografische Forschungen in neuer Größenordnung ermöglichte. Sie eröffnete den biologischen Disziplinen der Ordnungsebene zugleich die Möglichkeit, über die reine Beschreibung und Registrierung hinauszukommen. Sie bildete die erste Grundlage für die Entwicklung dieser Disziplinen als erklärender Wissenschaften. Gab Buffon den Anstoß zu dieser Entwicklung, so stellte die Landwirtschaft ihr Fundament.

Eine vorläufige experimentelle Grundlage

Wenn später Darwin die Tatsachen und Regelhaftigkeiten, die die Ordnungsdisziplinen über Flora und Fauna zusammengetragen hatten, von den Erfahrungen der Züchter her interpretierte und in ihrer Gesetzmäßigkeit erklärte, so liegt es nahe, darin eine Parallele zu Isaac Newtons (1643–1727) Vereinigung von irdischer und himmlicher Mechanik zu sehen. In der Tat war der Effekt jeweils der gleiche: In beiden Fällen gestattete die Verbindung der Bereiche, denjenigen, in dem nur Beobachtungen möglich waren, in die im anderen Bereich mögliche experimentell vermittelte erklärende Theorie einzubeziehen. Dennoch gilt es zu sehen, daß die Ausgangslage in beiden Fällen grundverschieden war. Im Falle der Mechanik war die von Johannes Kepler (1571–1630) bis Robert Hooke (1635–1703) immer deutlicher herausgearbeitete Idee, daß am Himmel die gleichen mechanischen Gesetze gelten wie auf Erden, die erst einmal zu vollbringende Leistung, die Newton mit der allgemeinen Gravitation realisierte und krönte. Bei der Biologie war es dagegen eine selbstverständliche, nämlich im praktischen Kontext der Wissenschaften von den Lebenserscheinungen begründete Voraussetzung, den Zustand der Wildheit mit dem der Domestikation im Zusammenhang zu sehen und aus den praktischen (experimentellen) Erfahrungen der Pflanzen- und Tierzucht unter Beachtung der Unterschiede Schlußfolgerungen auf die Vorgänge in der freien Natur zu ziehen.

Es war also nicht etwas prinzipiell Ungewöhnliches, wenn Darwin die Zuchtpraxis weder nur »als Beispielsreservoire für das Ausmaß möglicher organischer Veränderungen, noch als Vorgang« sah, »von dem per analogiam induktiv auf den Naturprozeß der Evolution zu schließen wäre«, sondern »als ein Experimentierfeld: als eine Anordnung, ein Verfahren, daß es implizit möglich machen sollte, die Evolutionstheorie auf experimentellem Wege zu begründen«.[18] Ganz ähnlich hatte z. B. Maupertuis hundert Jahre vorher Befunde der Zuchtpraxis zur Erklärung der Artdifferenzierung herangezogen[19], einer Erklärung, die freilich im Rahmen einer kombinatorischen

Generaltheorie erfolgte (vgl. oben S. 26).

Diese Feststellung schmälert Darwins Leistung in keiner Weise. Zum einen war es seit der unter dem Titel »décadence« geführten Zivilisationskritik des 18. Jahrhunderts gerade auch unter Biologen nicht unumstritten, sich in die Kontinuität jener selbstverständlichen Voraussetzung einzustellen; in der Stellung zu dieser Frage ist z. B. auch die entscheidende Differenz zwischen Darwin und Wallace zu sehen, da letzterer davon ausging, daß »domesticirte Thiere (. . .) abnorm, unregelmäßig, künstlich« und »Abweichungen unterworfen (sind), welche nie im natürlichen Zustand vorkommen können«.[20] Zum anderen aber zeichnete es Darwin nicht allein aus, ausgehend von Prinzipien des Aktualismus (das 6. Kapitel wird darauf zurückkommen) keine prinzipielle Kluft zwischen den Prozessen der Natur und denen in der Zuchtpraxis anzuerkennen[21], sondern genauso und eben vor allem, daß er wie niemand vor ihm die Zuchtpraxis systematisch als ein Feld genutzt hat, in dem experimentell Einsichten in den Evolutionsvorgang gewonnen werden können.

Nur so wird verständlich, wieso zu einer Zeit, da die biologischen Wissenschaften lediglich in der Physiologie über eine etablierte experimentelle Forschungsweise verfügten, wieso in einer Zeit, zu der nicht einmal die Vererbungsexperimente Mendels vorlagen, geschweige denn, daß an populationsgenetische Experimente auch nur gedacht werden konnte, der die Gesetzmäßigkeit der Ordnungsebene erklärende Deszendenzvorgang in roher und prinzipieller Weise richtig entschlüsselt werden konnte. Die landwirtschaftliche Praxis, die die Grundlage dieses entscheidenden Durchbruchs zur erklärenden Biologie bildete, war freilich nur eine beschränkte Grundlage der biologischen Theorie. Die weiteren Fortschritte der Biologie hingen davon ab, daß sie sich von dieser Grundlage unabhängiger machte und sich ein eigenes experimentelles Fundament schuf. Heute erleben wir, wie die auf eigener experimenteller Grundlage fortentwickelte Biologie eine Stufe erreicht, auf der sie als theoretische Bedingung einer biologischen Technologie in der materiellen Produktion eine bedeutende, von vielen freilich nicht ohne Befürchtungen registrierte Rolle zu spielen verspricht. – Aber kehren wir zum Anfang des 19. Jahrhunderts zurück.

Auf der Grundlage ausgedehnter wissenschaftlicher Reisetätigkeit und der Erfahrungen aus der kolonialistischen Landwirtschaft konnte im 19. Jahrhundert die Verbreitung der Arten auf der Erde nach, wie sich Humboldt ausdrückte, »positiven Kenntnissen beurteilt« werden. Humboldts *Voyage* (1805 ff.) stellte selbst einen Etappenstein der auf positiven Kenntnissen beruhenden Biogeografie dar. In ihr registrierte Humboldt auch Tatsachen, deren Beobachtung eine Generation später von größter Bedeutung war. Von den Kanarischen Inseln berichtete er über die Kanarienvögel folgendes:

»Diese in Europa so wohlbekannten Vögel waren ziemlich gleichförmig grün, einige auf dem Rücken gelblich; ihr Schlag glich dem der zahmen Kanarienvögel, man bemerkte indessen, daß die, welche auf der Insel Gran Canaria und auf dem kleinen Eiland Monte Clara bei Lanzarote gefangen werden, einen stärkeren und zugleich harmonischeren Schlag haben. In allen Himmelsstrichen hat jeder Schwarm derselben Vogelart seine eigene Sprache.«[22]

Diese Beobachtung ist mit der, die Darwin an den Finken der Galapagos-Inseln machte, so sehr strukturidentisch, daß man sagen kann, auch Humboldt hatte seine Galapagos-Erfahrung. Aber das hatte in seinem Fall weiter keine Folgen. Er berichtete diese Beobachtung beiläufig und wandte sich anderen Gegenständen zu.

Dieser Fall ist geeignet, die Situation der Biogeografie am Anfang des 19. Jahrhunderts zu kennzeichnen. Die positiven Kenntnisse setzten nun zwar die Naturforscher instand, die alten milieutheoretischen Pauschalerklärungen zu überprüfen und die Fehler ihrer Schlußfolgerungen aufzudecken. Aber sie konnten selbst über die ins einzelne gehende Registrierung der Gegebenheiten in den verschiedenen Weltgegenden hinaus nichts anderes betreiben als eine Korrelation geografischer Bedingungen und organischer Formen. Zeigte sich ihnen dabei, daß diese Korrelation nicht so einfachen Gesetzmäßigkeiten unterlag, wie man früher geglaubt hatte, so war das ein wichtiger Fortschritt. Aber er verblieb in den Grenzen der vermittlungslosen Zuordnung organischer Formen zu geografischen Gegebenheiten. Bevor nicht deutlicher wurde, nach welchen Gesetzmäßigkeiten sich die Arten selbst über die Erde ausbreiten und verteilen, war über die Einzelkritik an milieutheoretischen Schlußfolgerungen hinaus nicht auch die Überwindung der für die Milieutheorie charakteristischen Grundlage einer vermittlungslosen, also abstrakten Korrelation zu erreichen. Erst von genaueren Kenntnissen darüber, wie sich die Lebewesen gegenüber ihrer Umwelt verhalten, was an ihr für sie entscheidend ist, wie sie auf Umweltsveränderungen ihrer eigenen Natur nach reagieren, waren weitere Fortschritte zu erwarten. Das heißt aber, die Biogeografie war in ihrer weiteren Entwicklung von den Fortschritten anderer biologischer Disziplinen abhängig.

Wichtige Fortschritte anderer biologischer Disziplinen

Am Anfang des 19. Jahrhunderts wurden einige wesentliche Fortschritte in der Erforschung des Zusammenhangs zwischen Organismen und ihrer Umwelt gemacht, Fortschritte, auf die an dieser Stelle nur kurz verwiesen sei, um der Darstellung der anderen biologischen Disziplinen nicht vorzugreifen.

Ein solcher bedeutender Fortschritt war die mit Lavoisier beginnende genaue chemische Erforschung der Stoffwechselprozesse. Wenn davor im Rahmen der milieutheoretischen Deutung der geografischen Verteilung der Arten ganz abstrakt neben dem Klima auch die Nahrung aufgeführt wurde, so war damit das gemeint, was man in der damaligen Landwirtschaft unter geeignetem Futter, guten oder schlechten Böden etc. verstand. Die im Zuge der industriellen Revolution in der ersten Hälfte des 19. Jahrhunderts aufblühende, vor allem mit dem Namen Justus Liebigs (1803–1873) verbundene Agrikulturchemie brachte hier nicht nur für die Landwirtschaft eine entscheidende Wende. Auch die Biogeografie konnte auf dieser Grundlage erstmals ein genaueres Bild gewinnen, was an den Bodenverhältnissen eigentlich ausschlaggebend für das Gedeihen der Pflanzen ist. Die Pflanzen unterscheiden sich von den Tieren dadurch, daß sie aus unorganischen Substanzen organische Verbindungen zu synthetisieren vermögen. Damit stellen sie aber den Sockel oder Ausgangspunkt der Nahrungsketten in der organischen Natur dar. Sie sind das wirkliche Vermittlungsglied, über das sich die Bodenbeschaffenheiten der verschiedenen Erdgegenden auf das ganze organische Reich auswirken.

Andere wichtige Fortschritte kamen von Seiten der Morphologie. Zunächst ist dabei hervorzuheben, daß die Morphologie Gesetzmäßigkeiten herausfand, in welchen Formen ein Organismus überhaupt abgewandelt werden kann, welche Rangfolge zwischen den Organen hinsichtlich ihrer Variabilität herrscht, welche Korrelationen zwischen den Organen bestehen, und entsprechend, welche Folgen die Abwandlung eines Organes bei den anderen nach sich zieht. Damit war einerseits der abstrakten Vorstellung der Weg versperrt, als sei die Anpassung von Organismen an Umweltsbedingungen beliebig möglich. Es waren die den Organismen spezifisch eigenen Gesetzmäßigkeiten ihrer Formabwandlung in den Blick gekommen. Auf dieser Grundlage veränderte sich zum anderen die Systematik, konnten die – im metaphorischen Sinne – Verwandtschaften zwischen Arten, Gattungen und Familien auf einer neuen wissenschaftlichen Grundlage erforscht werden. Dies hatte natürlich allergrößte Bedeutung für die Biogeografie. Solange diese Verwandtschaften noch nicht sicher konstatiert waren, mußten ja aus den Verteilungseigentümlichkeiten unvermeidlich irrige Schlüsse auf Anpassungsabwandlungen unter den verschiedenen Umweltsbedingungen gezogen werden.

Wie die Morphologie die Aufmerksamkeit auf die *inneren*, in der wechselseitigen Entsprechung der Organe realisierten Existenzbedingungen des Organismus lenkte, so zugleich auf ihr Verhalten zu den *äußeren* Existenzbedingungen als das Verhalten eines Systems. Damit schärfte sie den Blick für den Unterschied zwischen solchen Veränderungen der Organismen, die sie gewissermaßen mechanisch, durch direkte Bewirkung ihrer Umwelt erleiden, und solchen, die Resultat ihrer eigenen Reaktion auf ihre Umwelt sind. In letzteren aber ist das Verhältnis zwischen den Organismen und ihrem Milieu als Wechselwirkungsprozeß[23] gefaßt und die Anpassung als Resultat dieses Prozesses. In Lamarcks zweitem Prinzip, dem der Anpassung, lernten wir bereits eine auf diesen morphologischen Fortschritten beruhende Modellvorstellung kennen. In dem Maße, wie dieser Wechselwirkungsprozeß nicht bloß – wie etwa bei Geoffroy Saint-Hilaire[24] – als ein wechselseitiger Prozeß zwischen einem Organismus und seiner anorganischen Umwelt angesehen wurde, sondern – wie von Cuvier – als ein Prozeß, der die Verhältnisse des Organismus »zu den umgebenden Wesen«[25] als eine Gesamtheit von Wechselwirkungen umfaßt, war der Forschung in prinzipieller Form die Richtung auf das Studium der ökologischen[26] Zusammenhänge gewiesen.

Andere biologische Disziplinen zeitigten also am Beginn des 19. Jahrhunderts Erkenntnisse, die es der Biogeografie ermöglichten, die Anpassung der organischen Formen an ihre Umwelt nicht nur zu konstatieren, sondern bis zu einem gewissen Grade auch in ihrer biologischen Gesetzmäßigkeit zu verstehen. Legte nun namentlich die Morphologie es nahe, in bestimmten Grenzen die Arten und Gattungen als wirkliche Abwandlungreihen eines morphologischen Typus' zu interpretieren, und waren mit dieser Interpretation die biogeografischen Verteilungstatsachen in zusammenhängenden Gebieten mit wechselnden geografischen Bedingungen gut zu deuten, so gab es in der ersten Hälfte des 19. Jahrhunderts auch Biogeografen, die nicht mehr wie zu Buffons Zeiten vor den entsprechenden Schlußfolgerungen zurückschraken, sondern durchaus biospezifische Erklärungen einer Abwandlung der Arten vermittels Anpassung und Migration hypothetisch zur Sprache brachten. So können wir z. B. in einer aus dem Jahre 1825 stammenden Schrift Leopold von Buchs (1774–1852) folgende Erwägung finden:

> »Die Individuen der Gattungen auf Kontinenten breiten sich aus, entfernen sich weit, bilden durch Verschiedenheit der Standörter, der Nahrung und des Bodens Varietäten, welche, in ihrer Entfernung nie von anderen Varietäten gekreuzt und daher (nicht) zum Haupttypus zurückgebracht, endlich konstant und zur eigenen Art werden. Dann erreichen sie vielleicht auf anderen Wegen aufs neue die ebenfalls veränderte vorige Varietät, beide nun als sehr verschiedene und sich nicht wieder miteinander vermischende Arten.«[27]

Angepaßtheit und Anpassung

Aber dies waren vereinzelte Stimmen; und das nicht etwa deswegen, weil die Zeit für solche Gedanken noch nicht reif gewesen wäre. Vielmehr räumten solche Hypothesen nicht wirklich die Schwierigkeiten aus, die die Naturforscher dieser Zeit an dieser Stelle sahen. Aufgrund der Eigentümlichkeit ihres Gebiets, des Verhältnisses von Flora- und Faunaformen zu den geografischen Bedingungen ihrer Verbreitungsräume, stand für die Biogeografie der Anpassungsvorgang im Zentrum der Deutungsversuche ihres Materials. Und genau in den Erklärungsleistungen, die mit dem Anpassungsvorgang gegeben waren, lagen die Schwierigkeiten.

Wenn Lyell gegen Lamarck einwandte, daß die Abwandlung von Organen gemäß dem Anpassungsprinzip Lamarcks die abzuwandelnden Organe stets voraussetzt, mit diesem Prinzip also nur die Modifikation vorhandener, nicht jedoch die Entstehung neuer Organe erklärbar sei[28], so argumentiert er zwar derart an Lamarck vorbei, daß man sich fragen muß, wie gründlich seine Lektüre der *Philosophie zoologique* im Jahre 1827 eigentlich war. Aber sein Argument zeigt doch zutreffend die beschränkten Möglichkeiten von Theorien auf, die Flora- und Faunaformen vom Anpassungsvorgang her erklären wollen. Mit ihm lassen sich Varietäten erklären, nicht aber die Herkunft der Stammformen, die unter den verschiedenen Umweltsbedingungen variieren. Die Biogeografie steht aber gerade vor dem Problem, nicht nur für die ihrem natürlichen Milieu angepaßten Varietäten eine Erklärung zu benötigen, sondern ebenso dafür, daß Arten, Gattungen und Familien spezifischen Umweltbedingungen spezifisch angepaßt sind.

Vor diesem Problemhintergrund wird die so abstrus scheinende Theorie etwas plausibler, mit der Lyell seinerseits die Entstehung der Arten und ihre Verteilung sowohl im Raum wie in der Zeit zu erklären versuchte.[29] Sie entstehen nach dieser Theorie durch spontane Generation, und zwar zu gewissen Zeitpunkten, also wiederholt im Laufe der Erdgeschichte, und an gewissen Orten, den »foci of creation«. Diese foci sind nicht nur für ihre Entstehung und Existenz günstig, sondern sorgen auch aufgrund ihrer bestimmten geologischen Beschaffenheiten dafür, daß solche Arten entstehen, für die dies die günstigen Bedingungen sind. Damit hatte Lyell tatsächlich das Problem gelöst, wieso die Arten den geografischen Bedingungen angepaßt sind; für weitere Modifikationen sorgt dann die Anpassung. Die Verteilung dieser angepaßten Arten über den Erdball erklärte er mit der Migration und die Ausprägung eigentümlicher biogeografischer Provinzen mit Migrationshindernissen. Darüber hinaus erklärte er auf diese Weise auch gleich noch die Unterschiede zwischen ausgestorbenen und rezenten Arten.

Einen entsprechenden Versuch, die Anpassungsphänomene zu erklären, unternahm fast zur gleichen Zeit wie Lyell der Morphologe Geoffroy Saint-Hilaire.[30] Er unterschied zu diesem Zweck zwischen den Entwicklungsmöglichkeiten eines morphologischen Typus und seiner tatsächlichen Entwicklung. In seinem Keim ist gewissermaßen ein Horizont von Ausgestaltungsmöglichkeiten angelegt. Die konkreten Umweltbedingungen, unter denen sich seine Entwicklung vollzieht, bestimmen nun durch direkte physische Einwirkung, welche der Möglichkeiten tatsächlich realisiert wird. Realisiert werden aber auf diese Weise die mit den Umweltbedingungen kompatiblen Möglichkeiten, und so entstehen die angepaßten Stammformen.

Auch mit diesen Theorien lassen sich – alle anderen Bedenken, die nicht nur von heute aus gegen sie vorgebracht werden können, beiseite gelassen – die biogeografischen Befunde keineswegs durchgängig befriedigend deuten. Interesse verdienen sie im Rahmen der Geschichte der Biogeografie, weil sie, ungeachtet ihrer Verschiedenheit, gleichermaßen bezeugen, daß den Naturforschern in der ersten Hälfte des 19. Jahrhunderts die Unmöglichkeit vollkommen bewußt war, das biogeografische Zentralphänomen der Angepaßtheit mit dem Anpassungsvorgang befriedigend erklären zu wollen. Die an Spekulationen á la Buffon erinnernde Theorie der »foci of creation« dokumentiert so gerade durch ihre Abwegigkeit, in welcher Krise sich die Biogeografie vor der Deszendenztheorie befand, wenn sie sich nicht mit reiner Beschreibung begnügte. Auf der Grundlage solcher Theorien ist es übrigens nur selbstverständlich, daß Männer wie Lyell aus der natürlichen Selektionswirkung der wechselseitigen Konkurrenz der Arten, die in seiner Erklärung ihrer geografischen Verteilung eine gewichtige Rolle spielt[31], nicht die Schlüsse ziehen konnten, die wenig später Wallace und Darwin daraus zogen.

2. Paläontologie

Wie bei der Biogeografie, so ist auch für die Paläontologie zunächst zu konstatieren, daß sie vor dem 19. Jahrhundert nicht als eine eigenständige wissenschaftliche Disziplin auszumachen ist, obgleich fossile Reste von Organismen seit der Antike bekannt waren und immer wieder die Aufmerksamkeit von Bergleuten, Naturforschern, Philosophen oder auch Kuriositätenliebhabern auf sich gezogen hatten. Und genauso wie im Falle der Biogeografie wurden auch die Befunde der Paläontologie in der beschreibenden Historia Naturalis mitbehandelt und registriert. Die ältesten bildlichen Darstellungen von Fossilien finden sich in Naturgeschichten des 16. Jahrhunderts.

Naturspiele

Zur Zeit der Renaissance hatten einige Gelehrte, so z. B. Leonardo da Vinci (1452–1519)[33], die Fossilien als Dokumente ehemaliger Lebewesen gedeutet und so auch in dieser Hinsicht einen fallengelassenen Faden der Antike wieder aufgegriffen (von Xenophanes aus Kolophon, ca. 580–490 v. u. Z., wird berichtet, die Fossilien als erster richtig gedeutet zu haben[34]). Gleichwohl ordnete die neuzeitliche Historia Naturalis die Fossilien zwischen Mineralien und Pflanzen ein, zählte sie zu den Steinen. Sie folgte darin einer in der Spätantike aufgekommenen und im Mittelalter unangefochten herrschenden Tradition, die die Fossilien als »Naturspiele« interpretierte, das heißt als Resultate einer in der Erde wirksamen »vis plastica« (Avicenna, ca. 980–1037) oder »virtus formativa« (Albertus Magnus, 1193–1280), Resultate, die es nicht bis zu wirklichen Lebewesen gebracht haben

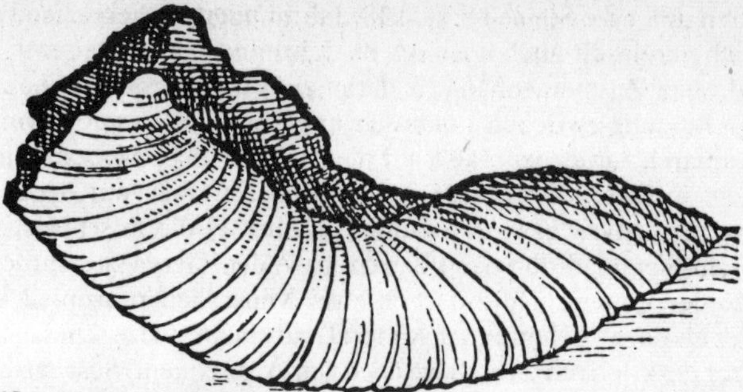

Ein ſtuck von einem weißlichten Stein/ in eines Geißhorns geſtallt/ ſo man bey dem Eichelberg gefunden/darvon im erſten Buch meldung geſchehen.

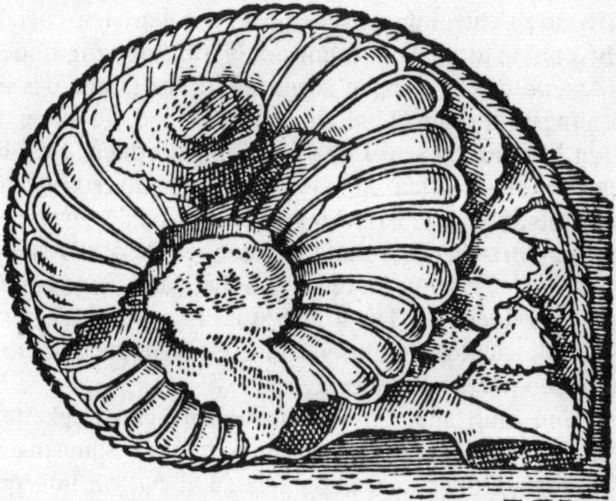

Ein Scherhorn/ſo zimlich groß/ vnd an etlichen orthen geharniſcht iſt.

Abb. 4. Ammoniten. Fossilien-Abbildung des 16. Jahrhunderts.[32]

und so gewissermaßen als steckengebliebene Urzeugungen anzusehen sind. Auch wenn zumindest vom 17. Jahrhundert an nicht mehr viele Naturforscher dieser Theorie anhingen, blieb die Einordnung der

Fossilien unter die Steine bis zum 18. Jahrhundert vorherrschend und läßt sich vereinzelt auch noch im 19. Jahrhundert nachweisen.[35]

In diesem Zusammenhang ist daran zu erinnern, daß die heutige Unterscheidung zwischen organisch und anorganisch auf Lavoisier und Lamarck zurückgeht, also auf die Zeit um 1800; davor existierte sie nicht in dieser Form. Für die Historia Naturalis war, trotz der »anima vegitativa« bzw. der »anima sensitiva«, die in scholastisch-aristotelischer Tradition den Pflanzen bzw. den Tieren zugesprochen wurde, der Unterschied zwischen zwei Mineralien prinzipiell kein anderer als der zwischen einem Mineral und einer Pflanze. Und dies ist auf ihrer deskriptiven Grundlage auch ganz konsequent. Sosehr sie bei der Beschreibung der Naturdinge auch deren Bewandtnisse notierte, insbesondere, wozu sie die Menschen gebrauchen, sosehr ist die Beschreibung der sinnlich konstatierbaren Beschaffenheit der Dinge, ihrer Gestalt, Farbe, Härte etc., ihr eigentliches Metier. Soweit sie nicht irgendwelche pragmatischen oder auf den Menschen bezogenen Gesichtspunkte ihrer Anordnung der Naturdinge zugrunde legte, war entsprechend die äußerliche Ähnlichkeit der Dinge das ihr gemäße Anordnungskriterium. Und danach sind die Fossilien tatsächlich zwischen Mineralien und Lebewesen einzuordnen: Sie ähneln zwar oft, nicht immer, Pflanzen oder Tieren in ihrer Gestalt, aber sie bestehen aus Stein oder Erz. Als schließlich von der zweiten Hälfte des 17. Jahrhunderts an die Vorstellung der »Kette der Wesen« (chain of being, chaîn des êtres), die Idee, daß die Naturdinge ein lückenloses Kontinuum bilden, die Historia Naturalis beherrschte, erfüllten die Fossilien die wichtige Funktion, die Kettenglieder zwischen Mineralien und Lebewesen zu liefern.

Weiterhin muß aber an die sachlichen Schwierigkeiten erinnert werden, die überwunden sein müssen, um die Fossilien in überzeugender Weise als Dokumente ehemaliger Lebewesen interpretieren zu können. Denn der Fall liegt ja nur selten so einfach wie bei den Muschelschalen, die im Gebirge gefunden werden. Dies zeigt schon die Sprache. Weil er die Belemniten als Zeugnisse zugrunde gegangener Lebewesen ansah, zählte sie Balthasar Ehrhart (1700–1756) in seiner *De Belemnitis suevicis dissertatio* (1724) »unter jene Fossilien (. . .), die ihrer Natur nach eigentlich keine Fossilien sind (. . .)«.[36] Was sind eigentlich Fossilien?

Grubengut

Das Wort »Fossil« leitet sich von den lateinischen Wörtern fossa (der Graben, die Grube), fossio (das Graben) und fossor (der Gräber) her, die ihrerseits auf das Zeitwort fodere (graben) zurückgehen. Fossilien sind also zunächst dasjenige, was ausgegraben wird. Im Abendland bezeichnete es im engeren Sinne das, was die Bergwerke ans Tageslicht fördern. Noch im 19. Jahrhundert hatte das Wort die Bedeutung von »Berg- oder Grubengut«.[37] So ist es auch nicht verwunderlich, daß noch am Beginn des 19. Jahrhunderts in Naturgeschichten die Wörter »Mineral« und »Fossil« synonym gebraucht wurden.[38] Das muß aber keineswegs bedeuten, daß diese Wissenschaftler die Fossilien im heutigen Sinne noch immer unter die Mineralien rechneten; für diese hatten sie vielmehr andere Bezeichnungen, meistens das Wort »Petrefakt«.[39]

Die erste Schwierigkeit der Deutung bestand also darin, dic Steine, die Pflanzen oder Tieren ähnlich sahen, als Versteinerungen organischer Reste anzusehen. Im Bergbau, der die Fossilien zutage förderte, waren einige Hinweise auf diesen Prozeß der Versteinerung zu gewinnen. So können wir bei Georg Agricola (1494–1555), damals die erste Autorität in Bergbaufragen, lesen:

> »Dann nämlich faulen sie (sc. die umgestürzten Bäume – W. L.) und werden zu Erde, oder an manchen Stellen werden sie verschüttet und versteinern. Dafür ist der sicherste Beweis die Tatsache, daß man Bäume tiefer unter der Erde versteckt findet, bald faulend, was man sehr oft sehen kann, bald so in Fels verwandelt, daß man sofort bei jedem einzelnen Baum Stamm und Äste sehen und die Rinde von dem Holz unschwer unterscheiden kann.«[40]

Und in einer anderen Schrift:

> »(. . .) das versteinernde Gemenge, ebenso das, das sich außerhalb der Erde mit Wasser vermischt findet, wie das in der Erde verborgene, verwandelt alle Dinge mit Poren, die es aufnehmen können, in Stein. Um zuerst von den Gewächsen und ihren Teilen zu sprechen: Wurzeln, Stämme, Äste, Rinden, Blätter, Blüten und Früchte werden in Stein verwandelt in den Quellen und Flüssen (. . .). Dieselben Quellen und Flüsse versteinern auch Handschuhe, Knochen und andere Sachen, die man hineinwirft, so daß die frühere Gestalt bleibt.«[41]

Trotz dieser Kenntnisse war Agricola keineswegs der Auffassung, daß die Tieren oder Pflanzen ähnelnden Fossilien versteinerte Organismen seien:

»In Saalfeld in Thüringen ist aus einem 22 Klafter (ca. 38 m) tiefen Schacht ein Stein ausgegraben worden, der das Aussehen einer festen Brust hatte, 1½ Fuß lang, 3 Spannen breit. (. . .) das Rückgrat enthielt nichts, was Mark darstellen könnte. Außen haftete dem Stein schwarze oder gelblich-graue Farbe an, inwendig war er dem arabischen Steine (ein weißer Marmor – W. L.) ähnlich. Doch diesen Stein hatte die Natur als Einzelstück gebildet. Ich kehre zu den Steinen zurück, die die Natur ebenfalls in vielen Stücken an einer Stelle oder an mehreren erzeugt. Es sind das die, die in lehmiger, klebriger Erde entstehen, wie sie in Gängen, Klüften und Felsspalten vorkommt, (und die) den Schalen von Wassertieren ähnlich (sind). Doch je dichter die Erde als das Wasser ist, desto unvollkommenere Formen erzeugt sie und (Formen), die ohne Leben sind.«[42]

Es wäre auch ein voreiliger Schluß gewesen, hätte Agricola aus seinen Beobachtungen den Schluß gezogen, daß Organismen ähnelnde Fossilien versteinerte Organismen seien. Denn zwischen Ästen und Knochen, an die sich mineralische Substanzen angelagert haben, und Fossilien, die vollständig aus mineralischem Material bestehen, ist zu unterscheiden. Letztere sind nicht ohne eine Theorie des Versteinerungsvorgangs überzeugend als Zeugnisse früherer Lebewesen zu interpretieren. Eine plausible Erklärung des Versteinerungsprozesses gab erst mehr als hundert Jahre später Niels Stensen (1638–1686) in dem 1669 in Florenz erschienenen *De solido intra solidum naturaliter contento dissertationis prodromus*. Die entscheidende Stelle lautet:

»Wo die durchdringende Kraft von Säften die Substanz einer Schale auflöste, da wurden diese Säfte entweder von der Erde aufgesogen und hinterließen leere Hohlräume von Schalen – ich bezeichne solche Schalen als Luftschalen –, oder sie wurden durch neu hinzuströmende Materie verändert und erfüllten je nach der Verschiedenheit dieser Materie die Hohlräume der Schalen entweder mit Kristallen, mit Marmor oder mit Stein.«[43]

Ganz entsprechend erklärte um 1700 Gottfried Wilhelm Leibniz (1646–1716) in seiner *Protogaea* die sogenannten Kupferfische (aus Mansfelder Kupferschiefer bestehende Fossilien), die er in den von ihm beaufsichtigten Harzbergwerken zu Gesicht bekam:

»Wie aber, wenn wir sagen, daß ein großer See mit seinen Fischen durch ein Erdbeben, durch Wassergewalt oder durch eine andere mächtige Ursache mit Erde verschüttet wurde, die dann zu Stein erhärtet die Reste der eingepreßten Fische bewahrte, die wie erhabene Bilder der zuerst weichen Masse eingeprägt und schließlich, als die tierischen Überreste längst zerstört waren, mit metallischem Stoff ausgefüllt wurden?«[44]

Hier zeigt sich zugleich, daß es nicht ausreichte, den Versteinerungsprozeß zu erklären; es mußte auch dargelegt werden, wie die Organismenreste in die Gesteinsschichten hineinkommen konnten. Auch dafür gab Stensen im *Prodromus* die prinzipielle Erklärung:

»In jenen Erd- und Felsarten, die Kristalle, (. . .) Pflanzen und ihre Teile, Knochen und Schalen von Tieren sowie andere derartige, mit einer glatten Oberfläche versehene Körper allseitig umgeben und enthalten, sind jene Körper schon zu einer Zeit hart gewesen, in der die Materie der sie enthaltenden Erd- und Felsarten noch flüssig war; weit entfernt, daß jene Erd- und Felsarten die in ihnen befindlichen Körper erzeugten, waren sie vielmehr noch gar nicht vorhanden, als jene Körper dort schon entstanden waren.«[45]

Konsequenzen für die Geologie

Für die Deutung der Fossilien als Versteinerungen einst lebender Organismen war mit diesen Erklärungen die elementare Voraussetzung erbracht. Die Erdbeschreibung aber stürzte mit diesen Erklärungen in einen Strudel von Problemen, aus dem sie sich nur als erklärende Geschichtstheorie wieder herausarbeiten konnte. Stimmten nämlich diese Erklärungen, waren also z. B. die Meerestieren ähnelnden Fossilien, die tief in der Erde oder hoch im Gebirge gefunden worden waren, Versteinerungen wirklicher Meerestiere der Vergangenheit, dann hatte die Erde eine Geschichte, dann mußte sich ihre Oberfläche tiefgreifend umgewandelt haben.

In der Antike hatte der griechische Geograf Strabon (64 v. u. Z. – 19 u. Z.) aus der entsprechenden Deutung der Fossilien den Schluß gezogen, daß das heutige Land einst vom Meer überflutet gewesen sei, und sogar die Vorstellung einer Hebung und Senkung des Landes ins Auge gefaßt.[46] Aber Strabon kannte nicht das Problem, seine Überlegungen im Rahmen der fünf Bücher Moses anstellen zu müssen, vor dem seine neuzeitlichen Kollegen standen. Die erdgeschichtlichen Konsequenzen der richtigen Fossildeutung waren nur über einen Punkt mit der Bibel kompatibel zu machen, auf den der Kirchenvater Tertullian (160–220) hingewiesen hatte, als er die Fossilien als Beweise für die Richtigkeit des biblischen Sintflutberichts wertete. Die Sintflut selbst wurde zur Arche Noah der neuzeitlichen Naturforscher. Schon im 16. Jahrhundert, z. B. von Gessner, als Ausweg erwogen, etablierten ausgehend von Stensen John Woodward (1665–1728)[47] und Johann Jacob Scheuchzer (1672–1733)[48] die geologische Sintfluttheorie.

Diese Rettung vor der Bibel mit Hilfe der Bibel war jedoch für die Paläontologie eine zweischneidige Sache. Das hatte schon Leonardo da Vinci bemerkt, als er die Sintflut als Ursache dafür erwog, daß sich die fossilen Meerestiere hoch in den Bergen fanden:

»Hätte die Sintflut die Muscheln aus dem Meere 300 bis 400 Meilen herbeigeführt, so wären sie mit anderen Dingen in einem Haufen durcheinandergemischt. Statt dessen finden wir sie (. . .) alle noch zusammen und sehen auch die Schnecken, die Tintenfische und die anderen Muscheln noch im Tode so zusammenliegen, wie sie in Scharen miteinander lebten (. . .).«[49]

Für die Identifizierung von Fossilien wie für ihre Funktion als Mittel der erdgeschichtlichen Chronologie ist es ganz entscheidend, daß die Lagerstätten der Fossilien nicht zufällig zusammengekommenes Material enthalten, sondern frühere ökologische Situationen abbilden. Auch Stensens Theorie der Einbettung durch Sedimentierung wurde von der Sintfluttheorie in ihrem Wert für die Paläontologie gefährdet. Erst die sachlich falsche Hypothese, daß das Land durch vulkanische Hebungen der Meeresböden entstanden sei, die Lazzaro Moro (1687 bis 1740) aufgrund der vulkanischen Entstehung der Zentralinsel des Santorin-Kraters aufstellte[50], eröffnete Möglichkeiten für eine den Lagerungstatsachen gerecht werdende erdgeschichtliche Theorie.

Übrigens war, das soll hier kurz angemerkt werden, mit der Sintflut nur eins der Probleme ausgeräumt, vor die die Bibel die entstehende Geologie stellte. Das gravierendste Problem war der von der Bibel vorgegebene enge zeitliche Rahmen von nur 6000 Jahren, in dem die Geologen alle Prozesse der Erdumbildung, die sie zur Deutung ihrer Befunde annahmen, unterbringen mußten. Vor diesem Hintergrund erscheinen die geologischen Katastrophentheorien des 17. und 18. Jahrhunderts als einfach unvermeidlich.[51] In so kurzer Zeit konnten nur dann die erforderlichen Umgestaltungsprozesse erfolgt sein, wenn dabei Kräfte im Spiel waren, die in der Jetztzeit nicht mehr zu beobachten sind.

Voltaire (1694–1778), um auch dies noch anzumerken, wandte bekanntlich gegen die Konsequenz, daß die im Gebirge gefundenen fossilen Muschelreste die Annahme einer einstigen Überflutung dieser Gebirge zwingend mache, spöttisch ein, daß die Muschelreste am Mont Cénis auch von Pilgern verloren worden sein könnten, die von Rom heimkehrten. Dies wird verwunderlicher Weise auch heute noch[52] als Beweis seiner Ignoranz angeführt, ohne daß man sich um den Kontext kümmert. Der Kontext aber ist Voltaires keineswegs ignorante Kritik an der Sintfluttheorie, die sich für ihn, wie später für den Aktualismus, bereits dadurch als unwissenschaftlich disqualifiziert, daß sie mit normalerweise nicht auftretenden Kräften bzw. Ereignissen operiert, wie er es auch prinzipiell für wissenschaftlich geboten hält, die Wunder in der Bibel zu lassen.[53]

Eine neue Quelle, rezente Formen kennenzulernen

Während die richtige Deutung der Fossilien die entstehende Geologie mit fast unlösbaren Schwierigkeiten konfrontierte, bewirkte sie in der beschreibenden Historia Naturalis lediglich eine Vertauschung dessen, was Irritationen auslösen konnte. Solange die Fossilien für Naturspiele gehalten wurden, machten fossile Formen, für die man unter den rezenten Lebewesen kein Gegenstück kannte, gerade keine Schwierigkeiten. Diese Formen schienen ja zu bestätigen, daß es sich um Naturprodukte handelte, die es nicht bis zum Leben gebracht hatten. Irritierend waren bei dieser Deutung im Gegenteil die fossilen Formen, bei denen die Übereinstimmung mit bekannten rezenten Arten nicht zu leugnen war. Diese Übereinstimmung bildete den Ausgangspunkt für die richtige Deutung und die Enträtselung des Versteinerungs- und Einbettungsvorgangs, wie sich z. B. bei Leibniz gut verfolgen läßt. Sein fester Punkt war die Tatsache, daß man bei den Kupferfischen »meistens (. . .) die Art des Fisches auf den ersten Blick erkennen (kann)«.[54] Den hypothetischen Charakter seiner Versteinerungserklärung betonend, schrieb er: »Ich wage hier nichts Sicheres zu behaupten, außer dem einen, das uns hier genügt, daß nämlich die Kupfererzfische nach wirklichen Fischen gebildet sind.«[55]

Folgte man dagegen der Deutung, daß die Fossilien versteinerte Organismen sind, dann irritierten umgekehrt die Fossilien, die man nicht als rezente Arten kannte. Zu dieser Zeit dachte freilich, sieht man von einigen wenigen Naturforschern wie beispielsweise Robert Hooke (1635–1703)[56] ab, niemand ernstlich daran, solche unbekannten Arten als ausgestorbene zu erklären. Und dies nicht nur, weil dadurch aus der »Kette der Wesen« Glieder ausgefallen wären, weil das also, wie Ray schrieb, »die Philosophen bisher nicht zulassen wollten, da sie die Zerstörung irgendeiner Art als eine Zerstückelung des Universums ansahen, die es unvollkommen zurückläßt (. . .)«.[57] Zum einen berechtigte der damalige Stand der Formenkenntnis, insbesondere was die Flora und Fauna des Meeres angeht, in keiner Weise dazu, unbekannte fossile Formen als Zeugnisse ausgestorbener Arten zu deuten. Es war ja damals gerade die Zeit, in der durch die kolonialistischen Unternehmungen ständig neue rezente Arten bekannt wurden, und in der sich im Falle der Pflanzen die Zahl der bekannten Arten während der Lebensspanne eines Forschers verdoppelte. Was hätte also dagegen sprechen sollen, die Entdeckung rezenter Vertreter der unbekannten fossilen Arten in näherer oder fernerer Zukunft zu erwarten? Zum anderen zwang die Anerkennung, daß den bekannten rezenten Arten so frappant wie die Kupferfische ähnelnde Fossilien versteinerte Organismen sind, die Naturkundler in keiner Weise, sogleich auch anzunehmen, daß alle Fossilien, die irgendwie an organische Formen erinnern, solche Versteinerungen sind. Es lag bei der damaligen Forschungssituation vielmehr nahe, die Fossilien in echte, das heißt dem Mineralreich angehörende, und in Petrefakte einzuteilen. Und so verfuhren auch die Naturgeschichtler, die überhaupt die Versteinerungsdeutung in gewissen Fällen mitmachten.

Im Rahmen der Historia Naturalis irritierten also die unbekannten fossilen Formen nur insofern, als es im Einzelfall schwer zu entscheiden war, ob man ein Fundstück zu den echten Fossilien oder zu den Petrefakten zählen sollte. Aber diese unbekannten Formen irritierten nicht nur, sondern übten auch einen besonderen Reiz auf die Naturkundler aus, und dies keineswegs etwa bloß als Kuriositäten oder Monstren, für die das aristokratische 18. Jahrhundert eine besondere Vorliebe hatte.[58] »Wir sehen«, schrieb der schon erwähnte Balthasar Ehrhart, »wie richtig die Prophezeiung des berühmten Scheuchzer ist: Daß nämlich Steinbeschreibung (Lithographia) oder das Studium des Mineralreichs insofern eine wichtige Ergänzung der zoographischen Wissenschaft bedeuten werden, als sich viele bisher unbekannte Tierarten aus der Erde bergen lassen.«[59] Gedacht war dabei selbstverständlich nur an »eine wichtige Ergänzung« zum Entdecken neuer *rezenter* Formen: »Wir dagegen fördern aus der Erde, was Neptun bisher auch den neugierigsten Blicken verweigert hat.«[60] Die unbekannten fossilen Formen stellten also für die damaligen Naturforscher eine zusätzliche Quelle der Entdeckung von rezenten Pflanzen- und Tierarten dar, wenn es im Einzelfall gelang, diese Formen als Versteinerungen unbekannter Organismen zu identifizieren.

Schwierigkeiten und Bedingungen der Identifizierung

Diese Identifizierung bereitete natürlich nicht geringe Schwierigkeiten, die auch mit den Fortschritten des 18. Jahrhunderts in der botanischen und zoologischen Formenkenntnis nicht prinzipiell zu beheben waren. Ging man nur von der Gestalt aus, also davon, ob ein Fossil in seiner Struktur an organische Formen erinnerte, waren Fehldeutungen unvermeidlich. So reihte z. B. Scheuchzer Dendriten – das sind baumförmig verästelte mineralische Aggregate – unter die Pflanzen ein.[61] Die Identifizierung erforderte weitere Kriterien. Unter den Kriterien, die Johann Jakob Baier (1677–1735) in der scharfsinnigen Argumentation seiner *Oryktographia norica* (1708) zum Beweis dafür anführte, daß die Ammonshörner Schalen von Schaltieren sind, verdienen zwei unsere Aufmerksamkeit. Zum einen: »Weil das Kennzeichen nicht nur für das ganze Geschlecht, sondern auch für die einzelnen Arten zuverlässig und konstant ist, so daß, wenn von einer Art auch tausend Individuen gefunden werden sollten, keines dieser Kennzeichen völlig bar ist.«[62] In der Tat, handelt es sich nicht um Kristalle, dann verweist Übereinstimmung in der Gestalt bei Naturdingen auf die Strukturreproduktion im Generationswechsel organischer Wesen. – Zum anderen: Baier verwies darauf, daß »hinsichtlich ihrer Altersstufen auch von den Nautiliten (Sammelbegriff für schnekkenförmig gewundene Fossilien – W. L.) verschiedene Größen, vom kleinsten bis zum größten, gefunden werden, so daß es bei einigen Arten möglich ist, stufenweise, gleichsam vom Ei an, über immer größere Einzelwesen bis zur höchsten Größe emporzusteigen.«[63]

Interesse verdienen diese Kriterien als Ausdruck des Versuchs, in diesem toten Material Indizien für Prozesse aufzuspüren, die allein den Lebewesen eigentümlich sind. Diese Indizien finden sich aber in den Gegebenheiten der Lagerung der Fossilien. So spielte auch in der Argumentation, mit der Ehrhart zu beweisen versuchte, daß die Belemniten Gehäuse unbekannter Schaltiere sind, der Tatbestand eine Rolle, daß die Belemniten immer mit solchen Fossilien zusammenlagernd angetroffen werden, die als versteinerte Reste von Meeresbewohnern identifiziert sind.[64] Schon hier kommt so eine wesentliche Bedingung für weitere Fortschritte der Paläontologie in den Blick, deren Bedeutung sich im 19. Jahrhundert im vollen Umfang zeigen sollte.

Der Identifizierung von Fossilien als Versteinerungen von Organismen waren prinzipielle Grenzen gezogen, solange sich die Forscher allein auf Sammlungen stützten, wie sie Ärzte und Apotheker im kleinen, Aristokraten, einer Mode der Zeit folgend, im großen Maßstab anlegten. Soweit diese Naturalienkabinette, auf die im Zusammenhang mit der Morphologie näher einzugehen ist, nicht geradezu Rumpelkammern glichen – Jean Pauls Darstellung im *Hesperus* (1795) ist nicht weniger realistisch als satirisch –, boten sie jedenfalls die Fundstücke isoliert dar, das heißt herausgerissen aus den Zusammenhängen, die Hinweise auf ihre Natur hätten geben können. Ohne ins einzelne gehende Untersuchungen der Lagerungsverhältnisse der Fossilien in den Schichten der Erdkruste war die Fortentwicklung der Paläontologie nur im beschränkten Maße möglich. Diese Untersuchungen hingen aber nicht nur davon ab, ob Naturforscher so einsichtsvoll wie Baier und Ehrhart waren und aus den Kabinetten hinaus ins Gelände gingen; so wichtig dieser Schritt war, so beschränkt waren die Möglichkeiten für Erfahrungen, die sie draußen machen konnten, beim damaligen Stand des Bergbaus.

In Ehrharts Beweisführung für die organische Natur der Belemniten findet sich auch der Hinweis auf die andere entscheidende Bedingung einer Fortentwicklung der Paläontologie. »Der wichtigste Beweis für den eigentlichen Ursprung der Belemniten liegt aber darin, daß wir die Aveole (das von der äußeren Schale des Belemniten umgebene innere, kegelförmige Gehäuse – W. L.) mit perlmutterweißer Schale, analog den Schalen der Muscheln, bekleidet finden. Wir haben außerdem an unversehrten Exemplaren selbst gefunden, daß die Aveole einen in Fächer gegliederten Bau hat. Sie besitzt also auffallende Ähnlichkeit mit Schaltieren, deren Gehäuse einklappig und in gewölbte Kammern geteilt ist.«[65] Helmut Hölder bemerkte zu dieser Beweisführung: »Es ist eine Meisterleistung jener Zeit, die das vergleichend-anatomische Studium fremdartiger fossiler mit den rezenten Lebewesen einleitet (. . .).«[66]

Die prinzipielle Lösung des Identifizierungsproblems liegt in der Morphologie. Deren Entwicklung bis zur Erkenntnis der Baugesetzmäßigkeiten der Organismen war die andere Voraussetzung für weitere Fortschritte der Paläontologie. Am Anfang des 19. Jahrhunderts lieferte die Morphologie nicht allein die verläßliche Grundlage der Identifikation; sie gestattete darüber hinaus, unbekannte Organismen zu rekonstruieren, von denen, wie das z. B. bei den Säugetieren sehr oft der Fall ist, nur einzelne fossile Knochen aufgefunden worden waren. Cuvier, dessen morphologische Rekonstruktionen fossiler Formen bahnbrechend waren, erlebte seinen schönsten Triumph, als im Gips des Montmartre das Skelett einer Beutelratte gefunden

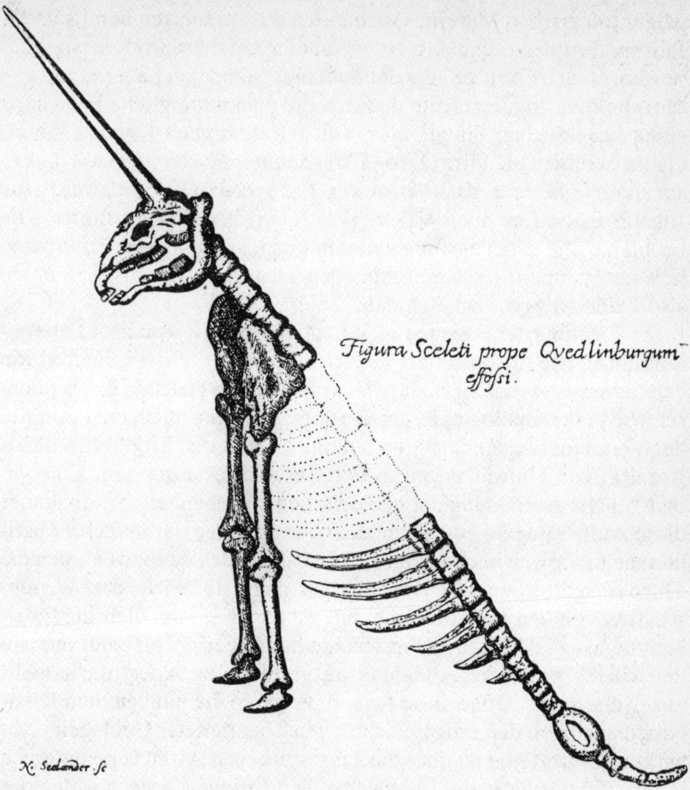

Abb. 5. »Quedlinburger Einhorn«. Rekonstruktion eines Tieres aus fossilen Knochen von Otto Guericke (1602–1686). [67]

wurde, das genau dem entsprach, das er aufgrund einiger weniger Knochen zuvor hypothetisch rekonstruiert hatte. – Vor diesem entscheidenden Durchbruch der Morphologie konnte es allerdings zu Entdeckungen neuer Arten kommen, die nicht nur den Naturforschern, sondern der Natur selbst unbekannt waren (vgl. Abb. 5).

Die besonderen Schwierigkeiten, die mit der Identifizierung des paläontologischen Materials verbunden waren, führten bereits im 18. Jahrhundert dazu, daß sich Naturkundler auf diese Materie spezialisierten. In den Grenzen, die der damalige Stand von Lagerkunde und Morphologie zog, erreichte dadurch die paläontologische Forschung einen beachtlichen Stand, wie – für den deutschen Kontext – etwa Georg Wolfgang Knorrs (1705–1761) *Sammlung von Merkwürdigkeiten der Natur und Altertümer des Erdbodens* (1755) beweist, die Johann Ernst Emanuel Walch (1725–1778) bis 1775 fortführte. Die Probleme, die dabei die unbekannten fossilen Arten machten, stellten sich im Rahmen der beschreibenden Historia Naturalis, sprengten also keineswegs diesen Rahmen.

Die Deutung der Fossilien als Versteinerungen ehemaliger Lebewesen führte, wie so konstatiert werden muß, in den Wissenschaften von den Lebenserscheinungen durchaus nicht zu den gleichen Konsequenzen wie in der Geologie. In der Geologie zwangen allein die Fundorte der Versteinerungen dazu, die heutige Gestalt der Erdoberfläche als Resultat von Umwälzungen in der Geschichte anzusehen. Eine geschichtliche Auffassung der geologischen Gegebenheiten, wie immer diese Auffassung im einzelnen aussehen mochte, war in dieser Disziplin die unausweichliche Folge der Fossilien auch dann, wenn sich die Frage ausgestorbener Arten noch gar nicht stellte. In den Wissenschaften von den Lebenserscheinungen dagegen kam über die Fossilien die Möglichkeit einer Geschichte der Lebensformen nur dann in den Blick, wenn die Annahme ausgestorbener Arten nicht mehr abzuweisen war. Ohne diese Annahme waren die biologischen Disziplinen auch von den erdgeschichtlichen Theorien der Geologen nicht wirklich betroffen; erst über die ausgestorbenen Arten verzahnte sich im 19. Jahrhundert die Geschichte der Erdoberfläche mit der der Lebensformen zu einer Einheit.

Telliamed

In diesem Lichte sind auch die evolutionistischen Spekulationen zu sehen, die sich bereits sehr früh an die richtige Deutung der Fossilien anknüpften. Der bereits im zweiten Kapitel erwähnte Diplomat de Maillet ließ in seinem *Telliamed* (1715) – eine Abhandlung in Form einer Unterredung zwischen einem französischen Missionar und eben Telliamed, einem indischen Weisen, – letzteren für seine evolutionistischen Behauptungen u. a. auch die Fossilien als Beleg anführen.[68] Aber diese Anführung der Fossilien blieb, ganz abgesehen davon, daß sich Telliamed nicht auf das Aussterben von Arten festlegt, ein beiläufiges Argument; die Versteinerungen bildeten nicht das Zentrum der Spekulation. Auf dieses stößt man, wenn man der Frage nachgeht, warum es Telliamed in all seinen Einzeldarlegungen immer nur um Nachweise für die eine Behauptung geht, nämlich, daß alle auf dem Land lebenden Arten sich von im Meer lebenden herleiten, wobei er für jedes Landlebewesen, den Menschen eingeschlossen, einen aparten Vorfahren unter den Meeresbewohnern nachzuweisen sucht. Die Antwort findet man in Telliameds Ausgangsannahme, »daß alle Länder, die unsere Erdkugel zusammensetzen, bis zu den höchsten Bergen aus den Tiefen der Wasser hervorgegangen sind, daß sie das Werk des Meeres sind und daß alle in seinen Tiefen gebildet worden sind.«[69]

Dies war aber die diluvianische Erdgeschichtshypothese, die Geologen der Generation vor de Maillet aufgrund der Fundorte der Fossilien aufgestellt hatten. Und ausgehend von dieser Hypothese war ebenfalls bereits vor 1715 – der *Telliamed* wurde übrigens erst 1749 gedruckt – die Frage, wie denn nach der Bildung trockenen Landes auf diesem die Flora und Fauna entstanden sei, gestellt und mit Spekulationen beantwortet worden, die der des Telliamed ähnlich gewesen sein müssen. »Manche gehen in der Willkür des Mutmaßens so weit«, rügte um 1700 Leibniz, »daß sie glauben, es seien einstmals, als der Ozean alles bedeckte, die Tiere, die heute das Land bewohnen, Wassertiere gewesen, dann seien es mit dem Fortgange dieses Elementes allmählich Amphibien geworden und hätten sich schließlich in ihrer Nachkommenschaft der ursprünglichen Heimat entwöhnt. Doch solches widerspricht den heiligen Schriftstellern, von denen abzuweichen sündhaft ist.«[70]

Die Deutung der Fossilien als versteinerte Organismen führte also nicht direkt zu solchen evolutionistischen Mutmaßungen, sondern vermittelt über die dadurch veranlaßten erdgeschichtlichen Theorien. Evolutionistische Vorstellungen, die an die Versteinerungen anknüpfen, dürfen also nicht ohne nähere Prüfung als Indiz dafür genommen werden, daß die objektiv evolutionstheoretische Relevanz der Fossilien bereits wirksam sei. Im 18. Jahrhundert bilden in der Regel erdgeschichtliche Theorien den Rahmen und die Grundlage solcher Spekulationen, nicht die objektive evolutionstheoretische Bedeutung der Fossilien. Dies belegt gerade auch die oft zitierte Erwägung, die Kant (1724–1804) im § 80 seiner *Kritik der Urteilskraft* (1790) anstellte:

> »Hier steht es nun dem Archäologen der Natur frei, aus den übriggebliebenen Spuren ihrer ältesten Revolutionen, nach allem

ihm bekannten oder gemutmaßten Mechanism derselben, jene große Familie von Geschöpfen (denn so müßte man sie sich vorstellen, wenn die genannte durchgängig zusammenhängende Verwandtschaft einen Grund haben soll) entspringen zu lassen. Er kann den Mutterschoß der Erde, die eben aus ihrem chaotischen Zustande herausging (gleichsam als ein großes Tier), anfänglich Geschöpfe von minderzweckmäßiger Form, diese wiederum andere, welche angemessener ihrem Zeugungsplatze und ihrem Verhältnisse unter einander sich ausbildeten, gebären lassen; bis diese Gebärmutter selbst, erstarrt, sich verknöchert, ihre Geburten auf bestimmte fernerhin nicht ausartende Spezies eingeschränkt hätte, und die Mannigfaltigkeit so bliebe, wie sie am Ende der Operation jener fruchtbaren Bildungskraft ausgefallen war.« [71]

Erst in der ersten Hälfte des 19. Jahrhunderts stützten sich evolutionistische Hypothesen auf die Fossilien als ihr Hauptindiz, indem sie die zeitliche Abfolge der Fossilien als eine genetische interpretierten. Und zwar findet sich diese Argumentation nicht nur in einem Außenseiterbuch wie den schon erwähnten *Vestiges* des Buchhändlers Chambers, sondern ebenso in den Werken anerkannter Fachleute wie z. B. in dem *Versuch einer Geschichte der Pflanzenwelt* (1852) des Botanikers Franz Unger (1800–1870).[72]

Ausgestorbene Arten? – Buffon und Lamarck

Die Biologen konnten also die objektive evolutionstheoretische Bedeutung der paläontologischen Tatsachen nicht herausarbeiten, wenn sie sich nicht von der Möglichkeit überzeugten, daß Arten ausgestorben waren. Die am Ende des 17. Jahrhunderts vereinzelt geäußerte Annahme, daß Arten ausgestorben sind, kam erst in der zweiten Hälfte des 18. Jahrhunderts zu einem ersten Durchbruch, und zwar auf der Grundlage einer erdgeschichtlichen Theorie. Buffon vertrat diese Hypothese in seinen *Epoques de la natur* (1778), und von da an war diese Hypothese in den biologischen Wissenschaften heimisch, auch wenn sie vorerst umstritten blieb. Tatsächlich lagen auch 1778 noch nicht die Befunde vor, die diese Annahme zwingend machten, und die Art, in der Buffon die Fossilien als Dokumente seiner Erdzeitalter anführte, verrät, daß er den entscheidenden Anhaltspunkt für die Extinktionsannahme, nämlich die Lagerung der Fossilien in den Gesteinsschichten, nur ungenügend und wohl kaum aus eigener Anschauung kannte; wahrscheinlich gehörte er zu den

Naturkundlern, die ihre paläontoligischen Kenntnisse im wesentlichen den Naturalienkabinetten verdankten.[73] Buffons wichtigster Anhaltspunkt waren die Unterschiede zwischen den fossilen und den rezenten Formen, und dies auch nur in sehr roher Weise. So spielte es für ihn eine entscheidende Rolle, daß viele fossile Fundstücke auf eine Größe von Tieren und Pflanzen hindeuteten, die bei den rezenten Arten nicht vorkommt. (Er führt z. B. »Backenzähne von 11 oder 12 Pfund« an, wahrscheinlich von einem Mammut, oder Ammonshörner »bis an 8 Fuß im Durchmesser«.[74]) Buffon nahm nun nicht allein an, daß diese andersartigen Lebewesen ausgestorben sind, sondern ebenso, daß die heutigen in den früheren erdgeschichtlichen Epochen noch nicht existierten, vielmehr erst später entstanden. Er dachte sich diese Entstehung als spontane Generation gemäß seiner epigenetischen Theorie, die wir schon im zweiten Kapitel kennenlernten. Zwischen den ausgestorbenen und den rezenten Arten besteht also nach Buffon kein genetischer Zusammenhang, und das heißt, seine Extinktionshypothese entstand nicht in einem evolutionstheoretischen Kontext.

Interessanterweise begegnen wir umgekehrt gerade in Lamarck, der als erster eine umfassende Theorie der Artevolution entwickelte und deswegen als Ahnherr des biologischen Evolutionismus gilt, einem der entschiedensten Gegner der Extinktionsannahme.[75] Für einige der fossil bezeugten Landsäugetiere gestand Lamarck zwar die Möglichkeit zu, daß sie vielleicht vom Menschen vollständig ausgerottet wurden; aber sonst war er in dieser Frage unnachgiebig. Und dies ist verständlich, wenn man die Konsequenzen der Extinktionsannahme in seiner Theorie bedenkt.

Das Aussterben einer Art wäre ja nach seiner Theorie der Abbruch eines Evolutionsstrangs. Die rezenten Arten, die nach seiner Theorie durch die Weiterentwicklung der für ausgestorben erklärten Arten entstanden, dürften dann gar nicht existieren. Deswegen galt es für Lamarck als ausgemacht: Es müssen unter allen erdgeschichtlichen Bedingungen, unter denen überhaupt Leben möglich ist, all die Formen existieren können, die notwendige Entwicklungsstufen der Organismen auf ihrem Weg vom urgezeugten Primitivorganismus bis zu den höchstorganisierten Lebensformen darstellen. Arten sterben für Lamarck nicht aus, sondern entwickeln sich weiter.

Trotzdem mußte Lamarck nun keineswegs auch behaupten, daß jede fossile Form ebenfalls rezent existiert, was sich wohl nur schwer mit seinem Gewissen als Morphologe vertragen hätte. In der *Philosophie zoologique* führte er aus:

»Jeder beobachtende und gebildete Mensch weiß, daß nichts auf der Erdoberfläche sich fortwährend in demselben Zustand befindet. (. . .) Wenn nun die wechselnden Verhältnisse, wie ich versuchen werde zu zeigen, bei den Organismen überhaupt und bei den Tieren insbesondere Veränderungen in den Bedürfnissen, in den Gewohnheiten und in der Lebensweise herbeiführen, und wenn diese Veränderungen die Umwandlung und Entwicklung der Organe und der Gestalt ihrer Teile verursachen, so muß man einsehen, daß jeder Organismus unmerklich ein wenig abändern muß, besonders in seiner Gestalt und in seinen äußeren Charakteren, obschon diese Abänderung erst nach beträchtlicher Zeit bemerkbar wird. Man wundere sich also nicht länger, wenn unter den zahlreichen Versteinerungen, die man in den trockenen Teilen der Erde vorfindet und die die Überreste so vieler einstmals lebender Tiere sind, sich so wenig finden, deren lebende Analoga wir wahrnehmen. Wenn uns etwas in Erstaunen setzen muß, so ist es der Umstand, daß wir unter diesen zahlreichen versteinerten Überresten einstmals lebender Körper einige antreffen, deren lebende Analoga uns bekannt sind. Wir müssen wegen dieser Tatsache, die unsere Versteinerungssammlungen bestätigen, annehmen, daß die fossilen Überreste der Tiere, deren lebende Analoga wir kennen, die jüngsten sind. Die Art, zu der ein jedes derselben gehört, hatte ohne Zweifel noch keine Zeit gehabt, irgendwie abzuändern.«[76]

Sein zweites Prinzip, das der Anpassung, erlaubte es Lamarck nicht allein, das Aussterben der Arten zu bestreiten, ohne die offenkundigen morphologischen Befunde zu leugnen; darüber hinaus vermochte er mit dem Anpassungsprinzip dem paläontologischen Material auf seine Weise den wichtigsten Hinweis abzulesen, den es für die Evolutionstheorie zu geben vermag: Je ähnlicher fossile Formen rezenten sind, um so jünger sind sie, und umgekehrt, je unähnlicher, um so älter. Es ist freilich bezeichnend, daß er dies nicht aus der Lagerung der Fossilien in den Erdschichten schließt, sondern aus seiner Theorie ableitet.

Es war also keine persönliche Eigensinnigkeit Lamarcks, das Aussterben von Arten zu bestreiten, sondern eine Konsequenz der spezifischen Weise, in der er sich die Evolution der Arten dachte. So ist es auch nicht verwunderlich, daß wir um die Wende vom 18. zum 19. Jahrhundert die Möglichkeit des Aussterbens von Arten auch von anderen Naturforschern verworfen sehen, die in einer der Lamarckschen Theorie der Arttransformation verwandten Weise die Evolution der Lebensformen annahmen. So schrieb z. B. Treviranus, dessen

Evolutionsvorstellungen freilich mehr denen Geoffroy Saint-Hilaires als denen Lamarcks ähneln, im dritten Band seiner *Biologie oder Philosopie der lebenden Natur*, der 1805 erschien:

»Wir sind der Meinung, daß jede Art, wie jedes Individuum, gewisse Perioden des Wachstums, der Blüte und des Absterbens hat, daß aber ihr Absterben nicht Auflösung, wie bei dem Individuum, sondern Degeneration ist. Und hieraus scheint uns zu folgen, daß es nicht, wie man gewöhnlich annimmt, die großen Katastrophen der Erde sind, was die Tiere der Vorwelt vertilgt hat, sondern daß viele diese überlebt haben und daß sie vielmehr aus der jetzigen Natur verschwunden sind, weil die Arten, zu welchen sie gehörten, den Kreislauf ihres Daseins vollendet haben und in andere Gattungen übergegangen sind.«[77]

In diesem Zusammenhang ist auch Goethe zu nennen, der in den 80er Jahren des 18. Jahrhunderts einen realen Evolutionszusammenhang der pflanzlichen beziehungsweise tierischen Arten ernstlich annahm.[78] Im Frühjahr 1787, während seiner ersten Italienreise, hoffte er auf Sizilien die »Urpflanze« zu finden, und zwar unter den rezenten Pflanzen. Die Vergeblichkeit seiner Suche brachte ihn nicht dazu, seine Aufmerksamkeit auf die Versteinerungen zu lenken; vielmehr gab er danach die Vorstellung eines realen Entwicklungszusammenhangs der Arten auf.

Die Annahme, daß Arten ausgestorben sind, diese elementare Voraussetzung für die Erschließung der objektiven evolutionstheoretischen Bedeutung des paläontologischen Materials, fand also keineswegs aufgrund evolutionistischer Vermutungen in den biologischen Wissenschaften Eingang. Im Gegenteil wurde sie im Kontext erdgeschichtlicher Theorien von Biologen behauptet, denen kein Zweifel an der Konstanz der Arten erlaubt schien, während sie gerade von den Biologen bestritten wurde, die die ersten evolutionistischen Theorien ausarbeiteten. Dies zeigt erneut, wie irreführend finalistische Deutungen bei der Rekonstruktion der Voraussetzungen der biologischen Evolutionstheorie wären. Aber nicht genug damit, daß um die Wende vom 18. zum 19. Jahrhundert die Annahme des Aussterbens von Arten, ohne die die objektive evolutionstheoretische Bedeutung der paläontologischen Erkenntnisse verschlossen bleibt, von Vertretern der Artkonstanz behauptet und von Evolutionisten bestritten wurde: Die Extinktionsannahme sollte auch noch zu einem der härtesten Einwände gegen Lamarck und damit gegen evolutionistische Vorstellungen in den biologischen Wissenschaften werden.

Cuvier äußerte diesen, für ein halbes Jahrhundert Schule machenden Einwand in seinem *Discours sur les revolutions de la surface du globe* (1815), wenn auch eingeschränkt auf die »Quadrupeden«, also die Klassen der Amphibien, Reptilien und Säuger. Er ging dabei von der Feststellung aus, daß die fossilen Quadrupedenarten, die von den rezenten abweichen, morphologisch nicht als Abarten der renzenten angesehen werden können. Wer gleichwohl die rezenten Arten als Abwandlungen jener fossilen ansehe, der sei gehalten, die Frage zu beantworten: »Warum haben die Eingeweide der Erde uns nicht die Denkmäler einer so merkwürdigen Genealogie aufbewahrt?«[79] Und Cuvier gab für seinen Teil gleich die Antwort: »Gewiß darum nicht, weil die Arten der früheren Zeit ebenso beständig als die unsrigen waren, oder wenigstens, weil die Umwälzung, welche sie zerstört hat, ihnen nicht Zeit ließ, sich ihren Abänderungen zu überlassen.«[80]

Es sind also die morphologischen Zäsuren, die das paläontologische Material sowohl zwischen den fossilen Formen als auch gegenüber den rezenten aufweist, die nach Cuviers Meinung gegen die Möglichkeit eines genetischen Zusammenhangs unter diesen Formen und also für die Extinktion der fossilen sowie für einen von ihnen unabhängigen Ursprung der rezenten sprechen. Wirkliche Härte erhielt dieser Einwand jedoch erst dadurch, daß Cuvier nicht allein morphologisch argumentierte. Sonst wäre ja immer zu erwidern gewesen, daß die vermißten Zwischenglieder bloß noch nicht gefunden seien. Cuvier konnte dagegen auf folgendes verweisen: »Wenn man mehr im einzelnen die verschiedenen Lager sowie die vielen organischen Produkte in ihnen vergleicht: so wird man leicht erkennen, daß dies alte Meer nicht immer dieselben Steinmassen noch animalische Reste von einer und derselben Art abgesetzt hat. (. . .) Es haben sich darin sukzessive Veränderungen gebildet (. . .).«[81] Cuvier verwies also auf die Lagerung der Fossilien in den Gesteinsschichten, die er im Pariser Becken selbst untersucht hatte. Auch wenn sich ihm aufgrund der speziellen Gegebenheiten dieser Landschaft, in der sechsmal abrupt Gesteine und fossile Formen wechseln, die Diskontinuitäten der paläontologischen Abfolgen nicht nur zugespitzt, sondern verzerrt darstellten, führte er damit doch das ins Feld, woran sich das Aussterben von Arten und das Aufkommen neuer Arten im Laufe der Erdgeschichte als unwiderleglich erweist: das Auftauchen und Verschwinden der fossil belegten Arten im senkrechten Schnitt sedimentär aufeinandergelagerter Gesteinsarten.

Es war keine Entdeckung Cuviers, daß sich die Abfolge der Fossilien in den übereinanderlagernden Gesteinsschichten als eine zeitliche Abfolge lesen lasse. Die Erklärung, die Stensen im 17. Jahrhundert für den Einbettungsvorgang gegeben hatte, unterstellte ja eine zeitliche Abfolge und führte bereits damals zu der Idee, daß eine genaue Beschreibung der Fossilien in den übereinanderliegenden Schichten die Möglichkeit einer erdgeschichtlichen Chronologie eröffnet: »(. . .) man muß zugestehen, daß es sehr schwierig ist, sie (sc. die Fossilien als erdgeschichtliche Urkunden – W. L.) zu lesen, eine Chronologie von ihnen aufzustellen und die Zeiträume festzustellen, in denen solche Katastrophen und Wandlungen stattfanden; aber es ist nicht unmöglich (. . .)« (Hooke).[82] Auch wenn Georg Christian Füchsel (1722–1773), der die Bergbaugebiete im Harz und in Thüringen untersuchte, zur Identifikation und Unterscheidung von Schichten bereits in den sechziger Jahren des 18. Jahrhunderts vereinzelt auch die Petrefakte zu Rate zog[83], konnte diese Idee zunächst nicht über den Status eines Ansatzes hinauskommen. Dafür fehlten, wie schon erwähnt, zwei elementare Voraussetzungen. Zum einen mußten von Seiten der biologischen Wissenschaften Erkenntnisse über die morphologischen Gesetzmäßigkeiten gewonnen sein, die die Anordnung der fossilen Formen auf ein sicheres Fundament zu stellen gestatteten. Zum anderen aber mußten seitens der Geologie die Schichtungsverhältnisse über isolierte lokale Gegebenheiten hinaus bis zu einem gewissen Grade erforscht sein. Beide Voraussetzungen wurden erst zur Zeit Cuviers erbracht, und um beide hat sich Cuvier verdient gemacht.

Industrielle Revolution und Stratigrafie

Was die stratigrafischen Voraussetzungen betrifft, so ist neben dem Verdienst, das sich Cuvier, der schon erwähnte Walch oder Abraham Gottlob Werner (1749–1817), der Lehrer Humboldts, um sie erwarben, vor allem die Leistung des englischen Landmessers und Ingenieurs William Smith (1769–1839) näherer Aufmerksamkeit wert. Und dies zunächst deswegen, weil an ihm der praktische Kontext dieses Durchbruchs der Stratigrafie in vollem Umfange in Erscheinung tritt. Zwar standen auch die Arbeiten Füchsels und Werners im engsten Zusammenhang mit Fragen des Bergbaus; aber sie hätten nicht wie Smith, im *Memoir* zu seiner ersten stratigrafischen Karte Englands (1815), schreiben können:

»Die ungeheuren, auf sinnlose Weise verschwendeten Gelder bei der Suche nach Kohle und anderen Mineralstoffen ohne Berücksichtigung der regelmäßigen Ordnung jener Schichten, die uns solche Erzeugnisse liefern, und der Bau von Kanälen, zu deren Aufdämmung dann kein geeignetes Erdmaterial vorhanden war, zeigen die Notwendigkeit besserer allgemeiner Unterrichtung über dieses ausgedehnte Stoffgebiet. Die genaue Untersuchung sowohl der oberflächennahen als auch der tiefliegenden, durch Brunnengrabungen, Bergwerke und andere Ausschachtungen erreichten Schichten, der ich mein ganzes Leben gewidmet habe, ermöglichte mir den Nachweis, daß sich all diese Schichten in ihrer Lage und Mächtigkeit sehr regelmäßig verhalten, trotz manchen erheblichen Lagerungsstörungen in Kohle- und Erzbergwerken.«[84]

Smith wurde in den neunziger Jahren des 18. Jahrhunderts in Bath, unweit von Bristol, mit der Erschließung von Kohlevorkommen sowie mit dem Bau des Kohlekanals in der Grafschaft Sommerset beauftragt. England befand sich damals inmitten der ersten Phase der industriellen Revolution, die an den Bergbau als Quelle von Roh- und Brennstoffen enorm gesteigerte Anforderungen stellte. Im Rahmen dieses Abschnitts müssen wenige Daten genügen, um eine Vorstellung davon zu geben.[85] Wurden in England um 1750 etwa 12 000 bis 17 000 t Roheisen erzeugt, so 1788 68 000 t, 1806 244 000 t und 1823 455 000 t[86]; die Verhüttung geschah seit der Mitte des 18. Jahrhunderts vermittels Steinkohlenkoks, so daß die Kohle nicht nur als Brennstoff erhöhte Bedeutung gewann: Wurden in England 1700 6200 t Steinkohle gefördert, so 1800 10 100 t und 1816 27 000 t[87]; die mit diesen Massengütern entstehenden Transportprobleme führten zu einem Kanalbauboom in der Zeit zwischen 1790 und 1825; 1825 verfügte Großbritannien über ein Kanalnetz von fast 500 Meilen Länge, in das die für damalige Verhältnisse enorme Summe von 13 Millionen Pfund Sterling Kapital angelegt war.[88]

Es bedarf keiner Erläuterung, daß es in dieser Situation prekär wurde, die Entdeckung ausbeutbarer Erz- und Kohlelagerstätten weiterhin allein der bergmännischen Erfahrung und Intuition beziehungsweise dem Zufall zu überlassen. Ein neues Fundament für die Lagerstättenkunde wurde erforderlich. Die industrielle Revolution lieferte aber zugleich die Voraussetzung dafür, daß erarbeitet werden konnte, was sie verlangte. Überall legten Bergwerke und Kanalbauten die Eingeweide der britischen Insel frei, so daß Smith mit Recht darauf verweisen konnte, daß sich seine Aussagen auf die Kenntnis eines Landes stützen, dessen geologische Gegebenheiten »tiefer als (in) irgendein(em) andere(n) Teil der Erdoberfläche erforscht sind«.[89] Auf den vielen Reisen, die Smith für seinen Auftrag zu Bergwerken und Kanalbaustellen unternahm, konnte er die für eine neue Lagerstättenkunde entscheidende Entdeckung machen, daß die Gesteinsschichten auf der britischen Insel, trotz scheinbarer lokaler Abweichungen, in einer regelmäßigen Folge übereinanderlagern. Zugleich aber konnte Smith in einem so ausgedehnten Untersuchungsgebiet den Zusammenhang zwischen Schichten und Fossilien studieren. In sein Tagebuch schrieb er 1796 darüber:

»Ich habe unter vielen Mühen auch Proben von jeder Schicht mit den ihr eigenartigen anorganischen und organischen Fossilien und Pflanzeneindrücken gesammelt, sie mit anderweitig auf der Insel gesammelten verglichen und unter Vermerk des Fundorts so geordnet, wie sie im Boden lagen. Dabei ergab sich der für jeden wissenschaftlich Urteilenden überzeugende Beweis, daß die Erde ebenso wie die anderen Werke aus der Hand ihres großen Schöpfers nach geordneten und unwandelbaren Gesetzen gebildet und von ihnen beherrscht ist (. . .).«[90]

Erst diese großräumige Untersuchung wies überzeugend nach, daß die gleichen Gesteinsschichten auch immer eine eigene charakteristische fossile Flora und Fauna beherbergen. Damit aber wurden die »Fossilien für den Naturforscher das, was für den Geschichtsforscher Münzen sind«[91]: Indizien und Beweisstücke der historischen Rekonstruktion und Datierung, und erst Smith zeigte bei der Erstellung seiner stratigrafischen Karten in bahnbrechender Weise, wie die Fossilien systematisch dazu zu verwenden sind, um Zusammenhang und Reihenfolge der übereinanderlagernden Schichten festzustellen und in größeren Gebietszusammenhängen zu verfolgen. Auf ihn geht auch der Begriff »Leitfossil« zurück.[92]

Der Durchstoß zur wissenschaftlichen Stratigrafie in der Zeit Cuviers, Werners und Smith's stellte die Erforschung der Erdgeschichte auf ein erstes tragfähiges Fundament, weswegen man diese Periode auch als die Heroenzeit der Geologie bezeichnet hat.[93] Die Regelmäßigkeit in der Aufeinanderlagerung der Gesteinsschichten, die damals für das Gebiet der britischen Insel und Nordfrankreichs konstatiert wurde, konnte in der Horizontalen als eine globale Gesetzmäßigkeit bestätigt und in der Vertikalen über das Karbon, bis zu dem sich die Forschung Smith's erstreckten, für Devon, Silur, Kambrium und Präkambrium erweitert und so gewissermaßen universalisiert werden. Gewann so die Geologie ein erstes realistisches Bild über die Abfolge der Erdzeitalter, so erlangten die Fossilien, deren Formen sich als den Formationen spezifisch zugeordnet erwiesen hatten, sowohl hinsichtlich der Diagnostik von Schichten in komplizierten Fällen (Brüche, Auffaltungen, Überschiebungen etc.) einen unschätzbaren Wert für die Geologen als auch und in erster Linie für die Aufstellung einer relativen Chronologie der Erdzeitalter.

Wie aber die Fossilien den Geologen das relative Alter der Formationen anzeigten, so umgekehrt die Formationen den Biologen die Verteilung der Arten in den erdgeschichtlichen Epochen. Damit war zwar in prinzipieller Form die Abfolge der Arten in der Zeit festgestellt; aber daraus folgte keineswegs, daß die Biologen diese Abfolge als eine genetische lesen mußten. Neben den Gründen, die wir im Zusammenhang mit Lamarck im zweiten Kapitel erörtert haben, sprachen am Anfang des 19. Jahrhunderts gegen solch eine genetische Interpretation vor allem die Zäsuren in dieser Abfolge, – Zäsuren, die durch lokale Besonderheiten des damals erschlossenen stratigrafischen Anschauungsfelds wie durch eine Lupe vergrößert wurden, wie wir schon an Cuviers Untersuchungen im Pariser Becken bemerkten. Es kam eine Schwierigkeit hinzu, die wir schon bei der Biogeografie der Zeit kennenlernten und die für den paläontologischen Zusammenhang an Cuvier gut zu studieren ist.

27 Katastrophen und Neuschöpfungen

Wie im Kapitel 3 erwähnt, interpretierte Cuvier die erdgeschichtliche Abfolge der Arten als Resultat von Katastrophen, die große Teile der Arten vernichteten, und nach denen jeweils neue, den neuen Bedingungen angepaßte Arten die Erde besetzten. (Wo diese neuen Arten herkommen, darüber äußerte sich Cuvier nicht eindeutig; seine Anhänger jedenfalls glaubten, Cuvier meine, sie seien neue Schöpfungen Gottes.) Cuvier hat diese Theorie nur für die Wirbeltiere konsequent durchgeführt, hinsichtlich derer er vier Schöpfungsperioden annahm.[94] Für die Meeresbewohner dagegen, die von den Überflutungs- und Einsturzkatastrophen, an die damals vor allem gedacht wurde, nicht so radikal wie die Landlebewesen betroffen sein konnten, erwog auch Cuvier die Möglichkeit eines genetischen Zusammenhangs zwischen fossilen und rezenten Formen. Sein Ausgangspunkt waren die Unterschiede zwischen den Gesteinsschichten, die Cuvier als Resultat einer unterschiedlichen chemischen Zusammensetzung des Meerwassers in den verschiedenen erdgeschichtlichen Epochen erklärte:

»Man begreift, daß bei solchen Veränderungen in der Natur des allgemeinen Fluidums die darin lebenden Tiere nicht dieselben bleiben konnten. Ihre Arten, selbst die Gattungen veränderten sich mit den Lagern; und wenn auch hin und wieder gewisse Arten in kurzen Entfernungen wiederkehren, so kann man doch im Allgemeinen in der Wahrheit sagen, daß die Conchilien der alten Lager ihre eigentümlichen Formen haben; daß sie nach und nach verschwinden und in den jüngeren Lagern nicht wieder erscheinen, viel weniger in den heutigen Meeren, worin niemals die Analogien dieser Arten vorkommen und sich selbst mehrere Arten ihrer Gattung nicht mehr antreffen lassen.«

Und er zog daraus den Schluß:

»Es hat also in der animalischen Natur eine Folge von Veränderungen stattgefunden, welche durch diejenigen des Fluidums, worin die Tiere lebten, hervorgebracht wurden oder wenigstens damit in Beziehung standen; und diese Veränderungen haben stufenweise die Klassen der Wassertiere auf ihren heutigen Standpunkt geführt.«[95]

Zu dieser Zeit versuchte man also nicht allein die geografische, sondern ebenso die zeitliche Verteilung der Arten in den Erdepochen, wenn dabei überhaupt an genetische Zusammenhänge gedacht wurde, milieutheoretisch als Resultat von Anpassungen an veränderte Umweltsbedingungen zu deuten.

Der Schwierigkeit, daß sich die Angepaßtheit durch Anpassung nicht prinzipiell in befriedigender Weise erklären läßt, war in der Paläontologie natürlich so wenig zu entgehen wie in der Biogeografie. Es ist deswegen nicht erstaunlich, daß Cuvier solche evolutionistischen Überlegungen nicht systematisch, sondern nur beiläufig anstellte, und ebensowenig, daß sie von Cuviers Anhängern nicht weiter beachtet wurden. Lyell, der mit seiner aktualistischen Theorie die Katastrophentheorie aus der Geologie verdrängte, sah, wie bereits dargelegt, die Schwierigkeiten von evolutionistischen Deutungen, die sich auf die Anpassung stützen, sehr klar; er setzte deswegen an die Stelle der Neuschöpfungsannahme der Cuvieraner eine äquivalente Theorie, die der spontanen Entstehung neuer Arten an »foci of creation«. Nun zeigt die Annahme einer spontanen Entstehung komplex organisierter Organismen, die – anders als zu Buffons Zeiten – mit den inzwischen erreichten morphologischen und embryologischen Kenntnissen unvereinbar war, daß die zeitliche Abfolge der Lebensformen die Biologen bereits zu halsbrecherischen Konstruktionen zwang, wenn sie sie nicht evolutionistisch deuteten. Berechtigt konnten diese Konstruktionen nur noch aufgrund der Zäsuren scheinen, die das paläontologische Material zwischen den Formen der verschiedenen Epochen aufwies. Abhilfe sollte an diesem Punkt von der stratigrafischen Paläontologie kommen, der die Situation gerade recht war, die für die Biologie schon fast unhaltbar wurde.

Unter diesen Paläontologen sind die dogmatischsten Anhänger der Cuvierschen Katastrophentheorie zu finden, und dies aus verständlichen Gründen. »Es muß daher«, können wir z. B. in der *Geschichte der Geognosie* (1838) von Friedrich Hoffmann (1797–1836) lesen, »die ganze Reihe von Erscheinungen, welche die einzelnen furchtbaren Katastrophen unserer Erdrinde begleiteten, fast das Werk eines Augenblicks gewesen sein. Tiere und Pflanzen fremder Formen und ganz abweichender Klimate sind nicht allmählich ausgestorben und haben anderen Platz gemacht, sondern die Bedingungen, welche zu ihrer Existenz gehörten, haben plötzlich aufgehört und sind durch neue ersetzt worden, welche eine andere organische Schöpfung mit sich führten.«[96] Nur so behalten ja die Fossilien die Trennschärfe, die für die geologischen Zeitbestimmungen erwünscht war.

In seinem *Cours élémentaire de Paléontologie et Géologie stratifique* (1849–1852) legte Alcide d'Orbigny (1802–1857) dar:

> »Eine erste Schöpfung zeigt sich mit der silurischen Stufe. Nach ihrer Vernichtung durch irgendeine geologische Ursache und nach einem beträchtlichen Zeitraum fand eine zweite Schöpfung in der Devon-Stufe statt; weiterhin wurde in 27 aufeinanderfolgenden verschiedenen Schöpfungen nach geologischen Umwälzungen, die alles in der lebenden Natur zerstört hatten, die ganze Erde mit ihren Pflanzen und Tieren von neuem bevölkert. Das ist Tatsache, sichere aber unbegreifliche Tatsache, die zu konstatieren wir uns bescheiden müssen, ohne zu versuchen, das sie umhüllende überirdische Geheimnis zu durchdringen.«[97]

Dies wird hier nicht als ein Kuriosum zitiert und schon gar nicht, um etwa einen persönlichen Tick d'Orbignys zu dokumentieren. Léonce Elie de Beaumont (1798–1874) hatte 60 Katastrophen angenommen und der im dritten Kapitel erwähnte Bronn erklärte 1858, also fast zehn Jahre nach d'Orbigny und ein Jahr vor Darwins *Origin,* die er ins Deutsche übersetzte, auf einer Naturforscherversammlung: »Ein Wechsel der Erdbevölkerung hat wenigstens 25–30mal stattgefunden. Die neuen Organismenarten sind dann immer und überall neu geschaffen, nie und nirgends aus den alten umgestaltet worden.«[98] Diese abstrus scheinenden Auffassungen verdienen vielmehr unser Interesse, weil an ihnen abzulesen ist, wie differenziert das Bild der Schichten

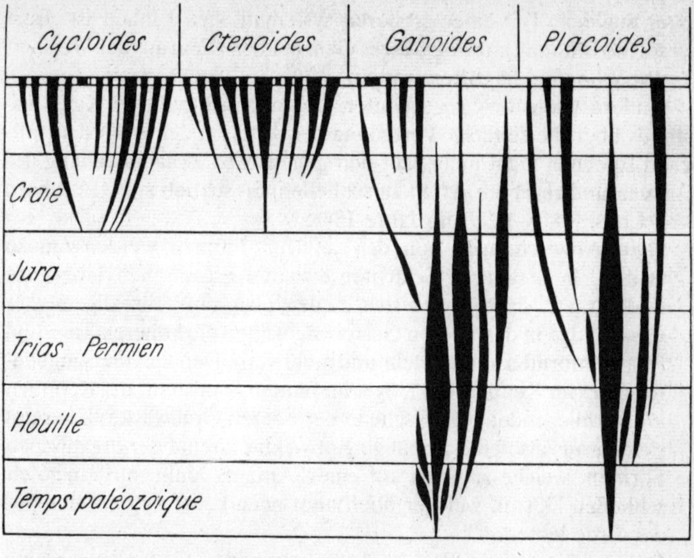

Abb. 6. Louis Agassiz' Schema der Verteilung fossiler Fischarten in den erdgeschichtlichen Formationen.[99]

und ihrer fossilen Flora und Fauna in nur wenigen Jahrzehnten aufgrund der stratigrafisch-paläontologischen Forschungen geworden war. Cuvier kam noch mit vier Neuschöpfungen zurecht. Wie weit diese Arbeiten bereits in den dreißiger Jahren des 19. Jahrhunderts geführt hatten, läßt sich deutlich dem Schema über die Abfolge unter den fossilen Fischgattungen ablesen, das Louis Agassiz (1807–1873) im ersten Band seiner *Recherches sur les poissons fossiles* (1833) aufstellte (vgl. die Abb. 6).

Agassiz erläuterte dies Schema jedoch folgendermaßen:

»Die Konvergenz all dieser senkrechten Linien zeigt die Verwandtschaft der Familien mit dem Hauptstamm jeder Ordnung. Die seitlichen Zweige habe ich damit nicht verbunden; denn ich bin der Überzeugung, daß sie von diesem nicht auf dem Wege direkter Erzeugung sukzessiv abstammen, sondern daß sich jeder dieser Zweige in seiner körperlichen Existenz selbständig verhält, obwohl er zugleich Teil einer größeren systematischen Einheit ist. Eine solche Bindung an ein größeres Ganzes kann allein aus der Weisheit des Schöpfers begriffen werden.«[100]

Andere Naturforscher scheuten sich angesichts dieses Kenntnisstands über die zeitliche Verteilung der Arten in den erdgeschichtlichen Epochen nicht mehr, auf den genetischen Zusammenhang der fossilen und rezenten Arten zu schließen. So schrieb z. B. Bernhard von Cotta (1808–1879) im Jahre 1848:

»Die Abweichungen von den jetzigen Formen werden um so größer, in je älteren Schichten sich die organischen Überreste finden, und dazu ergibt sich zugleich als ein sehr allgemeines Gesetz, daß in den älteren Gesteinsschichten die höheren Tier- und Pflanzenformen immer mehr und mehr verschwinden, die Säugetiere schon im Keuper, die Vögel im bunten Sandstein, die Reptilien im Rothliegenden, die Fische in der oberen Grauwacke. Es ergibt sich daraus also eine allmälige Entwicklungsreihe der organischen Formen, welche zugleich auf einen Anfangspunkt, auf eine Zeit schließen läßt, in welcher überhaupt noch keine Organismen auf der Erde lebten.«[101]

Die stratigrafischen Paläontologen, die jeden Gedanken an eine Abwandlung der Arten in der Zeit kategorisch zurückwiesen, trugen also mit ihrer Arbeit entscheidend dazu bei, daß die Zäsuren zwischen den aufeinanderfolgenden Ensembles von Lebensformen nicht mehr einfach als ein prinzipielles Faktum erschienen, sondern als eine charakteristische Diskontinuität in der Kontinuität der Formenabfolge. Sie entzogen so ungewollt den Biologen allmählich die Grundlage, auf der die Annahme von Neuschöpfungen oder spontaner Generation trotz ihrer Gewagtheit eine gewisse Berechtigung hatte. Aber wie war diese Kontinuität andererseits genetisch zu deuten? Begriff man sie als Anpassungsresultat, so verwickelte man sich in die Schwierigkeiten, aus denen schon am Anfang der dreißiger Jahre Lyell und Geoffroy Saint-Hilaire Auswege gesucht hatten (vgl. oben S. 135). Der inzwischen erreichte paläontologische Erkenntnisstand brachte diese Frage erneut auf die Tagesordnung, und zwar in zugespitzter Form.

3. Morphologie

Goethe und Karl Friedrich Burdach (1776–1847) scheinen als erste, und zwar 1807 bzw. 1810, das Wort »Morphologie« in die Nomenklatur der Wissenschaften von den Lebenserscheinungen eingeführt zu haben.[102] Daneben blieb aber die alte Bezeichnung »anatomia comparativa« im Gebrauch, die auf den englischen Arzt Thomas Willis (1621–1675) zurückgeht. Es ist deswegen nicht sogleich zu sehen, ob Goethe und Burdach mit dem neuen Terminus nur einen neuen Akzent in der herkömmlichen vergleichenden Anatomie setzen oder einer neuen wissenschaftlichen Disziplin einen Namen geben wollten. Die alte Bezeichnung verweist uns jedenfalls darauf, daß die Morphologie aus der medizinischen Anatomie hervorgegangen ist.

Anatomie

Zur Zeit der Renaissance wurde die in der Antike praktizierte Anatomie wiederaufgenommen. Die Mediziner, die damals der Heilkunst eine wissenschaftliche Grundlage zu geben versuchten, die sie über den Status einer pragmatisch ausgeübten Kunst heben wollten, ohne ihre praktischen Zwecke aus den Augen zu verlieren, erstrebten dies auf der Grundlage der neu oder wiederentdeckten medizinischen Schriften der Antike, wobei vor allem die Schriften Galens (ca. 131–201) und des Hippokrates von Kos (ca. 460–377 v. u. Z.) eine bedeutende Rolle spielten. (Das Werk Galens wurde 1490 in Latein und 1525 in Griechisch erstmals gedruckt, das des Hippokrates 1526.) Vergleichbar der schon fast an scholastische Auswüchse erinnernden Textfixierung der damaligen humanistischen Gelehrsamkeit, führte dies namentlich bei den an den Universitäten lehrenden Medizinern zu so etwas wie einer Literarisierung der wissenschaftlichen Medizin, zur Gefahr, medizinische Fragen philologisch zu beantworten. Die epochemachenden physiologischen Werke des 16. Jahrhunderts, Jean Fernels (1497–1558) *De naturali parte medicinae* (1542) oder Theodor Zwingers (1553–1588) *Physiologia medica* (1588 - gedruckt 1610), deren Verdienst um die Zusammenfassung und Systematisierung des vorhandenen und überkommenen medizinischen Wissens kaum überschätzt werden kann, spiegeln diese Gefahr. Es war die erste wichtige Funktion der zur gleichen Zeit wiederaufgenommenen anatomischen Empirie, dieser Gefahr zu steuern, indem sie die Texte mit den Befunden der eigenen Sektionen verglich und nötigenfalls korrigierte. (Oftmals freilich bewirkten noch die Texte, daß die Anatomen das korrigierten, was sie gesehen hatten, und dies bei den bedeutendsten Anatomen der Zeit. So hatte z. B. der berühmte Andreas Vesal [1514 bis 1564] im Grunde die wichtigsten anatomischen Befunde zusammen, um die von Galen angenommenen Gefäßverbindungen zwischen Milz und Magen zu bestreiten; er wagte aber nicht, seinen Augen zu trauen.[103])

Die Anatomie bildete so den Ausgangspunkt der eigenständigen, sich auf eigenen empirischen Erfahrungen entwickelnden medizinischen Wissenschaft der Neuzeit. Sie stand damit von Anfang an unter physiologischen Fragestellungen, hatte die Aufgabe, bei der Entschlüsselung der Funktionszusammenhänge des menschlichen Körpers zu helfen. Dies mußte freilich bald auf Grenzen stoßen, weil auf anatomischem Wege nur einige wenige Funktionen (etwa von Blutgefäßen, Sehnen, Knochen etc.) sicher auszumachen sind, – Grenzen, die mit den gleichfalls im 16. Jahrhundert wiederaufgenommenen Vivisektionen und anderen physiologischen Tierexperimenten bis zu einem gewissen Grad hinausgeschoben werden konnten. Zusammen mit diesen Experimenten und der am Ende des 17. Jahrhunderts aufkommenden Mikroskopie bildete also die Anatomie die empirisch-experimentelle Grundlage der neuzeitlichen Physiologie vor dem Zeitalter der von Lavoisier eingeleiteten chemischen Physiologie.

Die Vivisektionen an Tieren sind eine Art vergleichender Anatomie, allerdings nur in potentia. Zur Entschlüsselung der physiologischen Funktionen der Organe des menschlichen Körpers unternommen, vergleicht die Vivisektion nicht wirklich die untersuchten tierischen Organe mit denen des Menschen, sondern setzt die Gleichheit zwischen ihnen in den jeweils interessierenden Aspekten gerade voraus. Nur zur Versicherung darüber, daß, ungeachtet der sonstigen Unterschiede zwischen dem Organismus des Menschen und dem der herangezogenen Tiere, diese Gleichheit unterstellt werden darf, wird im Rahmen der medizinischen Fragestellungen die vergleichende Anatomie auch realisiert, das heißt aber beschränkt, vereinzelt und unter engen Gesichtspunkten. Gleichwohl mußte dabei, gewissermaßen als ein Überschuß, allmählich ein Fundus von Erfahrungen über die Gemeinsamkeiten und Unterschiede der verschiedenen Organismen zustande kommen, der im Rahmen der Medizin keinen Gebrauchswert hatte. Unter diesen Bedingungen konnte also die vergleichende Anatomie nur als eine Art wissenschaftlichen Steckenpferdes, wie ein gegenüber der Medizin verselbständigter Wissenszweig, von einzelnen Ärzten gepflegt und in den Grenzen der Möglichkeiten eines Privatmanns entwickelt werden. Niederschläge vergleichend anatomischer Untersuchungen, die sich aus dem Kontext der Medizin gelöst haben, sind schon im 16. Jahrhundert nachweisbar. So enthält z. B. Pierre Belons (1517–1564) *Histoire de la Nature des Oyseaux* (1555) einen Vergleich zwischen dem Skelett des Menschen und eines Vogels (vgl. die Abb. 7, S. 166).

Relative Verselbständigung in der Historia Naturalis

Die medizinische Anatomie bildete also einen Ausgangspunkt und eine der Voraussetzungen der vergleichenden Anatomie; entwickelt werden konnte letztere jedoch nur in relativer Selbständigkeit gegenüber der Medizin und ihren praktischen Zwecken. Der erste Entfaltungsrahmen der vergleichenden Anatomie war, worauf schon der Titel des Belonschen Werks hinweist, die Historia Naturalis. In dieser bildete sich allmählich die andere Voraussetzung der vergleichenden Anatomie heraus, nämlich die Kenntnis der Flora- und Faunaformen. Auch hierbei spielten Ärzte eine bedeutende Rolle. Guillaume Rondelet (1507–1566) beispielsweise, dessen *Histoire entière des Poissons* (1554/1555) anatomische Vergleiche zwischen den Organen der mit Kiemen und der mit Lungen atmenden Meerestiere enthält, war Professor der Anatomie in Montpellier. Belon auf der anderen Seite, ebenfalls Mediziner, machte sich durch Reisebeschreibungen einen Namen und ist fast den Literaten der Zeit zuzurechnen, wie es zu dieser Zeit auch umgekehrt vorkam, daß humanistische Gelehrte, von ihrer philologischen Beschäftigung mit naturkundlichen Schriften der Antike angeregt, dazu übergingen, selbst beschreibende Naturforschung zu betreiben; so z. B. William Turner (1508–1568). Die relative Selbständigkeit solcher Naturforschung fand zu dieser Zeit auch schon vereinzelt institutionellen Ausdruck. So hatte z. B. Ulysse Aldrovandi (1522–1605), der in der Entwicklung der zoologischen Systematik eine bedeutende Rolle spielte, in Bologna eine Professur inne, die direkt für Historia Naturalis definiert war.[105]

Die vergleichende Anatomie ist eine Disziplin, für die im besonderen Maße gilt, daß ohne ausgedehnte empirische Untersuchungen keine nennenswerten Fortschritte zu erzielen sind. Ihre Entwicklung ist so davon abhängig, daß die Bedingungen für diese Untersuchungen gegeben sind. Sie stieß deswegen als Zweig der Historia Naturalis

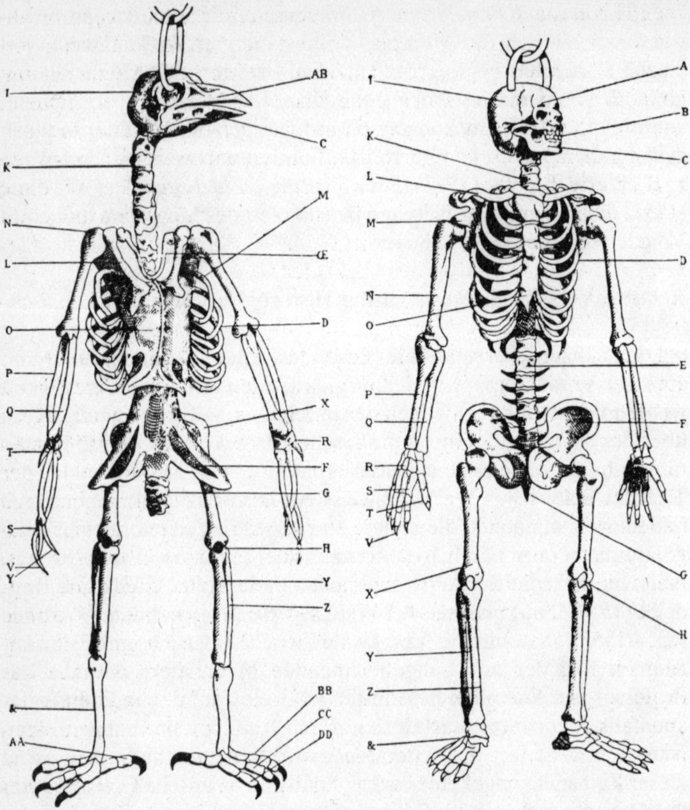

Abb. 7. Vergleichende Gegenüberstellung der Skelette eines Vogels und eines Menschen von Pierre Belon.[104]

Gleiche Buchstaben bezeichnen Knochen, die Belon – mit heutigen Worten – für homolog hielt.

schneller auf Grenzen als andere Zweige.

Die Historia Naturalis läßt sich bis zu einem gewissen Grade literarisch betreiben, als Auswertung der naturkundlichen Literatur der Antike, von Reiseberichten, von älteren oder neuen naturkundlichen Beschreibungen über spezielle Gegenstände etc., also als ein

Zusammentragen der literarisch dokumentierten empirischen Erfahrungen vieler Generationen und Völker. Im 16. und 17. Jahrhundert wurde sie auch weitgehend von universal gebildeten Gelehrtenpersönlichkeiten in dieser Form betrieben. Dabei darf man nicht verkennen, wie wichtig es wenigstens anfangs war, die verstreuten Wissensschätze zusammenzutragen, in irgendeiner Form systematisiert darzubieten und sie so den Interessierten erschließbar zu machen. Daß auf diese Weise unvermeidlich auch viele Irrtümer weitertradiert wurden, fällt dagegen nicht allzu sehr ins Gewicht – und ein Wissenschaftshistoriker ist der letzte, der sich darüber beklagen wird.

Auch die vergleichende Anatomie ist auf die literarische Vermittlung von Untersuchungsbefunden, die früher oder anderswo gemacht wurden, angewiesen, und dies besonders in einer Zeit, da es in der Regel ein Glücksfall war, wenn irgendein Anatom die Gelegenheit hatte, ein in Europa nicht verbreitetes Lebewesen zu sezieren. Noch im 18. Jahrhundert mußte Buffon bei dem Artikel über den Elefanten auf den Scktionsbericht Claude Perraults (1613–1688), Bruder des bekannten Dichters und Literaturtheoretikers, zurückgreifen, weil ihm in der königlichen Menagerie kein lebendes Exemplar zur Verfügung stand; der Artikel fiel denn auch, nach dem Urteil Cuviers, ungenauer als der des Aristoteles aus. Dies zeigt die engen Grenzen, in denen literarisch tradiertes Wissen der vergleichenden Anatomie nützen konnte, zumal in ihren Anfängen, als es noch um die Sicherung ganz elementarer Tatsachen ging. Trotz des hohen Niveaus, das die Illustrierung wissenschaftlicher Bücher seit der Renaissance erlangt hatte, konnten auch Abbildungen, so wichtig sie selbstverständlich waren, nur in geringem Maße die Situation verbessern. Die Entwicklung der vergleichenden Anatomie stand und fiel mit der elementaren Voraussetzung, daß ihr reale Exemplare der zu untersuchenden Arten erreichbar waren und auch untersucht werden durften.

Bedenkt man, wie beschränkt und zufällig das empirische Material sein mußte, das ein Arzt, der vergleichend anatomischen Fragen nachging, in seinen Untersuchungskreis ziehen konnte, so erscheint es nur als selbstverständlich, daß im 16. und 17. Jahrhundert auf diesem Gebiet gleichsam nur Stichproben hervorgebracht werden konnten. Auf dieser Basis war eine systematische Bearbeitung der vergleichenden Anatomie undenkbar. Und dies konnte nicht einmal als eine unbefriedigende Situation erscheinen, solange dieses Gebiet nicht mehr als ein wissenschaftliches Hobby naturkundlich interessierter Ärzte war. Für eine systematisch betriebene vergleichende Anatomie fehlte vor dem 18. Jahrhundert nicht allein die Materialbasis der empirischen Untersuchung, sondern ebenso ein Anlaß, der diese Anatomie aus dem Stadium einer wissenschaftlichen Liebhaberei von Privatleuten herausheben konnte.

Naturalienkabinette

Dieser Anlaß entstand, als die aristokratisch-höfische Prahlerei mit dem Besitz von erlesenen, möglichst seltenen, exotischen oder auch kuriosen Gegenständen neben Kunstsammlungen und ähnlichem allmählich auch Naturalienkabinette, Menagerien und Gärten mit fremdländischen Lebewesen hervorbrachte, die trotz der prunksüchtigen Gesichtspunkte, unter denen sie entstanden waren, eine Sammlung von Naturgegenständen darboten, wie sie der Naturforschung bis dahin nicht zur Verfügung gestanden hatte. Etwas überschwänglich vielleicht nannte in der Mitte des 18. Jahrhunderts Denis Diderot (1713–1784) die Naturalienkabinette einen Abriß der gesamten Natur.[106] Diese Sammlungen, die oftmals verstaubten Rumpelkammern glichen und ihre Stücke, wertvolle wie wertlose, wahllos durcheinandergewürfelt enthielten, wurden aber erst dadurch zu solch einem Abriß der Natur, daß sie von naturkundiger Hand ausgekämmt, geordnet und ergänzt wurden. In dem Maße, wie Fürsten und adlige oder bürgerliche Privatleute, die Sammlungen von einiger Substanz unterhielten, mit ihrer Ordnung und Pflege Naturforscher betrauten, erschloß sich nicht allein dieses instruktive Material für die Historia Naturalis; diese hatte damit auch eine neue institutionelle Grundlage erhalten.

Hinsichtlich der Bedeutung dieser Sammlungen für die Entstehung einer systematisch betriebenen vergleichenden Anatomie verdient Holland Interesse, das im 18. Jahrhundert zu den bedeutendsten Zentren solcher Kabinette, Menagerien und Gärten gehörte, wofür seine damalige Stellung als bürgerliche Kolonialmacht den allgemeinen Hintergrund darstellt. In Hartekamp bei Harlem beispielsweise unterhielt der Bankier George Clifford, Direktor der ostindischen Kompanie und englischer Gesandter im Haag, den größten und artenreichsten botanischen Garten des damaligen Europa, mit dessen Beaufsichtigung und Bestandsaufnahme in den Jahren 1735 bis 1737 Linné beauftragt war.[107] Für die vergleichende Anatomie war aber vor allem das auf den ersten Wilhelm von Oranien zurückgehende »Fürstliche Naturalienkabinett« im Haag von Bedeutung, das Georg For-

Abb. 8. Zeitgenössische Darstellung des Naturalienkabinetts, das Levinus Vincent Anfang des 18. Jahrhunderts in Haarlem unterhielt.[110]

ster, der es 1790 besichtigte, als ein Museum einschätzte, »welches in jeder Rücksicht die oberste Stelle (unter allen holländischen Sammlungen – W. L.) verdient, und in der Welt kaum zwei oder drei Nebenbuhler hat, die man ihm mit einigem Recht an die Seite setzen kann«[108], wobei Forster bei den Nebenbuhlern wahrscheinlich an das Britische Museum und an das Cabinet du Roi in Paris dachte. »Hier war es, wo Pallas zuerst den Grund zu seinem nachmaligen Ruhm als Naturforscher legte.«[109]

Peter Simon Pallas (1741–1811) ist vor allem aufgrund seiner Forschungen in Rußland als Geograf und Völkerkundler bekannt. Er gehörte jedoch ebenso zu den Pionieren einer systematischen vergleichenden Anatomie. Die dafür bedeutsamen Arbeiten[111] entstanden, als er in den Jahren 1763 bis 1766 das Fürstliche Naturalienkabinett zu ordnen hatte. Und dies wird verständlich, wenn man auch nur dem Forsterschen Bericht entnimmt, was für eine reichhaltige Sammlung etwa von Skeletten von Säugetieren aus allen Weltgegenden dieses

Museum enthielt. Das mußte beim Ordnen morphologische Studien geradezu provozieren. (Forster bewertete die Sammlung nicht etwa als staunender und leicht zu blendender Laie, sondern mit professionellem Blick; er kannte das Britische Museum und eine der bedeutendsten Naturaliensammlungen des damaligen Deutschland, das Museum der Universität Göttingen, an dem damals der mit ihm befreundete Samuel Thomas Sömmering [1755–1830] vergleichend anatomische Studien betrieb.)

Im Holland dieser Zeit finden wir auch einen anderen Pionier der Morphologie, den Arzt und späteren Staatsmann Peter Camper (1722–1789), der freilich als vermögender Mann in der Lage war, selbst ein bedeutendes Naturalienkabinett als Grundlage seiner Arbeit aufzubauen, eine Sammlung, die nach Forsters Beschreibung teilweise nach vergleichend anatomischen Gesichtspunkten zusammengestellt gewesen sein muß.[112]

Das Museum d'Histoire Naturelle

Die Bedeutung dieser Sammlungen für die Herausbildung der vergleichenden Anatomie als selbständige naturwissenschaftliche Disziplin, und zwar sowohl als Arsenale der Untersuchungsgegenstände wie als eine erste institutionelle Grundlage, auf der diese Wissenschaft auf Dauer gestellt und so zu systematischen Untersuchungen befähigt wurde, erwies sich in ihrem vollen Ausmaße erst an den Sammlungen des französischen Königshofs. 1739 wurde der 32jährige Buffon, nicht ohne einige Intrigen[113], Direktor des Jardin du Roi (der aus dem Jardin des herbes médecinales hervorgegangen war, den der Leibarzt Ludwigs XIII. gut hundert Jahre vorher unter pharmazeutischen Gesichtspunkten angelegt hatte) und der dem Jardin angeschlossenen Sammlungen. Aus den ordnenden und registrierenden Arbeiten, die Buffon in dieser Funktion durchzuführen hatte, ging seine berühmte *Histoire naturelle* (1749 ff.) hervor. Die königlichen Sammlungen sind die Grundlage dieses Werks, auch wenn Buffon große organisatorische Energie entfaltete, um Naturforscher aus ganz Europa für dieses Werk einzuspannen.

Einer seiner glücklichsten organisatorischen Griffe hatte zugleich entscheidende Bedeutung für die Herausbildung der Morphologie. Buffon, der selbst nur über mäßige medizinische Kenntnisse verfügte, ließ Louis-Jean-Marie Daubenton (1716–1800), ein Provinzarzt aus Montbard (der nordwestlich von Dijon gelegenen Geburtsstadt Buffons), dessen bedeutenden anatomischen Kenntnisse und Fähigkeiten Buffon bekanntgeworden waren, als »Demonstrateur« des Gartens anstellen und machte ihn zu so etwas wie seinen wissenschaftlichen Privatsekretär. Daubenton war in dieser Stellung zum einen maßgeblich an der Neuordnung und Ergänzung der Sammlungen beteiligt und verfaßte zum anderen die anatomischen Teile der *Histoire naturelle* aufgrund der anatomischen Untersuchungen, die ihm hier möglich waren. Es ist nicht leicht zu sagen, welche dieser Arbeiten für die Entwicklung der Morphologie bedeutsamer war. Jedenfalls bildete der Ausbau der königlichen Sammlungen zu einem veritablen wissenschaftlichen Museum und Institut die entscheidende Voraussetzung dafür, daß die französische Republik, nach einigen Wirren in den ersten Jahren der Revolution, mit dem neuorganisierten Musée d'Histoire Naturelle der vergleichenden Anatomie ein Institut zur Verfügung stellen konnte, in dem sie innerhalb einer Generation aus den Kinderschuhen herauswuchs. Was für einen qualitativen Sprung dieses Institut darstellte, zeigen allein die Namen derer, die an ihm zwischen 1794 und 1830 in der zoologischen Abteilung Forschungsmöglichkeiten hatten: Für Wirbeltiere Cuvier und Geoffroy Saint-Hilaire, für Reptilien Alexandre Brogniart (1770–1847) und für Wirbellose Lamarck und Pierre-André Latreille (1762–1833).

Doppelte Wurzel und zweifache Fragerichtung

Die Morphologie hatte also eine doppelte Wurzel: die medizinische Anatomie und die naturgeschichtliche Zoologie. (Wenn bisher die botanische Morphologie keine Beachtung fand, so liegt das daran, daß diese, trotz der beachtlichen Leistungen von namentlich Mathias Lobelius (1538–1616), Joachim Jungius (1587–1657) und Ray, im Grunde erst mit Augustin Pyrame de Candolle (1778–1841) beginnt, zu einer Zeit, da die zoologische Morphologie, zumindest für die Wirbeltiere, mit Cuvier bereits einen ersten Höhepunkt erreicht hatte.) Genauer müßte man vielleicht sagen, daß die in der Medizin in rudimentären Ansätzen entstehende vergleichende Anatomie auf der Grundlage der eben betrachteten materiellen und institutionellen Voraussetzungen in die Historia Naturalis integriert wurde und dort ihre Entfaltungsdimension fand.

Für die vergleichende Anatomie bedeutete dies einerseits den Gewinn, daß sie auf diese Weise aus dem praktischen Kontext der Medizin herausgelöst wurde, in dem sie sich nicht entwickeln konnte.

Die Integration in die Historia Naturalis konnte aber andererseits zu einer gewissen Ablösung der vergleichenden Anatomie von den physiologischen Fragestellungen führen, unter denen sie im medizinischen Kontext betrieben wurde. Und dies war ein durchaus zweischneidiges Resultat.

Anatomische Untersuchungen müssen ja keineswegs physiologisch orientiert sein. Ihr unmittelbarer Gegenstand sind Gestalt und Struktur der Organismen und ihrer Organe, und diese können unter unterschiedlichen Aspekten Gegenstand des Interesses sein – man denke nur an die Künstleranatomie. Zur Entschlüsselung der physiologischen Zusammenhänge können diese Untersuchungen, wie schon bemerkt, nur in engen Grenzen etwas beitragen. Es war nun gerade dieser äußerliche, auf die Untersuchung von Gestalt und Struktur konzentrierte Charakter der Anatomie, der sie für die beschreibende Historia Naturalis wertvoll machte und von dem her es verständlich wird, wieso diese, ihrer Herkunft nach der Organisationsebene angehörende Disziplin ein Mittel der Historia Naturalis werden konnte, die die Ordnungebene repräsentierte. Reduzierte sich nun aber die in der Historia Naturalis integrierte vergleichende Anatomie auf die reine Beschreibung und Vergleichung von Gestalt und Struktur der Naturwesen, so waren abstruse Resultate nicht zu vermeiden. Dies zeigt eindrucksvoll eine frühe Schrift Campers, in der es um die »Analogien zwischen Tieren und Wurzeln« geht.[114] Ein wirklicher Gewinn für die Historia Naturalis war die vergleichende Anatomie nur, wenn sie an dem funktionalen Verständnis der Organismen und ihrer Organe festhielt, das sie aus ihrer medizinischen Vergangenheit mitbrachte. Nur so konnte sie auch der Historia Naturalis Momente einer erklärenden Theorie zuführen, die ihren nur deskriptiven Charakter veränderten.

Der Sachverhalt käme also nur unzureichend in den Blick, würden wir nur zur Kenntnis nehmen, daß ihre Integration in die Historia Naturalis die vergleichende Anatomie den beengenden praktischen Orientierungen der Medizin enthob und ihr – auf der Grundlage der geschilderten institutionellen Voraussetzungen – überhaupt erst eine angemessene Entfaltungsdimension gab. Denn umgekehrt verschaffte die vergleichende Anatomie der Historia Naturalis eine neue Dimension, wenn und insofern sie ihr Interesse auf den Zusammenhang von Struktur und Funktion der Organismen und ihrer Teile richtete und so einem Erbe aus ihrer medizinischen Herkunft verpflichtet blieb: Indem sie auf diese Weise in Gesetzmäßigkeiten der organischen Formen eindrang, eröffnete sie der Historia Naturalis die Möglichkeit, die bloße Deskription überwinden zu können. Die außerordentliche Bedeutung, die die vergleichende Anatomie für die Disziplinen der Ordnungsebene hatte, der Umstand, daß sie vor der Evolutionstheorie die Rolle eines integrierenden theoretischen Zentrums dieser Disziplinen zu spielen vermochte, beruhte darauf, daß sie zugleich eine Disziplin der Ordnungs- wie der Organisationsebene war und aus ihrer Erkenntnis gewisser Gesetzmäßigkeiten der Organismen erklärende Theoriemomente für die Ebene der Ordnung zur Verfügung stellte.

Es gilt jedoch zu beachten, daß die Frage nach dem Zusammenhang von Struktur und Funktion der Organismen und ihrer Teile und die Frage nach dem Zusammenhang in den Reichen der lebendigen Natur unter vergleichend anatomischen Gesichtspunkten verschiedene, nicht aufeinander oder auf eine dritte reduzierbare Fragen bleiben, auch wenn Antworten auf die eine der Beantwortung der anderen zugute kommen mögen. Sosehr die Verbindung von funktionaler und systematischer Forschung für die Fruchtbarkeit der vergleichenden Anatomie ausschlaggebend war, sosehr blieb für sie eine zweifache, nicht wechselseitig substituierbare Fragerichtung charakteristisch. Dies zeigen die ersten großen Resultate, die die vergleichende Anatomie an der Wende vom 18. zum 19. Jahrhundert zeitigte: Die Auffassung des Organismus als ein Funktionssystem und die Aufstellung des Begriffs des morphologischen Typus als Kategorie der Systematik.

Funktionssystem Organismus

Die Aussage, daß die Auffassung des Organismus als eines Funktionssystems eine Errungenschaft der vergleichenden Anatomie zur Zeit Felix Vicq d'Azyrs (1748–1794) und Cuviers sei, kann Widerspruch hervorrufen; und sie wäre auch unhaltbar, sollte mit ihr behauptet werden, die Organismen seien bis dahin noch nie unter funktionalen Gesichtspunkten betrachtet worden. Diese Betrachtungsweise war der Antike geläufig, geriet im Mittelalter nie ganz in Vergessenheit und wurde in der Renaissance mit dem Studium des Hippokrates von Kos, Theophrasts und Galens neu belebt. Und auch die mechanizistische Physiologie von René Descartes (1596–1650) bis Julien-Offray de La Mettrie (1709–1751), die sich gegen die teleologischen Deutungen der überlieferten Physiologie wandte, war diesem Gesichtspunkt verpflichtet und brachte mit der Metapher »Maschine« das Funktionssystem Organismus auf eine prägnante Formel. Das zeigt aber, daß es nicht so sehr um die Konstatierung einer sich von alters her durchhaltenden funktionalen Auffassung des Organismus geht, sondern um die Unterschiede in der

Entwicklung dieser Auffasssung, an denen sich erst das Charakteristische der Organismusauffassung einer Zeit erkennen läßt.

In seiner *Universa Medicina* (1544) bestimmte z. B. Fernel den Leib als »Instrument« der Seele (»corpus animae instrumentum«).[115] Fast 250 Jahre später bestimmte Kant ein »Naturprodukt« als »organisiertes und sich selbst organisierendes Wesen«, wenn in ihm »ein jeder Teil, so wie er nur durch alle übrigen da ist, auch als um der anderen und des Ganzen willen existierend, d. i. als Werkzeug (Organ) gedacht (wird) (. . .) als ein die anderen Teile (folglich jeder den anderen wechselseitig) hervorbringendes Organ«.[116] In beiden Fällen wird der Organismus als ein Ganzes von zusammenwirkenden Werkzeugen verstanden; und dennoch liegt bei Kant ein grundsätzlich anderer Begriff des Organismus vor als bei Fernel: Mittel (corpus) und Zweck (anima) stehen sich nicht mehr metaphysisch getrennt gegenüber; der Organismus ist vielmehr ineins sein Zweck und Mittel. Kant revidierte damit aber nicht nur in der Konsequenz der mechanizistischen Physiologie die alte dualistische Organismusauffassung, sondern ebenso, aufbauend auf der Physiologie Albrecht von Hallers (1708–1777), Caspar Friedrich Wolffs (1733–1794) und Blumenbachs, die Auffassung des Organismus als Maschine, gegen die er die Selbstorganisation des Organismus (Regeneration, Reproduktion des Individuums durch Stoffwechsel, Reproduktion der Art durch Fortpflanzung)[117] ins Feld führte.

Was nun die spezifische Leistung der vergleichenden Anatomie um 1800 in diesem Zusammenhang angeht, so ist *erstens* hervorzuheben, daß sie nicht bei allgemeinen Bestimmungen des Organismus als solchem stehen blieb. In seinem *Traité d'anatomie et de physiologie* (1786) beschäftigte sich Vicq d'Azyr, der als Nestor der Morphologie gilt, mit dem Zusammenhang zwischen der Lebensweise bestimmter Tiere und ihren Zahn- und Gebißformen, also damit, wie sich letztere unterscheiden, je nachdem, ob es sich um Pflanzen- oder Fleischfresser handelt. Ausgehend von diesem jedermann mehr oder minder deutlichen Tatbestand zeigte er nun weitere Zusammenhänge auf: Wie die Zähne, so müssen auch andere Organe der jeweiligen Nahrung entsprechen, z. B. der Verdauungsapparat, die Extremitäten etc. Daraus folgt aber, daß auch zwischen diesen Organen ein gesetzmäßiger Zusammenhang bestehen muß, der es erlaubt, von der Beschaffenheit des einen auf die der anderen zu schließen. Hier liegt also eine erste Erfassung des morphologischen Korrelationsgesetzes vor, dessen Gültigkeit Vicq d'Azyr im weiteren an verschiedenen Wirbeltieren anatomisch demonstrierte. Cuvier gab diesem Gesetz 1812 seine klassische Formulierung: »Jedes Lebewesen bildet ein

Ganzes, ein einheitliches und geschlossenes System, in welchem alle Teile einander gegenseitig entsprechen und zu derselben bestimmten Tätigkeit durch wechselseitige Gegenwirkung beitragen. Keiner dieser Teile kann sich verändern, ohne daß sich auch die übrigen verändern, und folglich bezeichnet und gibt jeder Teil für sich genommen alle übrigen.«[118]

Entscheidend scheint mir daran, daß es diesen vergleichenden Anatomen nicht mehr um die Frage geht, ob und in welcher Weise der Organismus als ein Funktionssystem aufzufassen ist. Sie untersuchen vielmehr bereits die verschiedenen Funktionssysteme, die das Reich des Organischen darbietet, in ihrer Unterschiedenheit und Spezifik und versuchen, ausgehend von ihrer spezifischen Unterschiedenheit das in ihnen wirksame gemeinsame Gesetz herauszufinden. Dieses aber finden sie, indem sie dem jeweils konkreten Zusammenhang zwischen den Organen der spezifischen Funktionssysteme nachgehen. Erst damit sind die Organismen nicht nur als Funktionssysteme deklariert, sondern konkret als solche nachgewiesen.

Bereits die Vorgehensweise Vicq d'Azyrs, die kurz angedeutet wurde, läßt erkennen, daß es gerade der Vergleich organischer Formen ist, der eine entscheidende Voraussetzung für diesen Beitrag der Morphologie zum Organismusverständnis darstellt. Die vergleichend anatomische Entschlüsselung des Zusammenhangs von Funktion und Struktur der Organismen steht aber damit, so ist *zweitens* hervorzuheben, von vornherein im Kontext von Fragestellungen der Systematik[119] und darüber hinaus in dem der anderen Disziplinen der Ordnungsebene. Im Zusammenhang mit der Biogeografie sahen wir bereits, wie der morphologische Begriff des Organismus als Funktionssystem einen entscheidenden Schritt bedeutete, um die abstrakten und unspezifischen Vorstellungen der Abwandelbarkeit der Organismen entsprechend bestimmter Umweltsbedingungen zu überwinden und den Zusammenhang Organismus/Umwelt konkret als Wechselwirkungsprozeß zu begreifen (vgl. S. 132 ff.); ebenso wurde bereits gezeigt, daß die Paläontologie, der mit diesem Organismusbegriff die Möglichkeit der Rekonstruktion fossiler Reste eröffnet wurde, gewissermaßen zum Feld experimenteller Bestätigung für die morphologischen Einsichten in die Baugesetzmäßigkeiten der Organismen wurde (vgl. S. 146 f.). Die morphologische Präzisierung der funktionalen Organismusauffassung förderte aber auf diese Weise in diesen Disziplinen der Ordnungsebene die Entwicklung ihrer evolutionstheoretisch relevanten Momente und zeigt sich so selbst als ein indirekt evolutionstheoretisch relevantes Theoriemoment der biologischen

Disziplinen. Und dies wird sich erneut im Zusammenhang der Systematik zeigen, in dem das morphologische Verständnis des Organismus als Funktionssystem der bis dahin in der Systematik vorherrschenden abstrakt kombinatorischen Formenauffassung einen entscheidenden Stoß versetzte und damit einen wichtigen Beitrag zur Annäherung an das Natürliche System leistete.

Die evolutionstheoretische Relevanz der morphologischen Fortschritte der Cuvier-Zeit liegt ohnehin in erster Linie in ihrem Beitrag zur Systematik. War für deren Entwicklung zum Natürlichen System die spezifisch funktionale Organismusauffassung der Morphologie gewissermaßen indirekt, nämlich als Kritik der Kombinatorik bedeutsam, so direkt und positiv die Erarbeitung des morphologischen Begriffs des Typus.

Typus: »Allgemeines Bild«

1795 schrieb Goethe in Notizen, die er später unter dem Titel *Erster Entwurf einer allgemeinen Einleitung in die vergleichende Anatomie, ausgehend von der Osteologie* zusammenstellte, zur Situation der vergleichenden Anatomie:

»Man verglich die Tiere mit dem Menschen und die Tiere untereinander, und so war bei vieler Arbeit immer nur etwas Einzelnes erzweckt und durch diese vermehrten Einzelheiten jede Art von Überblick immer unmöglicher. (. . .) Da man nun auf solche Weise alle Tiere mit jedem und jedes Tier mit allen vergleichen mußte, so sieht man die Unmöglichkeit ein, je auf diesem Wege eine Vereinigung zu finden.«

Zur Überwindung dieses unbefriedigenden Zustands soll der Typus-Begriff beitragen, den Goethe, in unmittelbarer Fortsetzung des Zitierten, so einführt:

»Deshalb geschieht hier ein Vorschlag zu einem anatomischen Typus, zu einem allgemeinen Bilde, worin die Gestalten sämtlicher Tiere der Möglichkeit nach enthalten wären, und wonach man jedes Tier in einer gewissen Ordnung beschriebe. (. . .) Alle diese Vergleichungen können nach aufgestelltem Typus noch immer stattfinden, nur wird man sie mit besserer Folge und größerem Einfluß auf das Ganze der Wissenschaft vornehmen; ja dasjenigen, was bisher schon geschehen, beurteilen und die wahr gefundenen Beobachtungen an gehörigen Orten einreihen.«[120]

Die vergleichende Anatomie hatte sich also am Ende des 18.

Jahrhunderts, das können wir daraus zunächst entnehmen, so weit entfaltet, daß sich in ihr bereits die Probleme stellten, die zur gleichen Zeit die Systematiker beschäftigten, die sich nicht mit nur diagnostischen Zwecken genügenden Systemen zufriedengaben, sondern versuchten, im System den natürlichen Zusammenhang der Formen des jeweiligen Naturreichs abzubilden. Dieses Ziel war nicht zu erreichen, wenn man die Formen gemäß der Ähnlichkeit bestimmter ihrer Organe anzuordnen versuchte – es mußte notwendig jeweils ein anderes System entstehen, je nachdem, an welchem Organ der Vergleich durchgeführt wurde –, und auch nicht, wenn man einen bestimmten Organismus als Bezugspunkt der vergleichenden Untersuchung zugrunde legte; auch hierbei mußten jeweils andere Systeme entstehen, je nachdem, von welchem Organismus die einzelnen Systematiker als Bezugspunkt ausgingen. In dieser Situation war ein einheitliches System nur von einer Konvention zu erwarten, was aber nichts anderes besagt, als daß dieses einheitliche System ein künstliches wäre.

Scheinbar plädierte auch Goethe zur Überwindung des Problems für eine Konvention: »(. . .) es fehlt an einer Norm, an der man die verschiedenen Teile prüfen könnte; es fehlt an einer Folge von Grundsätzen, zu denen man sich bekennen müßte«.[121] Aber sein Ziel war ein anderes: »Dieser Typus müßte so viel wie möglich in physiologischer Rücksicht aufgestellt sein. Schon aus der allgemeinen Idee eines Typus folgt, daß kein einzelnes Tier als ein solcher Vergleichskanon aufgestellt werden könnte; kein einzelnes kann Muster des Ganzen sein. (. . .) Die Erfahrung muß uns vorerst die Teile lehren, die allen Tieren gemeinsam sind, und worin diese Teile verschieden sind. Die Idee muß über dem Ganzen walten und auf eine genetische Weise das allgemeine Bild abziehen.«[122]

Ausgehend von der Erfahrung, der Formenkenntnis, soll das Identische der verschiedenen Formen gefunden und als ihr allgemeines Bild abgezogen werden, das dann als Muster oder Vergleichskanon der Bewertung und Anordnung der wirklichen Formen dient. Dies allgemeine Bild wäre also keine Konvention; zu seiner Gewinnung ist freilich die Beachtung bestimmter Grundsätze erfordert, vor allem dessen, daß das allgemeine Bild auf genetische Weise abgezogen wird. Dies ist in der Tat eine wesentliche Bedingung dieses Programms. Denn das Allgemeine der verschiedenen Formen ist allerdings nicht durch einen Vergleich ihrer Gestalten beziehungsweise der Gestalt ihrer Organe gewissermaßen mechanisch auszufiltern; verlangt ist vielmehr – darauf zielte Goethe mit dem Wort »genetisch« – die Identifizierung der verschiedenen Gestalten als unterschiedliche

»Bildungen« eines Identischen.

Warum Goethe später sein Unternehmen durch den Firmennamen »vergleichende Anatomie« nicht adäquat bezeichnet fand und den Titel »Morphologie« vorzog, wird von hieraus verständlich und damit auch der Sinn des Terminus »Morphologie« im Deutschland jener Zeit. »Wollen wir also eine Morphologie einleiten«, schrieb Goethe 1807, »so dürfen wir nicht von Gestalt sprechen, sondern, wenn wir das Wort brauchen, uns allenfalls dabei nur die Idee, den Begriff oder ein in der Erfahrung nur für den Augenblick Festgehaltenes denken. Das Gebildete wird sogleich wieder umgebildet, und wir haben uns, wenn wir einigermaßen zum lebendigen Anschauen der Natur gelangen wollen, selbst so beweglich und bildsam zu erhalten, nach dem Beispiel, mit dem sie uns vorgeht.«[123] »Morphologie« meint also nicht einfach die Wissenschaft von den Gestalten der Organismen und ihrer Organe, sondern die Wissenschaft von den Bildungsgesetzmäßigkeiten der organischen Gestalten, die in der Lage sei, die Einheit in der Mannigfaltigkeit der Gestalten zu erkennen, weil sie diese als Produkte und nur durch Abstraktion fixierte[124] Momente des ewigen Gestaltungsprozesses eines Identischen begreift. (Berührungspunkte, Parallelen und Zusammenhänge mit der vom Pantheismus Brunos und Spinozas beeinflußten Naturphilosophie des jungen Schelling und später Hegels sind schwerlich zu übersehen; wir können jedoch hier nicht näher darauf eingehen.)

Als so verstandene Morphologie scheint die vergleichende Anatomie zu einer Wissenschaft des genetischen Zusammenhangs der Formen in den beiden Reichen der organischen Wesen zu werden. Indem sie diese Formen als Umbildungen eines identischen tierischen respektive pflanzlichen Typus zu begreifen sucht, scheint sie einen evolutionistischen Charakter zu gewinnen, und dieser Begriff des morphologischen Typus selbst dadurch seine objektive evolutionstheoretische Relevanz unter Beweis zu stellen. Dabei unterstellen wir freilich, daß damals an einen realen genetischen Zusammenhang zwischen den organischen Formen gedacht wurde. Aber war das tatsächlich der Fall?

Goethe selbst scheint, wie bereits im Biogeografie-Abschnitt erwähnt, in den achtziger Jahren wirklich an solch einen realen genetischen Zusammenhang gedacht zu haben, und zwar im Kontext seiner »Metamorphose der Pflanze«, einer Theorie, in deren Zentrum die Umbildung eines Identischen (»Alles ist Blatt«[125]) in der Ontogenese steht, auch wenn er dabei bezeichnender Weise so verfährt, daß rezente Pflanzenarten als Momente und Schritte einer Ontogenese der Pflanze als solcher angesehen werden. Was immer zu dieser zugleich merkwürdig hellsichtig und kraus scheinenden Theorie im einzelnen zu sagen wäre: In ihrer Perspektive kann das Pflanzenreich als die simultane Existenz der nach Art ontogenetischer Auswicklung verstandenen Evolutionsstufen eines Identischen erscheinen, eröffnet sich eine Möglichkeit, die Mannigfaltigkeit der Formen der organischen Naturreiche als ein in sich zusammenhängendes Ganzes zu denken (eine Möglichkeit, die später Lamarck durch eine explizite, erklärende Transformationstheorie zu realisieren versuchte, was jedoch, wie wir sahen, nicht zu einer geschichtlichen Auffassung der Lebensformen führte). Goethe selbst machte keinen wirklichen Versuch, diese Perspektive theoretisch zu realisieren. Beeindruckt zumal von der Kritik, die der Kantianer Schiller an seinem »Realismus« übte[126], stellte er seine morphologischen Vorstellungen wieder in den zeitgenössischen Ideenkreis ein, von dem her er sie entwickelt hatte, nämlich in den Ideenkreis der »Stufenleiter der Wesen«, für den ihn – wie auch Lamarck – insbesondere die Schriften Charles Bonnets (1720–1793) eingenommen hatten.

In der Konsequenz der »Stufenleiter«-Idee, nach der im Kontinuum der Seinsformen (»Kette der Wesen«) diese Formen eine Abfolge immer vollkommenerer Wesen darstellen (»Wollust ward dem Wurm gegeben und der Cherub steht vor Gott«), erscheint die ganze Realität als simultane Existenz von manifestierten Entwicklungsstufen eines Identischen, das zumeist christlich fromm als Schöpfungsgedanke Gottes ausgesprochen und in jedem Fall als eine geistige Wesenheit oder (objektive) Idee angesehen wurde. Stellten so die realen Naturwesen nur Manifestationen der Entfaltungs- und Ausdifferenzierungsstufen einer ideellen Wesenheit dar, so bestand zwischen ihnen selbst kein realer Entwicklungszusammenhang, war das jeweils Vollkommenere nicht Entwicklungsresultat des nächst angrenzenden weniger Vollkommenen. An einen realen genetischen Zusammenhang zwischen den Formen war also keineswegs gedacht. (Darauf kommt der Systematik-Abschnitt zurück.)

Nach der Kritik Schillers wollte Goethe unter dem von ihm vorgeschlagenen Typus nichts anderes verstanden wissen als einen »Begriff« oder eine »Idee«, beziehungsweise ein »Muster« oder »Modell«.[127] Mit den beiden letzten Termini rückte er seinen Typus-Begriff in die unmittelbare Nähe zur Vorstellung eines »einfachen und allgemeinen Musters (dessin) oder Modells« (Vicq d'Azyr), das schon nach Buffon und Daubenton den mannigfaltigen Formen des Tierreichs zugrunde liegen sollte, eine Vorstellung, nach der die Einheit des Mannigfaltigen nicht in einem genetischen Zusammenhang unter den organischen

Formen zu suchen ist, sondern in Übereinstimmungen in ihrer Struktur. Diese Vorstellung mag vielleicht gegenüber den so zukunftsweisend anmutenden genetischen Implikationen des Goetheschen Typus-Begriffs wie ein Rückschritt aussehen. Die Suche nach Strukturübereinstimmungen war es jedoch, die zu einem morphologischen Typus-Begriff führte, der die Frage nach einem realen genetischen Zusammenhang unter den organischen Formen unabweisbar machte und zugleich neue Voraussetzungen schuf, dieser Frage in methodischer Form nachgehen zu können.

Typus: »Allgemeiner Plan«

Dieser neue Begriff des morphologischen Typus beruhte auf Forschungen Cuviers, der die vergleichende Anatomie »rein morphologisch«[128] betrieb, das heißt konzentriert auf Gestalt und Struktur und nicht auf physiologische Funktionen. (Cuvier kam nicht von der Medizin her zur vergleichenden Anatomie, was damals eine seltene Ausnahme war.) In seinen vergleichend anatomischen Untersuchungen am Museum d'Histoire Naturelle fand Cuvier heraus, daß sich die Tiere gemäß der Anordnung ihrer Organe in Gruppen einteilen lassen, also – mit einer Formulierung Cuviers von 1812 – in »allgemeine Pläne, nach denen die zugehörigen Tiere modelliert zu sein scheinen, und deren einzelne Unterabteilungen nur leichte, auf die Entwicklung oder das Hinzutreten einiger Teile gegründete Modifikationen sind, in denen aber die Wesenheit des Planes nicht geändert ist«.[129] Als terminus technicus wurde der Begriff »Typus« allerdings zuerst (1816) von Henri Marie Ducrotay de Blainville (1778–1850) in die morphologische Nomenklatur eingeführt und zwar als Bezeichnung für genau solch einen »allgemeinen Plan«.

Allgemein ist der Plan, weil bestimmte organische Formen, die sich in ihrer Gestalt stark, entfernt oder auch kaum ähneln und im Extremfall sogar in der Gestalt all ihrer Organe grundverschieden sein können, gleichwohl minutiös in der Anordnung ihrer Organe übereinstimmen und so im Hinblick auf ihre Struktur einer Gruppe oder eben einem Typus angehören. Im Unterschied zu dem »allgemeinen Bild« oder dem »einfachen und allgemeinen Muster oder Modell« meint dieser Begriff des morphologischen Typus also nicht ein Identisches, das in den bestimmten organischen Formen jeweils verschieden realisiert ist, also als solches nicht erscheint, sondern eine strukturelle Eigentümlichkeit, die in den jeweils zugehörigen Formen identisch realisiert ist und so empirisch konstatiert werden kann. (Das französische Wort für Muster, dessin, antizipierte in der Nebenbedeutung »Plan« diese neue Bedeutung.)

Ein weiterer wichtiger Unterschied ist hervorzuheben: Der neue Begriff des morphologischen Typus bezeichnet nicht wie der alte beziehungsweise seine Äquivalente etwas, worin alle die Formen des Tierreichs übereinkommen, sondern gerade etwas, wonach sie in Gruppen einzuteilen sind. Das Tierreich stellt in seiner Mannigfaltigkeit nicht einen Typus dar, sondern zerfällt vielmehr in Typen, und zwar – nach Cuvier – in vier Typen: I. Wirbeltiere mit den Klassen Säuger, Vögel, Reptilien und Fische, II. Mollusken mit den Klassen Kopffüßler, Flossenfüßler, Schnecken, Muscheln, Rankenfüßler und Armfüßler, III. Artikulata mit den Klassen Krebse, Spinnen, Kerbtiere und Ringelwürmer und schließlich IV. Radiata mit Stachelhäutern, Polypen, Würmern etc. Und Cuvier betonte strikt und nachdrücklich, daß es zwischen diesen Typen keinerlei Verwandtschaft und Übergänge gebe und hob das namentlich gegen die Transformationstheorie Lamarcks und später Geoffroy Saint-Hilaires hervor.

Homologie und Analogie

Wenn wir uns nun dem Gewinn zuwenden, den dieser morphologische Typus-Begriff im Hinblick auf die spätere Evolutionstheorie darstellte, haben wir also wiederum zu beachten, daß die mit diesem Begriff verbundenen Erkenntnisse mit objektiv evolutionstheoretischer Relevanz gerade nicht im Kontext eines evolutionistischen Artverständnisses gemacht wurden.

Objektive evolutionstheoretische Relevanz kommt dabei sogar auch der eben erwähnten Cuvierschen Behauptung zu, daß die Typen absolut diskret seien, so sehr diese Behauptung in der Folgezeit den Zugang zur Einsicht in die Evolution erschweren sollte. Denn diese Behauptung richtete sich damals in erster Linie gegen die in der Perspektive der »Stufenleiter«-Idee stehenden Versuche, die organischen Formen in einer Linie anzuordnen. Wir hatten bereits im Lamarck-Kapitel gesehen, welche Hypothek diese Versuche für die Systematik darstellten, und werden darauf im Systematik-Abschnitt dieses Kapitels erneut aufmerksam werden. Im Hinblick auf die Evolutionstheorie ist dabei das Entscheidende, daß das Natürliche System nur dann Indiz, Beleg und Gegenstand der Deszendenztheorie sein kann, wenn es die tatsächlichen Verzweigungen in der Verwandtschaft der organischen Formen erfaßt und sie entsprechend als Stammbaum anordnet, wenn es also die geronnene Form ihres tatsächlichen Zusammenhangs, nämlich ihres realen Abstammungszusammenhangs, reproduziert. Dafür war aber die Destruktion der linearen Anordnung eine elementare Voraussetzung.

Im Zuge dieser Destruktion der linearen Anordnung erklärte Cuvier, daß es nicht einsehbar sei, »daß die letzten Säugetiere vollkommener wären als die ersten unter den Vögeln, das letzte Weichtier vollkommener als der erste Ringelwurm oder Zoophyt«.[130] Diese, zwar nicht neue, aber treffende Kritik richtete sich nicht allein gegen lineare Anordnungen, sondern machte zugleich und vor allem deutlich, daß keine Klarheit darüber herrschte, nach welchen Kriterien bei der Anordnung zu verfahren sei.

Es entsprach der »Stufenleiter«-Idee, die organischen Formen nach Vollkommenheitsgrad oder »Höhe der Organisation« anzuordnen, wobei als Kriterien, wie diese »Höhe« festzustellen sei, morphologische, also Gestalt und Struktur betreffende und funktionale Gesichtspunkte ununterschieden eine Rolle spielten. So wurde bei dieser Bewertung, wie wir bereits bei Lamarck sahen, Komplexität und Funktionsdifferenziertheit berücksichtigt, also ein Kriterium gebraucht, dem die Morphologie verpflichtet ist (wir werden im Systematik-Abschnitt im Zusammenhang mit Bonnet darauf zurückkommen); zugleich wurden die Organismen aber auch nach ihren Funktionskapazitäten bewertet, also nach einem der Morphologie fremden Gesichtspunkt. Ausgehend von den physiologischen Arbeiten von Hallers, Caspar Friedrich Wolffs und Blumenbachs sah z. B. Karl Friedrich Kielmeyer (1765–1844), Cuviers Lehrer, in der Reproduktion, Irritabilität und Sensibilität die charakteristischen Fähigkeiten der organischen Wesen, deren verschiedenartige Ausbildung bei den Arten deren lineare Anordnung nach Vollkommenheitsgraden gestatte, wobei ein Gesetz der Kompensation reguliere, daß jede dieser Fähigkeiten in den bestimmten Arten immer nur auf Kosten der anderen stärker ausgeprägt sein kann[131] (vgl. unten S. 209). Dies mag Cuvier als warnendes Beispiel für Spekulationen vor Augen gestanden haben, die die Frage der natürlichen Anordnung der organischen Formen dem endlosen Streit zwischen beliebig scheinenden Mutmaßungen beziehungsweise zwischen unentscheidbaren Annahmen über Bewertungskriterien auszuliefern drohten.

Nun gilt es aber zu sehen, daß Kielmeyers Überlegungen gerade auf einer wichtigen Errungenschaft der damaligen Morphologie aufbauten, nämlich auf der besprochenen konkreten Auffassung des Organismus als eines Funktionssystems, einer Errungenschaft, von der Cuvier selbst bei der Rekonstruktion fossiler Organismen so erfolgreich Gebrauch machte. Diese Errungenschaft beruhte aber, wie gesehen, darauf, daß die Morphologie strukturelle und funktionale Gesichtspunkte zu verbinden verstand. Was also mit der Frage nach den Kriterien der systematischen Anordnung von Cuvier problematisiert wurde, das war nicht allein eine unbefriedigende, unklare und so uneinheitliche Bewertung der Organismen nach der »Höhe der Organisation«; vielmehr wurde damit als ein Problem bewußt gemacht, daß strukturelle und funktionale Gesichtspunkte der Morphologie bei der Anordnungsfrage miteinander in Konflikt geraten.

Goethes Versuch z. B., bei Wirbeltieren und Insekten den aufzustellenden allgemeinen Typus des Tieres aufzuzeigen, beruhte darauf, daß Goethe in der Gliederung der Organismen in Vorder- (Kopf), Mittel- und hinterem Teil eine Gemeinsamkeit zwischen den beiden Formgruppen sah, weil diese Teile Organe gleicher physiologischer Funktion beherbergen.[132] Goethe argumentierte dabei also keineswegs naiv von der äußeren Gestalt her, sondern nach funktionalen Kriterien. Andererseits lag es auch damals auf der Hand, daß unter strukturellen Gesichtspunkten zwischen den Organismen der beiden Formgruppen keine Verwandtschaft besteht. Und gerade auch wenn weniger al fresco diskutiert wird als im Kontext des übergreifenden Programms Goethes, zeigt sich der Widerspruch der Gesichtspunkte durchschlagend. Die Schwingen eines Vogels und die Flügel eines Schmetterlings etwa sind funktional weitgehend die gleichen Organe. Vergleichend anatomisch betrachtet, zeigt sich keine Verwandtschaft zwischen ihnen. Bezogen auf die tatsächlichen Abstammungsverhältnisse zeigt dies Beispiel zugleich, daß das strukturelle Kriterium, nach dem zwischen den beiden Organen keine Verwandtschaft besteht, auf die Spur der wirklichen Verwandtschaft unter den organischen Formen führt, während die Konstatierung der funktionalen Übereinstimmung in die Irre leitet.

Im Hinblick auf die spätere Evolutionstheorie hing der Wert des Beitrags der Morphologie für die naturgemäße Anordnung der organischen Formen von der Unterscheidung zwischen funktionalen und strukturellen Entsprechungen zwischen Organen ab, also von der Unterscheidung zwischen Analogien und Homologien, wie es später hieß. Wie aber war diese Unterscheidung zu treffen, wo doch die funktionalen Übereinstimmungen für die Morphologie eine außerordentliche heuristische Bedeutung hatten, und die Identifikation und Definition eines Organes bei Abstraktion von seiner Funktion unmöglich ist? Die Möglichkeit dieser Unterscheidung eröffnete der Cuviersche Begriff des morphologischen Typus, und in dieser Funktion liegt wohl die wichtigste evolutionstheoretische Relevanz dieses Begriffes.

Auf der Grundlage dieses Begriffs ist es nämlich möglich, Organe verschiedenartiger Lebewesen desselben Typus unabhängig von ihrer Gestalt und Funktion als einander entsprechend zu identifizieren, und zwar aufgrund der Feststellung, daß sie in ihrer Stellung im Bauplan übereinstimmen. Und ausgehend davon konnten Homologien von Analogien in bestimmter Weise unterschieden werden: Bei Vertretern verschiedener Arten entsprechen Organe einander in homologer Weise, wenn die verglichenen Arten einem Typus angehören und die betrachteten Organe im beiden gemeinsamen Bauplan dieselbe Stelle einnehmen; sie entsprechen sich in analoger Weise, wenn sie der gleichen Funktion dienen, aber nicht homolog sind. (Diese präzise Unterscheidung der Begriffe traf, wie im Kapitel 3 bereits erwähnt, erst Richard Owen in den vierziger Jahren des 19. Jahrhunderts, während davor, z. B. bei Cuvier, dessen Typus-Begriff diese Unterscheidung ermöglichte, und noch häufiger bei Geoffroy Saint-Hilaire, gelegentliche Unklarheiten hinsichtlich dieser Unterscheidung zu konstatieren sind.)

Der Ariadnefaden des Natürlichen Systems

Die Bedeutung der Unterscheidung zwischen homologen und analogen Entsprechungen für den Beitrag der Morphologie zur Erarbeitung des Natürlichen Systems bestand nun nicht allein darin, daß sie die Fehlschlüsse vermeidbar machte, zu denen funktionale Entsprechungen ohne diese Unterscheidung unvermeidlich verleiten mußten. (Ich gehe hier nicht auf das Phänomen der Konvergenz ein, ohne dessen Erkenntnis trotz jener Unterscheidung Fehlschlüsse nicht zu vermeiden sind.) Nicht weniger wichtig als diese ihre kritische, gewissermaßen negative Funktion war die heuristische Leistung der Unterscheidung zwischen Homologien und Analogien. Ausgehend vom Bauplan konnten nun Homologien zwischen Organen entdeckt werden, die weder von ihrer Gestalt noch von ihrer Funktion her sonst miteinander in Verbindung gebracht worden wären. Es erschloß sich eine neue Dimension für die Erforschung der Verwandtschaften unter den organischen Formen.

Die Arbeit am Natürlichen System war damit auf eine neue Grundlage gestellt. Durch die Verfolgung der Abwandlungen der homologen Organe wurde es möglich, die zu einem Typus gehörenden Klassen, Genera und Arten in ihrem verzweigten Verwandtschaftszusammenhang zu erkennen und anzuordnen. Die Formen eines Typus zeigten sich also nicht einfach als Variationen in der Ausgestaltung eines identischen Bauplans, sondern stellten vielmehr in dieser Ausgestaltung verzweigte Abfolgen von Umwandlung dar, die einen Stammbaum ergaben. Die Verfolgung der Abänderungsreihenfolgen der homologen Organe erwies sich so als der Ariadnefaden der Erforschung des Natürlichen Systems.

Die Morphologie konnte diese mit dem Typus- und dem Homologie-Begriff eröffneten Möglichkeiten für die Rekonstruktion der natürlichen Verwandtschaftszusammenhänge allerdings nur ausschöpfen, wenn sie dabei die Erkenntnisse anderer biologischer Teildisziplinen sich zunutze machte, und zwar namentlich die der Paläontologie und der Embryologie. Die Einbeziehung ausgestorbener Formen in die Betrachtung der Abänderungsreihen, ohne die sich der Zusammenhang unter den Formen eines Typus nicht entschlüsseln läßt, war seit Cuvier in der Morphologie als Selbstverständlichkeit eingebürgert. Die embryologische Forschung dagegen, ohne die in vielen Fällen die Homologie zwischen Organen nicht wirklich sicher konstatiert werden kann, erreichte erst in den dreißiger oder gar vierziger Jahren des 19. Jahrhunderts einen Entwicklungsstand, der der morphologischen Erforschung des Natürlichen Systems neue Mittel an die Hand gab.

Die Hypothek der typologischen Betrachtungsweise

Im Lichte der späteren Deszendenztheorie ist es ohne weiteres verständlich, warum die Verfolgung der Abänderungsreihen der homologen Organe der Ariadnefaden für die Aufklärung der Verwandtschaftsverhältnisse zwischen den organischen Formen ist, und damit auch, warum die so verfahrende Morphologie den Durchbruch für die Erarbeitung des Natürlichen Systems darstellte. Die verzweigten Abwandlungsreihen der homologen Organe dokumentieren ja die divergierenden Abstammungsreihen der betreffenden Arten, während der identische Bauplan ihren Ursprung aus einer gemeinsamen Ahnenspezies bezeugt. Die Morphologie, die auf der Grundlage des Typus-Begriffs und der damit möglichen Unterscheidung zwischen analogen und homologen Entsprechungen die Abänderungsreihen homologer Organe verfolgte, untersuchte, wie sich im nachhinein zeigt, nichts anderes als die realen, das heißt genealogischen Verwandtschaftszusammenhänge der organischen Formen.

Von der Deszendenztheorie her bereitet es also keine Schwierigkeit zu begründen, warum nur über die Verfolgung der Homologien ein Zugang zum Natürlichen System zu gewinnen war. Nun dürfen wir aber nicht vergessen, daß die Morphologen der ersten Hälfte des 19. Jahrhunderts nichts von dieser Begründung ahnten und gleichwohl davon ausgingen, daß über die systematische Anordnung der organischen Formen nur von der Verfolgung der Umwandlungsreihen homologer Organe sicherer Aufschluß zu erwarten ist. Wenn sie nach diesem Grundsatz verfuhren, so deshalb, weil ihnen als Morphologen gar keine anderen Mittel zur Verfügung standen, über nähere oder fernere Verwandtschaft organischer Formen zu entscheiden. Wie aber die spezifischen Verfahrensweisen und Begriffe der Morphologie ihre Forschungsstrategie bestimmten, so auch ihr Verständnis des Forschungsresultats. Und hier stoßen wir vielleicht auf einen nicht nebensächlichen Grund für die im nachhinein verwundernde Tatsache, daß es, von wenigen Ausnahmen abgesehen, den Morphologen vor den sechziger Jahren des 19. Jahrhunderts nicht in den Sinn kam, die von ihnen erforschten Verwandtschaftszusammenhänge unter den organischen Formen als genealogische zu verstehen, und dies, obwohl ihre Forschungen immer deutlicher machten, daß die Verwandtschaftszusammenhänge die Form eines Stammbaums zeigen, dessen zeitliche Dimension aus der Stellung der fossilen Formen unübersehbar hervorgeht.

Wir hatten im Biogeografie-Abschnitt dieses Kapitels gesehen, daß die Morphologie durch ihre Auffassung der Organismen als Funktionssysteme dazu beitrug, die Lebewesen in ihrer spezifischen Lebensweise sowie in ihrer Beziehung zur Umwelt zu betrachten. Trug sie so zu einer konkreteren Auffassung der belebten Natur bei, so war ihr auf der anderen Seite eine bestimmte abstrakte Auffassung der Lebewesen eigentümlich. Diese abstrakte Auffassung betraf in erster Linie ihr Artverständnis.

Die Morphologie machte Arten, oder oft auch nur Gattungen, immer nur in individuellen Vertretern zum Gegenstand ihrer Untersuchung. Sie unterstellte also, daß das untersuchte Individuum die Artspezifik repräsentiert, und auf diese war das morphologische Interesse so eindeutig konzentriert, daß unübersehbare individuelle Eigenarten des untersuchten Artvertreters als akzidentiell und zufällig bewußt vernachlässigt wurden. Das Individuum kommt nur als Exemplar in den Blick.

Diese den spezifischen Verfahren und Mitteln geschuldete Untersuchungsweise der Morphologie, deren Berechtigung und Erfolg ganz außer Frage stehen, führt fast unvermeidlich dann, wenn sie ihre Spezifik nicht als solche reflektiert, zu einer – im Sinne des Gegensatzes zwischen Realisten und Nominalisten des Universalienstreits im Hochmittelalter – »realistischen« Auffassung der Arten, zu einem »essentialistischen Denken« (Mayr).[133] Die morphologische Spezifik einer Art stellt sich nicht als das Ganze der morphologischen Ausprägungen der Artangehörigen dar; vielmehr erscheint das einzelne Individuum als mehr oder minder getreuer Repräsentant des für die Art Typischen und damit das für die Art Typische als den individuellen Artangehörigen vor- und übergeordnetes. Diese typologische Artauffassung muß nicht die Ewigkeit der Arten behaupten, verträgt sich vielmehr durchaus mit der Auffassung, daß Arten – etwa durch Schöpfung oder in Urzeugung – entstanden sind und durch erdgeschichtliche Katastrophen vernichtet werden; aber sie ist unverträglich mit dem Gedanken, daß Arten sich ändern oder aus anderen hervorgegangen sind. Ein typus fluens, ein sich in seinen typischen Charakteristika wandelnder Typus, ist ein hölzernes Eisen.

Hierin darf gewiß eine mit der Eigenart der morphologischen Forschungsweise verbundene Schranke gesehen werden, die mit dazu beitrug, den immer deutlicher herausgearbeiteten Verwandtschaftszusammenhang der organischen Formen nicht als genealogischen wahrnehmen zu können. Im Lichte dessen kommt für die Entstehung der Evolutionstheorie nicht nur dem Umstand Bedeutung zu, daß Darwin als Autodidakt die Erträge der Morphologie für das Natürliche System betrachten konnte, ohne dabei vom spezifisch morphologischen Artverständnis auszugehen. Bedeutung gewinnt darüber hinaus der Umstand, daß sich Darwin vor allem mit der Zuchtpraxis und in einigen Fällen mit den Problemen der speziellen Systematik vertraut gemacht hatte. Denn auf diesen Gebieten wurde in der ersten Hälfte des 19. Jahrhunderts zunehmend den individuellen Ausprägungen Beachtung geschenkt und so einer Auffassung der Arten als Populationen allmählich der Boden bereitet.

4. Systematik

Die botanische und zoologische Systematik, die Darwin in der Mitte des 19. Jahrhunderts vorlag, hatte seit der Zeit Andrea Cesalpinos (1519–1603), mit dem ihre Ausdifferenzierung aus der Historia Naturalis begann, eine außerordentlich verwickelte Geschichte durchlaufen, die hier nur in einigen wesentlichen Aspekten beleuchtet werden kann, wobei die Genese des Programms eines Natürlichen Systems im Mittelpunkt unseres Interesses stehen wird. Gerade auch der anfängliche Herausbildungsprozeß der Systematik im 16. und 17. Jahrhundert steht im Kontext dermaßen komplexer praktischer wie theoretischer Zusammenhänge und Zielstellungen, daß im Rahmen dieser Untersuchung nur einige Punkte angedeutet werden können.

Universalgeschichte

Einer dieser Zusammenhänge, aus dem die biologische, zunächst vor allem botanische, Systematik resultierte, ist in den generellen Versuchen einer Systematisierung des Wissens zu sehen, die die Renaissance unternahm, und zu denen ja auch die im 16. Jahrhundert neu beginnende Historia Naturalis gehörte. Dafür sei exemplarisch auf die Universalgeschichten verwiesen, das heißt auf die in das 15. Jahrhundert zurückreichenden Versuche, das gesamte Wissen zusammenzutragen und in mehrbändigen Werken so darzustellen, daß es dem Interessierten verfügbar ist beziehungsweise erschließbar wird. Dies war zunächst, wie schon früher bemerkt, weitgehend ein philologisch-literarisches Programm, das im Zusammenhang mit der humanistischen Aneignung der antiken Literatur stand, und bei dem es um die Sammlung der in den verschiedenen Schriften verstreuten Informationen ging. Eines der Hauptprobleme solcher Universalgeschichten lag der Natur der Sache entsprechend in der Anordnung der ungeheuren Stoffmasse. Wenn sich dabei seit dem 17. Jahrhundert die Tendenz zur alphabetischen Anordnung nach den Namen der Gegenstände abzuzeichnen begann und damit die Epoche der Dictionnaires und Universallexika eingeleitet wurde, so findet darin die Problematik der Universalgeschichten ihren prägnanten Ausdruck. Denn diese hatten ja unter dem Anspruch gestanden, das menschliche Wissen nicht bloß als atomisierte Einzelkenntnisse, die nur nach Maßgabe bequemer Auffindbarkeit anzuordnen seien, darzubieten, sondern gemäß den Zusammenhängen zwischen den Kenntnissen.

Die Zusammenhänge unter den Kenntnissen waren aber gerade das Problem. Die Schwierigkeit bestand darin, daß das Wissen ohne Theorie von den wirklichen Zusammenhängen unter den Gegenständen des Wissens systematisiert werden mußte.

Subjektive und objektive Systematisierung

Anfänglich hofften die Gelehrten der Renaissance, das Anordnungsproblem durch Rückgriff auf die Topik zu bewältigen, eine in der Antike im Zusammenhang mit der Rhetorik entwickelte Kunst, Gesichtspunkte und Zusammenhänge aufzufinden, unter denen ein Gegenstand erörtert werden kann. Dieser Rückgriff zeigt zugleich die Richtung an, in der unter diesen Bedingungen die Systematisierung des Wissens eine vorläufige Lösung fand. Sosehr die Topik Zusammenhänge aufzugreifen versucht, die unter den Kenntnissen bestehen, sosehr ist sie eine Kunst des Findens von Gesichtspunkten und ihrer Disposition; das heißt, ihre Schemata von Aspekten, unter denen eine Sache betrachtet und erörtert werden kann, sind den Gegenständen des Wissens abstrakt vorgeordnet, und zwar als ein Gesamt subjektiver Schemata, die zwar nicht als beliebig aufgefaßt werden, die aber auch nicht beanspruchen, dem objektiven Zusammenhang der Gegenstände zu entsprechen. Die Topik führt als Mittel der Systematisierung des Wissens zu einer subjektiven Anordnung. Wurde dieser subjektive Systematisierungsansatz nun selbst systematisiert, so resultierte aus ihm als theoretisches Fundament der Systematisierung des Wissens die Lehre von den menschlichen Fähigkeiten, wobei meistens nur die geistigen Fähigkeiten in den Blick kamen, also Gedächtnis, Einbildungskraft, Verstand etc. Auf verschiedenen Vorläufern im ausgehenden 15. und 16. Jahrhundert fußend etablierte am Anfang des 17. Francis Bacon (1561–1626) die für die nächsten zweihundert Jahre folgenreichste Vermögenslehre als Prinzip der Wissens- und Wissenschaftssystematik (vergleiche vor allem sein *De dignitate et augmentis scientiarum* 1623). So folgte auch die große Enzyklopädie der französischen Aufklärung[134], obwohl die Artikel wie bei einem Dictionnaire alphabetisch angeordnet sind, diesem Prinzip der Systematisierung nach menschlichen Fähigkeiten (vergleiche vor allem Diderots *Prospectus* [1750] und d'Alemberts [1717 bis 1783] *Discours preliminaire* [1751] zur Enzyklopädie).

Bewußt oder unbewußt neuplatonistischen Traditionen des Mittelalters und ihrer namentlich von Giordano Bruno geförderten Wiederbelebung im 16. Jahrhundert folgend, aber auch an Aristoteles anknüpfend[135], kam es im 17. Jahrhundert auf der Grundlage der Mechanik und ihrer mechanizistischen philosophischen Verarbeitung zu gegenläufigen Systematisierungsansätzen, zu Versuchen, die Gegenstände und Gegenstandsbereiche des Wissens in ihrem objektiven Zuammenhang zu erfassen und diesen objektiven Zusammenhang zur

Grundlage der Wissenschaftssystematik zu machen. In diesen Theorien eines objektiven Zusammenhangs der Gegenstände des Wissens spielten zwei Ideen eine dominierende Rolle; erstens: die qualitativen Differenzen zwischen den Dingen des Universums werden jeweils durch eine Reihe nur minimal unterschiedener Dinge überbrückt, so daß alle Dinge ein Kontinuum von Qualitätsabschattungen, eine »Kette der Wesen«, darstellen (natura non facit saltus); zweitens: in diesem Kontinuum sind die Dinge wie auf einer Stufenleiter nach dem Prinzip, vom primitivsten bis zum höchsten, angeordnet, bilden also eine bewertete Hierarchie von Wesen.

Systematisierung in der Historia Naturalis

Diese Systematisierungsproblematik war damals nicht nur universalgeschichtlichen und enzyklopädischen Unternehmungen eigentümlich, sondern erwies sich genauso als eine Schwierigkeit der einzelnen, auf ein bestimmtes Gegenstandsfeld konzentrierten Historien oder Kompendien. Buffons *Histoire naturelle* beispielsweise folgte in der Anordnung zunächst einem subjektiven Prinzip, allerdings nicht dem der menschlichen Fakultäten; die ganze Historia Naturalis fiel ja unter die Fakultät der memoria (Gedächtnis), die für die Gliederung der Historia Naturalis selbst kein weiteres Einteilungsprinzip hergab und schon gar nicht für die Gliederung innerhalb eines einzelnen Gebiets der Historia Naturalis. Buffon behandelte die Tiere zunächst in der Reihenfolge ihrer Wichtigkeit für den Menschen, so daß also die domestizierten Tiere zuerst beschrieben wurden. Von dem Band an jedoch, der die Vögel behandelt, versuchte Buffon eine Anordnung nach natürlichen Verwandtschaften. Diese Inkonsequenz zeigt nicht allein die Souveränität Buffons, sondern ebenso, daß noch im 18. Jahrhundert das Systematisierungsproblem der Historia Naturalis große Verlegenheiten bereitete.

Diese Verlegenheit mußte sich insbesondere bei den Gebieten der Historia Naturalis fühlbar machen, die es nicht nur, wie Buffon, mit zweihundert Arten zu tun hatten, bei welcher Zahl das Anordnungsproblem durchaus pragmatisch gelöst werden kann. In der Botanik, Mineralogie oder Chemie war dagegen eine Stoffülle zu verarbeiten, bei der bloße Pragmatik nicht mehr weiterhalf. Aber ebensowenig war mit den prinzipiellen Systematisierungstheorien weiterzukommen. Die Anordnung nach subjektiven Fakultäten versagte wegen ihrer Grobheit, wie schon eben bei Buffon gesehen. Kontinuität und

Abstufung, die Kriterien einer objektiven Anordnung, mochten einen gewissen Leitfaden an die Hand geben, erforderten jedoch auf jedem einzelnen Gebiet der Historia Naturalis ihre spezifische Realisation, für die mehr erforderlich war als jene Prinzipien. Sollte z. B. ein Botaniker die Pflanzen in ein Kontinuum minimaler Qualitätsabschattungen bringen, so konnte er sich dabei an den Wurzeln oder am sogenannten vegetativen Teil oder an den Blüten und Früchten orientieren: Jedesmal ergab sich ein anderes Kontinuum.

Ein lexikalischer Pragmatismus, also eine alphabetische Erfassung der betreffenden Wissensgebiete, brachte auch kein befriedigendes Ergebnis, so unentbehrlich sie auch war. Zunächst war überdies dieser Ausweg dadurch erschwert, daß keine einheitliche Nomenklatur vorlag; diese entstand z. B. für die Botanik erst in der zweiten Hälfte des 18. Jahrhunderts, als sich die Linnésche international durchsetzte; die verschiedenen Namen der Pflanzen waren davor nicht ohne eine für die Diagnostik ausreichende Beschreibung des jeweiligen Artvertreters wechselseitig substituierbar. Zum anderen ging es aber den Wissenschaftlern dieser Gebiete um den Zusammenhang zwischen ihren Gegenständen, nicht nur um ihre lexikalische Erfassung. Hierbei halfen ihnen die philosophischen Systematisierungstheorien nicht weiter, hierbei mußten sie die jeweils ihrem Gebiet angemessene Anordnung und Systematisierung selbst erarbeiten.

Neue Erfahrungen und neue Literatur

Die Probleme, vor denen die einzelnen Wissensgebiete der Historia Naturalis bei dem Versuch standen, eine ihrem jeweiligen Gegenstandsbereich spezifisch entsprechende Systematik auszuarbeiten, können so zweifellos als Ausdruck von Spezialisierungen innerhalb der Historia Naturalis angesehen werden, die mit dem Anwachsen der Stoffülle in den einzelnen Gebieten einhergingen. Dennoch wäre es verfehlt, diese Bemühungen um eine den einzelnen Gegenstandsbereichen spezifisch gerecht werdende Systematik als eine Ausdifferenzierung der großen universalgeschichtlichen Systematisierungsansätze zu begreifen. Im 16. und 17. Jahrhundert, als die Entwicklungen spezifischer Systematiken einsetzte, gab es gar keine Universalgeschichte und auch keine alle Gebiete umgreifende Naturgeschichte, deren Mängel zu solch einer Ausdifferenzierung Anlaß gegeben hätte. Die Universalgeschichten kamen damals nicht über die Erschließung der überlieferten Literatur hinaus, gerieten in die besprochene Krise, bevor sie sich dem Problem stellen konnten, das der wissenschaftliche Aufbruch der Renaissance exponiert hatte.

Dieser Aufbruch bestand ja nicht allein in der humanistischen Aufarbeitung des Erbes der Antike. Neben dieser Aufarbeitung und ebenso wichtig, vielleicht aber sogar folgenreicher als diese Aufarbeitung, entstand in der Renaissance eine neue und eigenständige, nicht nur philologische, sondern die empirischen Kenntnisse, Erfahrungen und Regeln der Praxis systematisierende und mit wissenschaftlichen Erkenntnissen vereinende Literatur, die die Sprengung handwerklicher Produktionsformen widerspiegelt, die damals, wenn natürlich auch nicht im Zentrum der materiellen Produktion, vereinzelt erfolgte und eine neue Tradierung der intellektuellen Voraussetzungen dieser Produktionssektoren wie neue Formen der Strukturierung dieser Voraussetzungen nach sich zog.[136]

Die Traktate über Architektur und Malerei Leon Battista Albertis (1404–1472), *De re metallica* (1556) des bereits erwähnten Bergbauexperten Agricola oder Daniel Specklins (1536–1589) *Architectura von Vestungen* (1589) mögen hier als Beispiele für diese Literatur stehen. Diese Bücher dienten durchaus den praktischen Zwecken der Ingenieur-Künstler der damaligen Zeit, indem sie das für die jeweiligen Aufgaben erforderliche Wissen zusammentrugen und vermittelten. Zur Lösung der Aufgaben dieser Ingegni reichte Erfahrung allein nicht mehr aus, so unentbehrlich sie blieb; die ihnen obliegende Projektierung und Koordination komplizierter und nur im Zusammenwirken verschiedener Gewerke durchzuführender Produktionsvorhaben verlangte vielmehr darüber hinaus die Anwendung wissenschaftlicher Erkenntnisse und Verfahrensweisen. Entsprechend sind diese Bücher nicht nur Zusammenstellungen von Erfahrungen und Kenntnissen, sondern stellen Ansätze zur wissenschaftlichen Durchdringung und Systematisierung des betreffenden Wissensgebietes dar. Sie enthalten so ungeachtet ihrer praktischen Orientierung Momente, die gleichsam als ein Überschuß über ihren praktischen Kontext hinaus bezeichnet werden können. Sie dokumentieren als intellektuelles Rüstzeug von Planern und Koordinatoren komplexer Arbeitsprozesse nicht allein die Auflösung der unmittelbaren Einheit von gegenständlichen und intellektuellen Bedingungen der Arbeit, wie sie für den Handwerker charakteristisch ist, sondern ebenso bereits Ansätze einer Beschäftigung mit diesen Kenntnissen, die nicht allein von den praktischen Erfordernissen bestimmt ist.

Solche Systematisierungsversuche auf speziellen Wissensgebieten können nicht als Ausdifferenzierungen aus den universalgeschichtlichen Unternehmungen der Zeit begriffen werden. Die in neuen praktischen Kontexten entstehende eigenständige, empirisch-praktische Erkenntnisse zusammenfassende Literatur der Renaissance stellt einen eigenen Ausgangspunkt für Systematisierungsversuche des Wissens auf speziellen Gebieten dar.

Pharmazie und Botanik

Der gleiche Sachverhalt ist bei der Botanik, die bei der Entstehung der biologischen Systematik führend war, zu beobachten. Die bedeutendsten botanischen Werke der ersten Hälfte des 16. Jahrhunderts – beispielsweise das 1532 erschienene *Contrafeyt Kreuterbuch* von Otto Brunfels (1488–1534), das 1543 erschienene *New Kreüterbuch* von Leonhart Fuchs (1501–1566) oder das 1539 erschienene Werk gleichen Titels von Hieronymus Bock (1498–1554) – sind weniger humanistisch-literarische Historiae Naturales als Pflanzenbücher, die nicht allein ein wirkliches empirisches Studium bezeugen und in bahnbrechender Weise mit Abbildungen arbeiten (vgl. Abbildung 9, S. 174), sondern denen auch der praktische pharmazeutische Kontext anzusehen ist, wie denn alle drei Autoren Mediziner waren. Diese Bücher dokumentieren so auch für die Botanik einen von der literarischen Historia Naturalis unabhängigen Ausgangspunkt der Systematisierung; und ebenso zeigen bereits diese frühen botanischen Werke, deren praktische Orientierung unübersehbar ist, Ansätze zu einer botanischen Beschäftigung, die über diesen praktischen Kontext hinausgeht: Während Fuchs die Pflanzen in alphabetischer Reihenfolge abhandelte, was in der pharmazeutischen Literatur die Praxis blieb, nachdem Brunfels die griechischen, lateinischen und deutschen Pflanzennamen koordiniert hatte, lehnte bereits Bock mit prinzipiellen Erwägungen die alphabetische Anordnung in der Vorrede seines Kräuterbuchs ab und hielt eine Anordnung für allein angebracht, die vergleichend Gewächse zusammenstellt, »so einander verwandt und zu gethan oder sonst einander etwas ähnlich sein«.[137] (In der Zoologie ist das gleiche zu sehen: Gessner hielt sich in seiner *Historia animalium* an die alphabetische Reihenfolge, während Aldrovandi in seiner *Ornithologia* (1599–1606) wie in *De animalibus insectis* (1602) die untersuchten Lebewesen allein nach Verwandtschaft anordnete.) Wie selbständig die wissenschaftliche Botanik gegenüber der praktisch orientierten Pflanzenkunde schließlich geworden war, zeigte sich in der zweiten Hälfte des 18. Jahrhunderts, als verschiedentlich versucht wurde,

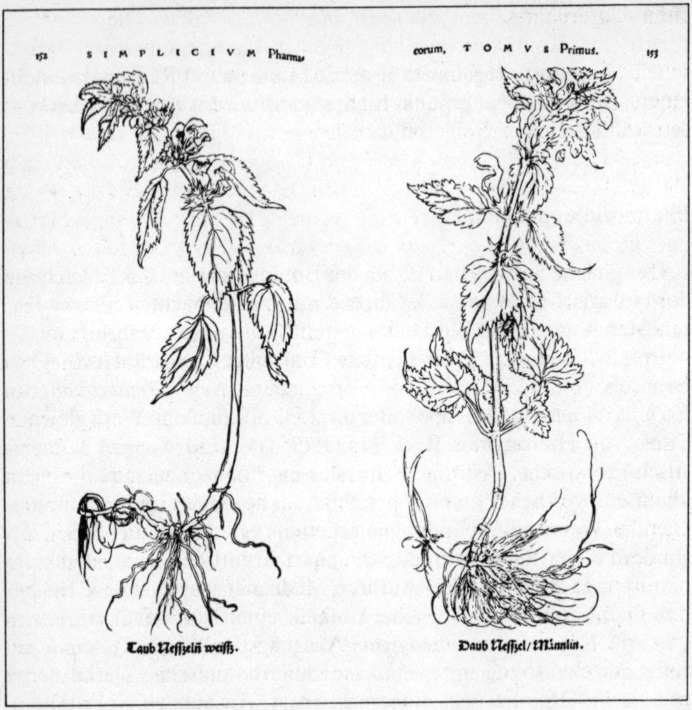

Botanische Buchillustration des 16. Jahrhunderts[140]

Linnés System aus dem Lateinischen in die jeweiligen Landessprachen zu übersetzen. Georg Forster, der einige dieser Versuche rezensierte[138] und sie lobte, soweit dadurch die wissenschaftliche Botanik in den verschiedenen Ländern gefördert wird, hielt jedoch nichts von ausgearbeiteten landessprachlichen botanischen Nomenklaturen, und zwar deswegen, weil für die wissenschaftliche Botanik eine internationale Einheitsnomenklatur notwendig sei, während für die praktische Pflanzenkunde, die sich zweckmäßigerweise der landessprachlichen Namen bediene, das System, das der botanischen Nomenklatur zugrunde liegt, ein überflüssiger Ballast sei.[139]

Die Verselbständigung der Botanik gegenüber den pflanzenkundlichen Interessen von Apothekern, Medizinern oder Landwirten ist nun freilich nicht einfach als die Ausdifferenzierung eines rein wissenschaftlichen Interesses aus den praxisbezogenen pflanzenkundlichen Beschäftigungen zu verstehen.[141] Zumindest dürfen dabei die realen Voraussetzungen nicht übersehen werden, die solches wissenschaftliche Interesse ermöglichten und als eine kontinuierliche und dauerhafte Beschäftigung trugen, und zwar schon deswegen nicht, weil diese Voraussetzungen als ein Realisationsrahmen dieses Interesses wirksam waren, der diese Beschäftigung auch inhaltlich bestimmte.

Bereits bei Bock, der, wie erwähnt, Mitte des 16. Jahrhunderts als erster für eine nicht nur pragmatische, sondern von den – metaphorisch – verwandtschaftlichen Beziehungen der Pflanzen ausgehende Systematisierung plädierte, werden diese Voraussetzungen sichtbar. Bock war zeitweise als Aufseher des fürstlichen Gartens zu Zweibrükken tätig. Wie bei der vergleichenden Anatomie, anläßlich derer dies ausführlich erörtert wurde, spielten auch für die Herauslösung der Botanik aus den praktischen pharmazeutischen Zwecksetzungen die Naturaliensammlungen, Herbarien und die seltene Gewächse ziehenden Gärten eine ausschlaggebende Rolle, die an den Höfen, die sich damals im Zuge des Absolutismus herausbildeten, später aber auch bei begüterten Privatleuten entstanden, wobei der Kolonialismus, der exotische Naturwesen nach Europa brachte, als allgemeiner Hintergrund zu sehen ist. Noch der junge Linné arbeitete, wie wir sahen, als Aufseher des damals bedeutendsten botanischen Gartens Europas, auch wenn mit ihm das botanische Studium in der freien Natur sich durchsetzte. Erst am Ende des 18. Jahrhunderts entstanden wissenschaftliche Gesellschaften, die die wissenschaftliche Botanik (und Zoologie) von diesen fürstlichen oder privaten Sammlungen und Gärten unabhängig machten. (Es ist in diesem Zusammenhang als eine symptomatische Begebenheit erwähnenswert, daß Linnés Bibliothek und seine Sammlungen, die der Londoner Arzt James Edward Smith 1783 erwarb, den Grundstock der Sammlungen der 1788 gegründeten Linnéan Society bildeten.[142])

Die Herausbildung einer von den pharmazeutischen Zwecken abgelösten Botanik und der Probleme, die sich damit hinsichtlich einer botanischen Systematik stellten, ist also als Resultat der Ausdifferenzierung *praktischer* Interessen am Pflanzenreich zu verstehen. Genügte in den pflanzenkundlichen Handbüchern für Mediziner und Apotheker die äußerliche alphabetische Anordnung, so nicht für die naturgeschichtliche Botanik auf der Grundlage von Herbarien und botanischen Gärten. Die dem Gegenstand spezifisch gerecht werdende Systematik, die auf dieser Grundlage angestrebt wurde, stand nun allerdings vor den gleichen Problemen wie alle Systematisierungsversuche der Zeit: Ohne eine Theorie darüber, welcher Zusammenhang objektiv unter den Gegenständen des jeweiligen Wissensgebiets besteht, mußten die Systematisierungsversuche zwischen subjektiven Anordnungsprinzipien auf der einen Seite und an äußerlichen Verwandtschaften, Ähnlichkeiten und Zusammengehörigkeiten gewonnenen Anhaltspunkten für eine objektive Anordnung auf der anderen hin- und herschwanken beziehungsweise beide Prinzipien synkretistisch vereinigen.

Historia Naturalis und Diagnostik

Innerhalb der naturgeschichtlichen Beschreibung stellte sich die Systematisierungsproblematik nur latent. Diese Beschreibung hatte viele Gesichtspunkte zu berücksichtigen. Als bei der Abhandlung seiner *Ornithologia* »zu beobachtende Ordnung« listete z. B. Aldrovandi ganz nach Art topischer Behandlung folgende Aspekte auf: »Synonyma, Gattung, Unterschiede, Standort, (. . .), moralische Bedeutung, Heilmittel, Verwendung zur Weissagung«[143], etc. Bei den Versuchen, Pflanzen nach Verwandtschaft anzuordnen, haben all diese Gesichtspunkte tatsächlich eine Rolle gespielt. So hielt sich beispielsweise Brunfels teilweise an »Synonyma«, das heißt an die sprachliche Verwandtschaft der botanischen Namen, ordnete an anderer Stelle aber auch gemäß »Heilmittel«, nämlich nach der pharmazeutischen Relevanz von Organen – so die Orchideen nach den Knollen.[144] Mathias Lobelius (1538–1616) gruppierte unter anderem nach »Standort«, so daß z. B. als Arten der Gattung Weizen auch die Unkräuter behandelt wurden, die auf den Getreidefeldern wachsen.[145] Die Beispiele ließen sich vermehren. Sie zeigen, daß das Durcheinander von subjektiven und objektiven Aspekten, das für die topische Behandlungsweise charakteristisch ist und bei dem damaligen Entwicklungsstand der botanischen Kenntnisse für die Beschreibung durchaus seinen Wert hatte, eine Systematisierung nach einheitlichen Prinzipien nicht zuließ. Und auch die in peripatetischer Tradition stehende Gliederung der Beschreibungs- und Charakterisierungsgesichtspunkte nach Wesen (Substantia), Teilen (partes), Sinnesqualitäten (affectiones), Anzahl (numerus), Menge (quantitas), Größe (magnitudo), Lage (situs), Ort (locus) etc.[146], die sich in vielen der damaligen Historiae naturales findet, war zu unspezifisch, um hier weiterhelfen zu können. Kamen sich so Systematisierung und naturgeschichtliche Beschreibung objektiv ins Gehege, so mußte das innerhalb der deskriptiven Historia Naturalis keineswegs als ein Problem erscheinen, das dringend einer Lösung bedarf. Auf eine einheitliche Systematik wurde denn auch nicht aus Bedürfnissen der Historia Naturalis gedrängt, sondern von Naturforschern, die an dem Problem einer eindeutigen Diagnostik arbeiteten, und zwar aus Notwendigkeiten der Registratur und Ordnung von Herbarien und botanischen Gärten.[147]

Cesalpino, der in Pisa eine Professur für Historia Naturalis bekleidete und den dortigen botanischen Garten leitete, gilt als Nestor der botanischen Systematik. Nicht zuletzt aufgrund diagnostischer Erfordernisse plädierte er dafür, an die Stelle einer wahllosen Beschreibung eine »experientia ordinata« (geordnete Erfahrung) treten zu lassen, die die äußerlichen Merkmale eindeutig identifiziert, die für die Gruppierung der Pflanzen ausschlaggebend sind. Er selbst dachte bei diesen Merkmalen im Hinblick auf Arten und Gattungen an Zahl, Stellung und Gestalt der Früchte und im Hinblick auf die höheren taxonomischen Ränge an die Gestalt von Wurzeln und Stämmen (dabei der aristotelischen Einteilung des Pflanzenreichs in Bäume, Sträucher und Kräuter folgend).[148] Welche Merkmale für diagnostische und systematische Zwecke die geeignetsten sind, darüber gab es freilich bis zu Linnés Zeiten keine Übereinstimmung unter den botanischen Systematikern. Nicht zuletzt daran lag es, daß zwischen dem Ende des 16. Jahrhunderts und der Zeit Linnés nicht weniger als 25 botanische Systeme aufgestellt wurden.

Abstraktion und Kombination

Mit Cesalpino löste sich die botanische Systematik aus der Historia Naturalis heraus; natürlich nicht mit einem Schlag, sondern allmählich. Der entscheidende Schritt bestand in der Konzentration auf gewisse äußerliche[149] Merkmale, die für die diagnostischen und taxonomischen Zwecke besonders geeignet schienen. Diese Konzentration bedeutete eine Abstraktion von all den anderen Existenzumständen der Pflanzen, die die Historia Naturalis zu registrieren bemüht war. Die Systematik trennte sich damit aber nicht allein von der naturgeschichtlichen Beschreibung; sie entwickelte sich damit auch relativ abgelöst von den biologischen Theorien, die in der Folgezeit die Systematik immer nur von außen und oftmals wie Fremdkörper bestimmten. Es war also gerade die Abtrennung von allen Bemühungen um die Eigenart und Spezifik der Lebensformen, auf deren Grundlage erste Entwürfe einer einheitlichen Systematik zustande kamen. Welch äußerster Entfernungspunkt von der Spezifik des Lebendigen die Grundlage dieser einheitlichen Systematiken bildete, zeigen die kombinatorischen Vorstellungen, die mit der Konzentration auf einzelne, ausgewählte Merkmale zum Zuge kamen, und nach denen Pflanzen als unterschiedlich kombinierte Aggregate der in Betracht gezogenen Merkmale erscheinen. So führte z. B. Tournefort in seiner *Introduction à la Botanique* (1694) aus:

> »Man muß auf die Kombinationskunst zurückgreifen, d. h., die Teile der Pflanzen müssen einer nach dem anderen so gut kombiniert werden, daß man am Schluß diejenigen auswählen kann, nach denen die Gattungscharaktere bestimmt werden können, die die größte Klarheit bringen und die der Erfahrung am besten angepaßt sind.«[150]

Michel Adanson (1727–1806) schließlich wandte die ars combinatoria auf verschiedene, jeweils mit einem anderen Merkmal arbeitende Systeme selbst an, um von ihrem Vergleich her der wirklichen Verwandtschaft der Pflanzen auf die Spur zu kommen.[151]

Militärische Ordnung

Der Umstand, daß der entscheidende Durchbruch zur systematischen Erfassung der Pflanzenwelt auf der Grundlage einer auf äußerliche Merkmale eingeschränkten Registrierung von Identität, Unterschied und Vergleichbarkeit erfolgte, die die Pflanzen gar nicht als Lebewesen, geschweige denn als von anderen spezifisch besonderte Lebewesen wahrnahm, kann als besonders extremer Ausdruck der Situation angesehen werden, daß sich damals Systematisierungen auf keine Theorie über den objektiven Zusammenhang unter den Gegenständen der einzelnen Wissensgebiete stützen konnten. Entsprechend waren auch die zur Systematisierung herangezogenen Mittel der Klassifikation dem zu erfassenden Gegenstandsbereich vollkommen äußerlich. Daß es sich bei den Systemen gewissermaßen um Zwangssysteme handelte, brachte Cesalpino deutlich zum Ausdruck:

> »Bei dieser unermeßlichen Vielfältigkeit der Pflanzen halte ich für unverzichtbar, was bei jeder ungeordneten Menge am meisten angestrebt zu werden pflegt. Wird eine solche Masse nicht ebenso

wie die Schlachtreihe einer Armee in Abteilungen gebracht, so wird das Ganze notwendig durch Tumult und Schwankungen verwirrt. Dies sehen wir sich bei der Botanik ereignen: (. . .) durch unklare Bestimmung der Gattungen muß alles konfus werden.«[152]

Und genau auf Cesalpinos Verweis auf die militärische Ordnung griff im 18. Jahrhundert Linné zurück[153], zog aber auch politisch-administrative Subordinationssysteme zum Vergleich heran und sprach von einer »politia naturae«.[154]

Klassifikatorische Termini

Auch die Termini für die subordinierten klassifikatorischen Ränge, die man benutzte, waren nicht spezifisch biologische Termini. Dies gilt auch für »genus« (Gattung), so genealogisch dieser Terminus klingt und seiner ursprünglichen Bedeutung nach auch war. Die Verwendung von genus in der philosophischen Lehre des Definierens und der Begriffsbildung hatte ihm eine rein definitionslogische Bedeutung gegeben; als genus wurde das bezeichnet, »dem Arten unterstellt sind«.[155] »Species« (Art), das Aussehen, die sichtbare Gestalt bedeutend (genau wie das entsprechende griechische Wort εἶδος), meint das wesentliche Gemeinsame von Dingen[156], und zwar als dem Gattungsgemeinsamen subordiniertes[157], so daß sich die Arten einer Gattung durch eine »differentia« (Unterschied) voneinander abheben. Hierbei spielt, ganz unabhängig vom jeweiligen Gegenstandsbereich, das Unterscheidungs-*Merkmal*, also die atomistisch-kombinatorische Registrierung, von alters her eine entscheidende Rolle.[158] (Die im Mittelalter geführte Debatte um die Realität von Art- und Gattungsbegriffen – Universalienstreit – ging um die Realität der Begriffe als Begriffe, nicht darum, ob die Dinge der erscheinenden Realität in dieser eine reale Einheit bilden, die der entsprechende Begriff gedanklich reproduziert.)

Für die höheren taxonomischen Ränge gab es zunächst keine für alle Botaniker verbindlichen Termini. Caspar Bauhin (1560–1624) und Cesalpino behalfen sich mit den Subordinationsrängen, mit denen man literarische Werke gliedert: Ihre »Bücher« können als Klassen und die »Kapitel« beziehungsweise »Sektionen« der Bücher als Ordnungen gelesen werden.[159] Noch am Ende des 17. Jahrhunderts bezeichnete Ray das, was später Ordnung heißt, entsprechend der auf Porphyrios zurückgehenden begriffslogischen Tradition[160] als »genus subalternum« und die spätere Klasse als »genus summum«. Auch hierbei zeigt sich also keinerlei biospezifische Charakteristik. Anders steht es mit dem Terminus »familia«, der zwischen Gattung und Ordnung rangiert. Dieser Terminus geht auf Pierre Magnol (1638 bis 1715) zurück und war von ihm durchaus genealogisch gemeint[161], wie denn Magnol einer der ersten gewesen zu sein scheint, der die taxonomischen Verwandtschaften als reale Verwandtschaften auffaßte. Aber dies war vor der zweiten Hälfte des 18. Jahrhunderts eine exzeptionelle Position, die für die botanische Systematik der Zeit gerade nicht charakteristisch war.

Die klassifikatorische Form der botanischen Systeme war mit diesen Termini gegeben; das Pflanzenreich wurde in Klassen eingeteilt, denen Ordnungen, Familien und Gattungen in hierarchischer Staffelung subordiniert waren, und unter letztere wurden schließlich die realen Objekte, die Artvertreter gebracht. Aber mit der übernommenen klassifikatorischen Form hatte man natürlich nicht sogleich auch ein botanisches System. Wie man auch vorging – ob induktiv von Referenzpflanzen ausgehend das System von unten nach oben aufbauend wie Antoine Laurent de Jussieu (1748–1836) oder wie Linné, der in kombinatorischer Weise die Verteilungs- und Anordnungsmöglichkeiten der pflanzlichen Geschlechtsorgane variierend ein System konstruierte, in dem jede mögliche Pflanze ihre Systemstelle finden mußte –, in jedem Fall setzte die Aufstellung eines botanischen Systems in der vorgegebenen klassifikatorischen Form eine Formenkenntnis voraus, die den Punkt zu finden gestattete, über den sich das zu klassifizierende Material dem vorgegebenen Schema fügte. So wichtig dabei das sprachliche Mittel der Nomenklatur ist, so sehr setzt diese selbst eine reiche Kenntnis verwandtschaftlicher Zusammenhänge voraus und gewinnt die eindeutige systematische Semantik erst auf der Grundlage eines Systems, setzt für seine systematische Bedeutung also das System voraus, auch wenn sie für die Aufstellung des Systems als Repräsentation von Einsichten in Zusammenhänge Voraussetzungscharakter hat.

Künstlich – natürlich

Die botanischen Systeme sind also keineswegs auf das Klassifikationsschema und auf die sprachlichen Mittel der Nomenklatur zu reduzieren; sie setzen vielmehr eine reiche Formenkenntnis der Flora voraus, beruhen also auf einer empirischen Botanik, auch wenn diese bis zur Mitte des 18. Jahrhunderts, nicht zuletzt aufgrund der Inventuranforderungen von Herbarien und botanischen Gärten, vorwiegend in einer Registrierung von Unterschieden und Übereinstimmungen hinsichtlich pragmatischer, nach diagnostischen Zwecken ausgewählter, äußerer Merkmale bestand. So blieben die Systeme trotz dieser empirischen Formenkenntnis dem Pflanzenreich äußerlich, blieben willkürlich, wie sich schon daran zeigt, daß es alternative Systeme gab. Wenn sich in der zweiten Hälfte des 18. Jahrhunderts Linnés System durchsetzte, so nicht etwa deswegen, weil es weniger willkürlich als andere gewesen wäre; die Durchsetzung beruhte vielmehr auf seinen pragmatischen Vorteilen, seiner einfachen Anwendbarkeit vor allem.

Die Willkürlichkeit und Äußerlichkeit der botanischen Systeme war den damaligen Botanikern und ihren Zeitgenossen durchaus bewußt. In seiner *Eloge de Tournefort* führte 1708 Bernard Fontenelle (1657–1757) aus: »Diese so sehr notwendige Ordnung (der botanischen Systeme – W. L.) ist keineswegs von der Natur errichtet worden, die eine wunderbare Verwirrung der Bequemlichkeit für die Physiker vorzog. Deren Aufgabe ist es, der Natur nahezu zum Trotz eine Zusammenstellung und ein System der Pflanzen zu schaffen.«[162] Und Linné selbst nannte im *Systema naturae* (1735) botanische Systeme wie das seine einen Notbehelf, ohne den nicht auszukommen sei, solange es noch nicht möglich ist, ein der Natur entsprechendes System aufzustellen.[163] Linné sah aber auch, daß ein der Natur entsprechendes System ein zweckmäßiges künstliches nicht ersetzen könnte. Für diagnostische Zwecke waren die künstlichen Systeme unentbehrlich, und kein Kritiker der Künstlichkeit dieser Systeme zog ihren diagnostischen Nutzen in Zweifel. 1813 zog Candolle in seiner *Théorie élémentaire de la botanique* aus dieser Lage der Dinge den Schluß, man solle für die Bestimmungszwecke wie bisher das Linnésche Sexualsystem verwenden, damit der Ausbau des Natürlichen Systems nicht weiterhin unter diagnostischen Anforderungen stehe, sondern ungehindert durch solche Rücksichten voranschreiten könne.

Wenn damals die Künstlichkeit der diagnostischen Systeme entweder bloß konstatiert oder auch kritisiert wurde, so verdient es Interesse, von welchen Grundlagen und Voraussetzungen her diesen Systemen das Ideal des Natürlichen Systems entgegengesetzt wurde. Den Systematisierungsschwierigkeiten auf allen Gebieten der Historia Naturalis lag ja das grundsätzliche Problem zugrunde, daß beim damaligen Entwicklungsstand der Erkenntnisse die entscheidende Voraussetzung einer sachgerechten Strukturierung und Anordnung des Wissensstoffs im jeweiligen Bereich nicht gegeben war, nämlich eine den objektiven Zusammenhang unter den Sachverhalten erfassende und in seiner Gesetzmäßigkeit gedanklich reproduzierende Theorie. Anders ausgedrückt, es fehlte die theoretische Erfassung der Spezifik des jeweiligen Gegenstandsbereichs, die Erkenntnis der eigentümlichen Daseins-, Bewegungs- und Entwicklungsgesetzmäßigkeiten der jeweiligen Gruppe von Naturdingen, durch die sie sich selbst von anderen unterscheidet, und die ihren Zusammenhang bestimmen. Dies gilt insbesondere für Botanik und Zoologie beim damaligen Stand der Erkenntnis biologischer Gesetzmäßigkeiten. Die Wissenschaften der lebenden Natur existierten nur erst im Rahmen der Historia Naturalis, und das heißt, sie stellten eine beschreibende Naturkunde dar, waren nicht wirkliche Wissenschaften, wenn man darunter eine Gesetzmäßigkeiten erfassende oder gar bereits zu Erklärungen fähige Theorie versteht. Als in dieser Situation aufgrund der Ordnungs- und Registrierungsanforderungen der Herbarien und botanischen Gärten ein diagnostisches Instrumentarium geschaffen werden mußte, konnten nichts anderes als künstliche Systeme entstehen, Systeme, zu deren Aufstellung überdies Abstraktionen erforderlich waren, die zwischen Systematik und beginnender Enträtselung der Spezifik der Lebensvorgänge eine tiefe Kluft aufrissen.

Wenn nun am Anfang des 19. Jahrhunderts Candolle dafür plädierte, die Ausarbeitung des Natürlichen Systems nicht länger durch diagnostische Anforderungen belasten zu lassen, da für diagnostische Zwecke die vorhandenen künstlichen Systeme ja die besten Dienste leisten, dann gingen seine Vorstellungen hinsichtlich des Natürlichen Systems von dem inzwischen erreichten morphologischen Verständnis der Organismen aus. Er stellte sich also die Aufgabe, für die Botanik das Natürliche System zu schaffen, das den spezifischen Gesetzmäßigkeiten dieses Naturreichs gerecht wird, seinen objektiven Zusammenhang in seiner biospezifischen Eigenart reproduziert. Voraussetzungen für dieses Verständnis des Natürlichen Systems waren also die inzwischen gemachten Fortschritte in der Entschlüsselung der die Lebewesen spezifisch auszeichnenden Gesetzmäßigkeiten. Wenn auf der anderen Seite im 18. Jahrhundert den künstlichen Systemen ebenfalls die Forderung nach einem Natürlichen System entgegengehalten wurde, obgleich die Fortschritte in der Erkenntnis der biologischen Gesetzmäßigkeiten, die Candolles Voraussetzung bildeten, noch nicht gemacht waren, dann muß die Forderung nach Natürlichkeit eine andere Bedeutung haben als bei Candolle; »natürlich« kann dann nicht den objektiven Zusammenhang meinen, wie er unter den Pflanzen beziehungsweise Tieren ihrer besonderen Natur nach besteht.

»Natürlich« im 18. Jahrhundert

»Kette der Wesen«

Wie die oben zitierten Ausführungen Fontenelles zeigen, empfand man die diagnostischen Systeme deswegen als künstlich, weil sie mit Abgrenzungen und Unterscheidungen operieren, die für die menschlichen Erkenntnisbedürfnisse hilfreich oder vielleicht auch unentbehrlich sein mögen, aber naturwidrig sind. Die Natur kenne nicht solche Grenzen. Diese Kritik hielt den botanischen Systematikern nun keineswegs naturwissenschaftliche Erkenntnisse entgegen, die ihre Unterscheidungen als nichtig erscheinen ließen, sondern ein naturphilosophisches Prinzip: Natura non facit saltus. Dieses Prinzip bestimmte im Theorem von der »Kette der Wesen« den Zeitgeist.[164] Es waren also keine Einsichten in den objektiven Zusammenhang des Florareichs, die zur Kritik an den botanischen Systemen führten, sondern unspezifische naturphilosophische Vorstellungen.

Im Hinblick auf die biologische Systematik war die der »Kette der Wesen« zugrunde liegende Kontinuitätsvorstellung gewiß geeignet, den Finger auf die metaphysischen Fixierungen der diagnostischen Systeme zu legen. Auf der anderen Seite war jenes Kontinuitätsprinzip nicht weniger metaphysisch; es faßte die Kontinuität abstrakt als Ausschluß von Diskontinuitäten und Diskretheiten. Das hatte aber gerade für das Programm des Natürlichen Systems verheerende Folgen. Was dieses Kontinuitätsprinzip strikt durchgeführt für die Systematik bedeutet, sprach ein Hauptvertreter der »Kette der Wesen«, nämlich Bonnet, deutlich aus:

> »Zwischen der niedrigsten und höchsten Stufe der körperlichen oder geistigen Vollkommenheit sind unzählige mittlere Stufen vorhanden. Aus der Reihe dieser Stufen besteht die allgemeine Kette. (. . .) Wesen, von höheren Einsichten (als sie der Mensch erlangen kann – W. L.) (. . .) erblicken daher in der Stufenleiter unserer Welt so viele Sprossen, als es darinnen *einzelne Dinge* gibt.«[165]

Hat danach die Systematik nicht einmal an den Arten einen Anhaltspunkt der Einteilung – Bonnet ist freilich nicht durchgängig so radikal[166] –, kontinuiert sich die Kette über die individuellen Wesen, dann ist die Forderung nach Natürlichkeit gleichbedeutend mit der, überhaupt kein Natürliches System aufzustellen; denn der natürliche Zusammenhang der Naturwesen ist eine Sache für »Wesen mit höheren Einsichten«. Bonnet zog denn auch die Konsequenz, daß es nur künstliche Systeme geben könne.[167]

Zur natürlichen Systematik im Sinne des 18. Jahrhunderts ist noch zweierlei anzumerken. Erstens: Wenn gewöhnlich de Jussieus *Genera plantarum secundum ordines naturales* (1789) als erstes vollständig Natürliches System bezeichnet wird, so ist auch hierbei mit »natürlich« gerade das nicht gemeint, worum es Candolle und dem 19. Jahrhundert ging, sondern die oben erwähnte induktive, von Referenzpflanzen ausgehende Klassifikationsmethode, die nicht zu weniger künstlichen Resultaten führt als die deduktive Linnésche Methode; entscheidend ist ja, daß in beiden Fällen die Flora, ausgehend von pragmatisch gewählten äußeren Merkmalen – de Jussieu zieht wie Linné nur die Fortpflanzungsorgane in Betracht –, unter Klassen gebracht wird, in denen Pflanzen, die sonst nichts miteinander zu tun haben müssen, vereint sind, sofern sie in dem einen Merkmal übereinstimmen. – Zweitens: Mit der Idee von der »Kette der Wesen« waren die allseitigen Verbindungen und Beziehungen unter den Naturwesen akzentuiert, worin die Philosophie Leibnizens fortwirkte.[168] Dieser Akzentuierung wird es zuweilen zugeschrieben, daß sich in der zweiten Hälfte des 18. Jahrhunderts Systematiker von der Konzentration auf eines oder wenige Merkmale wieder abgewandt hätten; und auch hierin werden Ansätze zum Natürlichen System gesehen, wobei man sich auf programmatische Äußerungen der damaligen Botaniker stützen kann.[169] Nun beobachteten wir schon bei de Jussieu, daß dies von den wirklichen Systematikern in der Praxis nicht befolgt wurde. Selbst Joseph Gärtner (1732–1791), der programmatisch behauptete, viele Merkmale heranzuziehen, hielt sich tatsächlich nicht an dies Programm.[170] Zum anderen gilt es auch hierbei zu sehen, daß ein System nicht dadurch mehr oder weniger natürlich wird, je nachdem, wie viele Merkmale es bei der Klassifikation in Betracht zieht. Denn durch mehr Merkmale wird ja in keiner Weise der kombinatorische Ansatz aufgehoben, auf dem die Künstlichkeit der diagnostischen Systeme beruhte, ihre Äußerlichkeit gegenüber der Eigenart der Lebewesen. Nicht von philosophischen Einteilungs- und Anordnungsvorstellungen her konnte diese Künstlichkeit überwunden werden, sondern allein aufgrund von Einsichten in die Spezifik der Lebewesen, die vorderhand auch nicht von den Problemstellungen der Systematik her zu gewinnen waren.

Mit der naturphilosophischen Idee des Kontinuums, das die Dinge der Welt darstellen sollen, war die andere verbunden, daß sie in dieser kontinuierlichen Kette zugleich nach dem Grad ihrer Vollkommenheit angeordnet seien, also eine Stufenleiter bilden, in der die unvollkommensten Wesen über eine Unzahl von Mittelgliedern mit den vollkommensten verbunden sind. Auch diese Idee spielte in der Kritik des 18. Jahrhunderts an der Künstlichkeit der diagnostischen Systeme eine große Rolle, und an sie knüpften sich ebenfalls Vorstellungen über die Natürlichkeit eines Systems. Während vom Kontinuitätsprinzip aus in dieser Kritik der Akzent auf die Willkürlichkeit der Abgrenzungen und Unterscheidungen der diagnostischen Systeme gelegt wurde, war vom Prinzip der Stufenleiter her in dieser Kritik hervorzuheben, daß die diagnostischen Systeme die Flora nur in Gruppen gliedern, nicht aber als einen Zusammenhang anordnen. Erst durch letzteres aber werde ein System natürlich.

Ganz im Sinne dieser Kritik und auch ohne Zweifel von Bonnet beeinflußt, unterschied noch Lamarck zwischen »classification« und »distribution«[171]; Klassifikation ist das Geschäft der Einteilung, der Zuordnung von Arten zu Gattungen, von Gattungen zu Familien etc.; die Distribution ist die Anordnung, hat die Aufgabe, die Reihenfolge der Ordnungen und Klassen herauszufinden und so das ganze Reich der jeweiligen Naturwesen als einen Zusammenhang darzustellen, das heißt natürlich aufzufassen. Dabei dachte Lamarck auch zu der Zeit, als er von seiner Theorie der Arttransformation noch weit entfernt war, an eine Distribution nach Graden der Vollkommenheit. Er war in dieser Hinsicht also Anhänger der Stufenleiter-Idee des 18. Jahrhunderts, die so umgekehrt als ein Ausgangspunkt seiner Theorie der Arttransformation sichtbar wird; sie bildete freilich, wie wir im zweiten Kapitel sahen, keinen entscheidenden Ausgangspunkt.

Im Artikel »chaîn des êtres créés« seines *Dictionnaire philosophique* (1764) brachte Voltaire nicht allein scharfsinnige Argumente gegen das Kontinuitätsprinzip und die Idee der Stufenleiter vor, insbesondere hinsichtlich ihrer ins Religiöse hinüberspielenden Züge, sondern nahm in wissenssoziologischer Weise auch die realgeschichtlichen Hintergründe des hierarchischen Charakters der Stufenleiter aufs Korn:

»Anfangs findet das Vorstellungsvermögen Gefallen am Anblick des unwahrnehmbaren Übergangs von der unbeseelten zur organischen Materie, von den Pflanzen zu den Zoophyten, von diesen zu den

Tieren, von dort zu den Geistern, von den mit kleinen ätherischen Körpern ausgestatteten Geistern zu den immateriellen Substanzen und schließlich von diesen zu den Engeln. Diese Hierarchie ist jenen guten Leuten wohlgefällig, die sie in dem Papst und seinen Kardinälen zu sehen wähnen, gefolgt von Erzbischöfen und Bischöfen, nach denen dann die Pfarrer, Vikare, die Hilfsgeistlichen, die Diakone, die Subdiakone und die Mönche kommen, bis schließlich die Kapuziner diese Reihe beschließen.«[172]

Was immer dazu zu sagen wäre, festzuhalten ist jedenfalls für die »Stufenleiter« als Anordnungsprinzip genauso wie für die »Kette der Wesen«, daß die auf dieser Vorstellung beruhende Kritik an der Künstlichkeit der botanischen Systeme sich nicht gegen deren Äußerlichkeit richtete, nicht dagegen, daß sie den Zusammenhang verfehlen, der ihrer spezifischen Natur nach unter den Arten des Florareichs besteht. Diese Äußerlichkeit war der Stufenleiter-Idee genauso eigentümlich wie den diagnostischen Systemen.

Hinsichtlich der biologischen Systematik war die Idee der Stufenleiter in ihren Konsequenzen vielleicht noch blockierender als die Idee des Kontinuums, und zwar deswegen, weil dieser Idee nur eine lineare Anordnung der Wesen entsprechen kann, womit jeder Zugang zum wirklichen Zusammenhang der Arten und Gattungen verbaut ist. Anders als das Bild der Kette nahelegt, ist dies bei der Idee des Kontinuums nicht der Fall; diese Idee hatte keineswegs wie die der Stufenleiter eine lineare Anordnung zur zwingenden Konsequenz. So schrieb z. B. Linné in seiner *Philosophie botanica* (1751) ganz im Sinne des Kontinuitätsprinzips: »Die Natur macht keine Sprünge«, um unmittelbar fortzufahren: »Alle Pflanzen weisen eine beiderseitige Verwandtschaft auf, so wie das Gelände auf einer geografischen Karte.«[173] Linné dachte also nicht an eine lineare, sondern an eine zweidimensionale Anordnung und geriet dabei keineswegs mit dem Kontinuitätsprinzip in Konflikt. Gärtner, der, wie bereits erwähnt, in seiner Programmatik vom Kontinuitätsprinzip bestimmt war, formulierte 1789 ganz ähnlich: »Auch lassen sich die Genera nicht gemäß einer geraden und kontinuierlichen Reihe, so als lösten sie sich gegenseitig ab (aufreihen), sondern müssen gleich Landschaften und Provinzen auf einer geografischen Karte nebeneinander (. . .) gesetzt werden.«[174] Schon vorher plädierte Johann Hermann (1738–1800) in seiner *Tabula affinitatum animalium* (1783) für eine dreidimensionale Anordnung.[175] Hier zeigt sich, wie trotz ihrer Äußerlichkeit gegenüber den spezifisch biologischen Gesetzmäßigkeiten die klassifikatorische Arbeit der damaligen botanischen Systematiker zu Resultaten führte, die die Idee der Stufenleiter als Anordnungsprinzip wegen ihrer Materialfremdheit diskreditierten. So fragte sich denn selbst Bonnet gelegentlich: »Sollte sich wohl die Leiter der Natur aufwärts in Äste verteilen?«[176] Und: »Es könnte sein, daß die Leiter der Natur nicht einfach ist, sondern nach der einen oder anderen Seite Hauptzweige aussendet, die ihrerseits wieder Nebenzweige hätten.«[177] Aus der Leiter wird ein Baum – eine bemerkenswerte Metamorphose, da doch gewöhnlich allenfalls aus einem Baum eine Leiter wird.

Die Idee der Stufenleiter wurde, das muß in diesem Zusammenhang betont werden, in keiner Weise evolutionistisch verstanden. In den kühnen Spekulationen Giordano Brunos (1548–1600) oder Cyrano de Bergeracs (1619–1655) mag das anders gewesen sein[178]; für das ausgehende 17. und für das 18. Jahrhundert war die Reihenfolge der Naturwesen nach Graden der Vollkommenheit keine genctische Reihenfolge. In ihr dokumentiert sich vielmehr die Ordnung des göttlichen Schöpfungsplans, und jede einzelne Stufe der Leiter offenbart eine Schöpfungsmöglichkeit (vergleiche beispielsweise Rays *Wisdom of God*, 1691). Jede der Stufen ist so unveränderlich, und die ganze Leiter existiert simultan und ist als Ganzes, und das heißt auch in jeder ihrer Stufen, Schöpfung Gottes. Die Konstanz der Arten war nicht nur kompatibel mit der Idee der Stufenleiter, sondern war ihr integrales Moment. Und dies bewahrheitet sich auch – sieht man von der Ausnahme Diderot ab[179] – bei den Philosophen der zweiten Hälfte des 18. Jahrhunderts, die die Stufenleiter als eine zeitliche Reihenfolge in dem Sinne interpretierten, daß jeweils erst die weniger vollkommenen Wesen geschaffen sein müssen, bevor ein vollkommeneres entstehen kann. So schrieb beispielsweise Jean-Baptiste René Robinet (1735–1820):

> »Die Natur konnte die menschliche Gestalt nicht anders realisieren, als daß sie alle vorstellbaren Ausführungen eines jeden Zuges kombinierte, der in sie eingetragen werden sollte. Hätte sie auch nur eine einzige Kombination übersprungen, so würden die Züge nicht das richtige Maß der Übereinstimmung haben, das sie durch das Durchlaufen aller Abstufungen erlangten. In diesem Hinblick stelle ich mir jede Variation in der äußeren Form des Prototyps wie eine Studie zur menschlichen Gestalt vor, über welche die Natur nachsann.«[180]

Bei dem Prototyp, den die Natur in verschiedenen Gestalten realisiert, denkt Robinet nicht etwa an ein reales, in seiner Entwicklung all die Gestaltungen durchlaufendes Wesen; er ist vielmehr ein universelles Modell (»modèle universel«).[181] Ebenso dürfen auch keine voreiligen Schlüsse gezogen werden, wenn wir bei Johann Gottfried Herder (1744–1803) lesen:

»Mancherlei Verbindungen des Wassers, der Luft, des Lichts mußten vorhergegangen sein, ehe der Samen der ersten Pflanzenorganisation, etwa das Moos, hervorgehen konnte. Viele Pflanzen mußten hervorgegangen und gestorben sein, ehe eine Tierorganisation ward; auch bei dieser gingen Insekten, Vögel, Wasser- und Nachttiere den gebildeten Tieren der Erde und des Tages voraus, bis endlich nach allen die Krone der Organisation unserer Erde, der Mensch, auftrat, Mikrokosmus.«[182]

Herder dachte keineswegs an eine reale Entwicklung der Formen auseinander: »Kein Geschöpf, das wir kennen, ist aus seiner ursprünglichen Organisation gegangen und hat sich ihr zuwider eine andere bereitet, da es ja nur mit den Kräften wirkte, die in seiner Organisation lagen, und die Natur Wege genug wußte, ein jedes der Lebendigen auf dem Standpunkt festzuhalten, den sie ihm anwies.«[183] (Kant ging es, ganz unabhängig von solchen zeitlichen Interpretationen der Stufenleiter, schon zuweit, sie auch nur als eine objektive Ordnungsstruktur der Natur anzunehmen; er sah in der kontinuierlichen Stufenleiter nur eine subjektive Maxime, um »Ordnung in der Natur aufzusuchen«.[184])

Eine gewisse Bedeutung für die Ausarbeitung eines Natürlichen Systems hatte die Idee der Stufenleiter allerdings durch die Kriterien, nach denen sie die Vollkommenheitsgrade der einzelnen Stufen bewertete. Diese Kriterien waren anfangs ganz abstrakt, spiegelten die althergebrachte Rangfolge – Lebloses/Pflanze/Tier/Mensch – wider, und dies oft sogar roh vorstellungshaft.[185] Noch bei Bonnet, dessen Kriterien nicht mehr an Vorstellungen gebunden sind, finden wir abstrakte und dazu mehrdeutige Bewertungsmaßstäbe: »Das Maß dieser Vollkommenheit liegt in der Beziehung, welche jegliches Ding aufs Ganze hat. Ein Ding, dessen Verhältnisse zum Ganzen mannigfaltiger, vielfacher, fruchtbarer sind, hat eine größere Vollkommenheit.«[186] Dies ist sicherlich nicht leicht zu interpretieren. Deutlicher wird Bonnet bei den Kriterien für die Vollkommenheit organischer Wesen: »Die vollkommenste Organisation ist diejenige, welche die meisten Wirkungen durch die kleinste Anzahl unähnlicher Teile hervorbringt. Von solcher Art ist, unter den irdischen Wesen, der menschliche Körper.«[187] (Man hätte nach diesem Kriterium wohl eher als den menschlichen Körper einen Primitivorganismus erwartet, der keine spezialisierten Organe für seine vielfältigen Lebensfunktionen hat.)

Am Ende des 18. Jahrhunderts spielte für die Bewertung der Organisationshöhe die Komplexität der Organisation die Rolle eines Hauptkriteriums, wie wir bereits bei Lamarck sahen. Fast gleichzeitig mit dessen *Philosophie zoologique* führte beispielsweise Lorenz Oken (1779–1851) in seinem *Lehrbuch der Naturphilosophie* (1809/11) aus: »Ein Tier, welches z. B. nur als Darm lebte, wäre ohne Zweifel niederer als eines, welches mit dem Darm noch ein Fell verbände, und höher als diese müßte das gedacht werden, welches dazu Kiemen, Leber und endlich Knochen etc. brächte.«[188] Andere Kriterien finden wir bei Kielmeyer, Kriterien, die das morphologische Kompensationsgesetz einbeziehen:

»Je mehr (. . .) Reproduktion, desto eher ist die Empfindungsfähigkeit ausgeschlossen (. . .). Die Empfindungsfähigkeit wird in der Reihe der Organisationen allmählich durch Reizbarkeit und Reproduktionskraft verdrängt, und endlich weicht auch die Irritabilität der letzteren; je mehr die eine erhöht ist, desto weniger ist es die andere, und am wenigsten vertragen sich Sensibilität und Reproduktionskraft zusammen, ferner, je mehr eine dieser Kräfte auf einer Seite ausgebildet worden, desto mehr wurde sie auf einer anderen Seite vernachlässigt.«[189]

Ganz ähnlich ist bei Novalis, Friedrich Leopold von Hardenberg (1772–1801), in einem 1798 notierten Fragment zu lesen: »Oder könnte man sagen, daß die Körper am natürlichsten, durch ihre mannichfachen Verhältnisse zur Erregbarkeit, als Reitze classificirt würden?«[190]

Beachtung verdienen diese Kriterien, weil sie – etwa seit Bonnet – zunehmend Gesichtspunkte für die Anordnung in Betracht ziehen, die der Erkenntnis spezifischer Eigentümlichkeiten der Organismen entlehnt sind. Das Komplexitätskriterium spiegelt Fortschritte der Morphologie wider; Kielmeyers Anordnung nach »Reproduktion«, »Irritabilität«, »Sensibilität« etc. zieht Fähigkeiten der Organismen zu Rate, an denen in der zweiten Hälfte des 18. Jahrhunderts Physiologen die Eigentümlichkeit der Lebewesen festmachten. Damit ist im Prinzip die Perspektive eines Natürlichen Systems gegeben, nämlich eines dem Zusammenhang der Lebewesen, wie er ihrer spezifischen Natur nach unter ihnen besteht, gerecht werdenden Systems – freilich nur im Prinzip. Denn die Ausrichtung der Anordnung an Funktionskapazitäten mußte, wie im Morphologie-Abschnitt erörtert, die Systematik notwendig in eine Sackgasse führen. Es ist auch zu beachten, daß die Stufenleiterkonzeptionen in ihrer Entwicklung der Bewertungskriterien Fortschritte, die Physiologie und Morphologie bei der Entschlüsselung spezifisch biologischer Gesetzmäßigkeiten machten, lediglich widerspiegelten. Diese Fortschritte resultierten keineswegs aus der Idee der Stufenleiter, die der Eigenart der Lebensprozesse und -formen völlig äußerlich ist.

Die Kritik an der Künstlichkeit der botanischen Systeme, die im 18. Jahrhundert auf der Grundlage naturphilosophischer Prinzipien (»Kette der Wesen«, »Stufenleiter«) geübt wurde, ist also keine Kritik, die die spezifische Eigenart und den dieser Eigenart entsprechenden Zusammenhang des Pflanzenreichs gegen diese Systeme ins Feld führt. Wie sollte das auch möglich sein in einer Situation, die gerade durch das Fehlen einer entsprechenden Theorie des Lebenden gekennzeichnet war? Die Kritik war den eigentümlichen Gesetzmäßigkeiten des zu systematisierenden Gegenstands notwendig so äußerlich wie die kritisierten diagnostischen Systeme. Die von dieser Kritik erhobene Forderung nach der Natürlichkeit von Systemen hatte entsprechend nichts mit dem Programm des Natürlichen Systems zu tun, wie es sich die Zoologen und Botaniker des 19. Jahrhunderts stellten, mit dem Programm, im System den Zusammenhang der Lebewesen zu reproduzieren, den sie ihrer eigenen Natur nach bilden. Die philosophische Kritik des 18. Jahrhunderts war darüber hinaus, wie wir sahen, in ihren Konsequenzen für eine Weiterentwicklung der Systematik eher blokkierend als förderlich. Fördernde Momente sind ihr zuzusprechen, insofern sie Erkenntnisse biologischer Gesetzmäßigkeiten als Kriterien der Anordnung ins Spiel brachte. Diese Erkenntnisse sind damit die Voraussetzung der förderlichen Seite jener philosophischen Kritik. In diesen Erkenntnissen, nicht in den philosophischen Prinzipien der Kontinuität und der Abstufung nach Vollkommenheitsgraden, war die wirkliche Kritik an der Künstlichkeit der diagnostischen Systeme enthalten. Diese Erkenntnisse sollten die botanischen Systeme des 17. und 18. Jahrhunderts in die Krise stürzen; aber nicht nur diese Systeme, sondern ebenso jene philosophischen Prinzipien.

Der archimedische Punkt des Natürlichen Systems

Der Anfang des Natürlichen Systems im Sinne des 19. Jahrhunderts und zugleich der Anfang der Krise der künstlichen Systeme liegt an einem unscheinbaren Punkt, nämlich dort, wo »species« (Art) nicht als klassifikatorischer, sondern als biologischer Begriff verstanden wurde. Natürlich hatte der Terminus Art immer auch eine biologische

Bedeutung gehabt; nicht darum geht es. Entscheidend ist vielmehr, ob er in der zoologischen und botanischen Systematik als klassifikatorischer oder als biologischer Begriff fungiert. Fungiert er als klassifikatorischer Begriff, so sind die unter ihm zusammengefaßten Individuen nach irgendwelchen Merkmalen zu einer Art vereinigt, also nur subjektiv zusammengefaßt. Fungiert er dagegen als biologischer Begriff, so bilden die entsprechenden Individuen selbst aufgrund ihrer Lebensweise eine Art; der Begriff Art meint dann einen objektiven Zusammenhang unter Individuen. Die Zuordnung von Individuen zu Arten ist dann keine künstliche, aus diagnostischen Bedürfnissen eingeführte Etikettierung, sondern gedankliche Reproduktion ihrer Daseinsweise im Zusammenhang einer Art. (Kant: »Die Benennung der classes und ordines drücken ganz unzweideutig eine bloß *logische* Absonderung aus, die die *Vernunft* unter ihren Begriffen, zum Behufe der bloßen *Vergleichung* macht: genera und species aber können auch die *physische* Absonderung bedeuten, die die *Natur* selbst unter ihren Geschöpfen in Ansehung ihrer *Erzeugung* macht.«[191]) Der Artbegriff spiegelt als biologischer einen real existierenden Zusammenhang, eine objektive Einheit wider (wobei es an dieser Stelle keine Rolle spielt, daß dieser eine objektive Einheit meinende biologische Artbegriff nach Darwin anders gefaßt sein muß als im 18. Jahrhundert); er spiegelt die spezifisch biologische Natur der Lebewesen, ihr Dasein und ihre Reproduktion im Artzusammenhang, wider und kann insofern als der archimedische Punkt des Natürlichen Systems bezeichnet werden.

Der Anfang des Natürlichen Systems ist deswegen mit dem Artikel »Der Esel« (1753) in Buffons *Histoire naturelle* zu datieren.[192] 1749 hatte Buffon noch ausgeführt: »Haben die Einzelwesen eine vollkommene Ähnlichkeit oder so geringe Verschiedenheiten, daß man sie nur mit Mühe wahrnehmen kann, so werden diese Einzelwesen zu derselben Art gehören.«[193] Hier ist der Artbegriff also klassifikatorisch verwendet. Im Artikel »Der Esel« legte Buffon vier Jahre später dar:

> »Ein Individuum ist ein abgesondertes, einzelstehendes, getrenntes Wesen, welches mit den übrigen Wesen nichts gemein hat, als daß es ihnen gleicht oder auch verschieden von ihnen ist. Alle ähnlichen Individuen auf der Oberfläche der Erde werden so angesehen, als bildeten sie zusammen die Art dieser Individuen. Indessen macht weder die Anzahl noch die Vereinigung der ähnlichen Individuen die Art aus; die beständige Aufeinanderfolge und die nicht unterbrochene Erneuerung dieser Individuen bildet sie; denn ein Wesen, das immer fortdauerte, würde keine Art ausmachen, ebensowenig

Millionen ähnlicher Wesen, die ebenfalls immer fortdauerten. Art ist mithin ein abstraktes und allgemeines Wort, wovon die Sache nur besteht, sofern man die Natur in der Aufeinanderfolge der Zeiten und in der beständigen Zerstörung und der ebenso beständigen Wiedererneuerung der Wesen betrachtet.«[194]

Und geradezu definitorisch: Zur gleichen Art gehören Individuen, »weil sie zusammen Individuen erzeugen, die selbst wieder andere erzeugen können«.[195]

Buffons biologischer Artbegriff beruhte auf der zeugungstheoretischen Begründung der Artkonstanz, die am Ende des 17. Jahrhunderts entwickelt worden war und schon damals zur Formulierung eines objektiven, durch eine biologische Theorie gestützten Artbegriffs geführt hatte. So schrieb z. B. 1686 Ray: »Denn die sich der Art nach unterscheiden, behalten ihre Artspezifik beständig, und es entsteht nicht die eine aus dem Samen der anderen und umgekehrt.«[196] Bei Ray scheint die Reproduktion der Art in der Generationsfolge jedoch fast nur die Rolle eines zusätzlichen Bestimmungsmittels zu spielen, die Rolle des »sichersten Zeichens«[197] für die Diagnostik. Bei Buffon dagegen ist der Zeugungs- und Abstammungszusammenhang zwischen Individuen nicht nur ein »Zeichen« für »Übereinstimmung«, sondern das Kriterium, das darüber entscheidet, ob von einer Art gesprochen werden kann, und dies als Artkriterium nicht neben der Systematik, sondern als Kriterium der Grundkategorie der Systematik selbst.

Damit war nicht allein ein erster Schritt zur Überwindung der Künstlichkeit der Systematik getan und so die Krise einer bloß diagnostischen Systematisierung von Flora und Fauna eingeleitet. Mit diesem ersten Schritt war auch das naturphilosophische Postulat der Kontinuität für die Biologie außer Kraft gesetzt. Buffon sah diese Konsequenz sofort, zumal er vor 1753 selbst dem Prinzip der »Kette der Wesen« angehangen hatte:

»Mithin in der charakteristischen Verschiedenheit der Arten sind die Abstände der Stufen der Natur am deutlichsten bemerkbar und am besten ausgeprägt; man könnte selbst sagen, daß diese Abstände zwischen den Arten am meisten sich gleich bleiben und am wenigsten unter sich abweichen, da man immer eine Scheidelinie zwischen zwei Arten, das heißt zwischen zwei Reihenfolgen von Individuen ziehen kann, die sich wiedererzeugen und sich nicht vermischen können, wie man auch zwei Reihenfolgen von Individuen, die sich wiedererzeugen, indem sie sich vermischen, in eine einzige Art vereinigen kann. Dieser Punkt ist der festeste, den wir in der Naturgeschichte haben.«[198]

Verwandtschaft

Mit der biologischen Interpretation des klassifikatorischen Artbegriffs entstanden auch strengere Anforderungen an die Verwendung des Terminus »Verwandtschaft«. Dieser Begriff war in der Systematik geläufig, bedeutete streng genommen Ähnlichkeit, spielte aber immer auch metaphorisch mit realer Verwandtschaft, obgleich vor der zweiten Hälfte des 18. Jahrhunderts – von dem erwähnten Magnol abgesehen – niemand ernstlich an einen realen genealogischen Zusammenhang zwischen den »verwandten« Formen dachte. Dies metaphorische Anspielen auf reale Verwandtschaft kommt beispielsweise zum Ausdruck, wenn Linné die auf Caspar Bauhin zurückgehende[199] binäre Nomenklatur – bei der Bezeichnung einer Pflanze wird dem Artnamen der Gattungsname vorangestellt – so erläuterte: »Zur Diagnose einer Pflanze sind ihre Gattung und die unterscheidenden Merkmale der Art festzustellen. Der Name einer Pflanze (. . .) soll doppelt sein: ein Gattungsname, gleich dem menschlichen Familiennamen, und ein Artname, gleich dem Vornamen des täglichen Lebens (. . .).«[200] Durch den Vergleich mit dem Familiennamen erhält die Gattung genealogisches Aussehen. Und es ist verständlich, daß Buffon genau gegen solche genealogischen Anspielungen protestierte, weil er selbst den Begriff »Verwandtschaft« in seiner bestimmten biologischen Bedeutung als genealogischen Zusammenhang verstand. Gerade dann aber durfte er nicht für systematische Zusammenhänge gebraucht werden, weil sonst aus seiner bestimmten biologischen Bedeutung erschreckende Konsequenzen resultieren mußten:

»Die Naturforscher, die so leichthin unter den Tieren und Pflanzen Familien aufstellen, scheinen den ganzen Umfang dieser Folgen nicht genug bemerkt zu haben, Folgen, die das unmittelbare Erzeugnis der Schöpfung auf eine beliebig kleine Anzahl von Individuen zurückführen würden; denn sobald einmal dargetan wäre, daß man mit Recht diese *Familien* feststellen könnte, wenn es nachgewiesen wäre, daß es im Tierreich und selbst im Pflanzenreich, ich sage nicht mehrere Arten, sondern nur eine einzige gäbe, die durch die Entartung einer anderen hervorgebracht worden; wenn es wahr wäre, daß der Esel nur ein entartetes Pferd wäre, so gäbe es für die Macht der Natur keine Schranken mehr, und man hätte nicht unrecht anzunehmen, daß sie aus einem einzigen Wesen mit der Zeit alle anderen organisierten Wesen herleiten konnte.

Aber nein: es ist gewiß, durch die Offenbarung gewiß, daß alle Tiere auf gleiche Weise an der Gnade der Schöpfung teilgenommen, daß die beiden ersten einer jeden Art und aller Arten völlig gestaltet aus des Schöpfers Händen hervorgegangen, und man darf glauben, daß sie beinahe so waren, wie sie uns heutzutage durch ihre Nachkommen vorgestellt werden.«[201]

Deutlicher kann es sich wohl kaum erweisen, daß die Systematik einen objektiv evolutionstheoretischen Charakter bekommt, sobald man sie als Natürliches System ansieht, nämlich die Verhältnisse unter den Arten als spezifisch biologische Verhältnisse ansieht, und das heißt als reale genealogische Verwandtschaftsverhältnisse. Nicht weniger lehrreich ist es, daß der Grundstein des Natürlichen Systems, nämlich die konsequent biologische Auffassung des klassifikatorischen Artbegriffs, im Kontext der biologischen Zeugungstheorien gelegt wurde, aus denen die Konstanz der Arten zwingend folgt. Auch hier zeigt sich also, daß die objektive evolutionstheoretische Bedeutung der Systematik nicht aufgrund irgendwelcher evolutionistischer Vermutungen oder Intentionen herausgearbeitet wurde, sondern auf der Grundlage biologischer Theorien, die die Artkonstanz gerade festschrieben. Damit wird auch erst ganz klar, daß es nicht nur logisch richtig ist, daß die theoretische Begründung der Konstanz der Arten eine Voraussetzung der biologischen Evolutionstheorie war.

Ende der Kombinatorik

Der biologische Artbegriff war nun freilich nicht mehr als ein erster Anfang zu einem Natürlichen System. Das zeigt sich schon daran, daß von diesem Begriff zunächst die kombinatorische Auffassung der Lebensformen nicht berührt wurde, die den diagnostischen Systemen eigentümlich war und die als der Inbegriff ihrer Künstlichkeit angesehen werden kann. Buffon selbst vertrat, wie schon gesehen, im Rahmen seiner epigenetischen Theorie der Entstehung der Arten eben dies kombinatorische Verständnis der Lebensformen. Dieser kombinatorischen Auffassung wurde erst durch die Morphologie am Anfang des 19. Jahrhunderts der entscheidende Stoß versetzt. (Cuvier: »Weil nichts existieren kann, wenn es nicht den Bedingungen entspricht, welche seine Existenz ermöglichen, müssen die verschiedenen Teile eines jeden Wesens so koordiniert sein, daß dadurch das ganze Wesen möglich ist, und zwar nicht nur in sich selbst, sondern auch in seinen Verhältnissen zu den es umgebenden Wesen; und die

Analyse dieser Bedingungen führt oftmals zu allgemeinen Gesetzen, die nicht weniger erwiesen sind als diejenigen, die man aus einem Kalkül oder aus der Erfahrung abgeleitet hat.«[202])

Indem die Morphologie nachwies, daß der Organismus ein Funktionssystem ist, dessen Struktur von bestimmten Gesetzmäßigkeiten reguliert wird (Korrelation, Kompensation etc.), war es nicht mehr möglich, Organismen als beliebige Kombinationen von Merkmalen oder elementaren Bausteinen aufzufassen. Systeme, das wurde damit deutlich, werden nicht dadurch natürlicher, daß sie viele statt wenige Merkmale in Betracht ziehen. Erst der gesetzmäßige Zusammenhang unter den Merkmalen (Organen) vermittelt eine zutreffende Erkenntnis der Eigenart einer species, und diese Eigenart, nicht nur irgendwelche Merkmale, gilt es zu der anderer species in Bezug zu setzen, um den wirklichen Zusammenhang unter den pflanzlichen beziehungsweise tierischen Formen auf die Spur zu kommen.

Natürliche Klasse

Die Morphologie zerstörte aber nicht allein den Kern der Künstlichkeit der diagnostischen Systeme, sondern lieferte zugleich einen entscheidenden Beitrag für den Aufbau des Natürlichen Systems, und zwar dadurch, daß sie für die höheren taxonomischen Ränge nachwies, was Buffon für die Art getan hatte; sie wies nach, daß es sich dabei nicht um willkürliche Einteilungen zur Erleichterung der Übersicht handelt, denen in der Realität nichts entspricht, sondern daß vielmehr ordo und classis einen realen biologischen Sachverhalt widerspiegeln können, nämlich die Identität des organischen Bauplans, also der strukturellen Anordnung der Organe der betreffenden Lebewesen. Damit eröffnete sie den Weg für eine neuartige Anordnung der Organisationsformen. Die Abwandlungen der homologen Organe bei den Vertretern eines Bautyps, die von der Morphologie vergleichend untersucht wurden, waren unter Beachtung der einander voraussetzenden Abwandlungsschritte in eine (verzweigte) Reihe zu bringen, die auch dann eine systematische Anordnung nach Bildungsgesetzmäßigkeiten darstellte, wenn sich die Morphologen jeder evolutionistischen Interpretation dieser Abwandlungsreihe enthielten.

Sowenig sich aber die Abwandlungen der homologen Organe innerhalb eines Bautyps in eine lineare Reihe bringen ließen, sowenig die verschiedenen Bautypen selbst. Die Morphologie überführte somit die philosophische Idee einer linearen Stufenleiter der Wesen endgültig als eine biologiefremde Vorstellung. »(. . .) ich muß von vornherein bemerken, daß ich weder die Absicht noch das Verlangen habe, die Wesen so anzuordnen, daß sie eine einzige Linie bilden (. . .)«, schrieb Cuvier 1817. »Die angebliche Leiter der Wesen ist nichts als eine irrige Anwendung gewisser Einzelbeobachtungen auf das Ganze der Schöpfung (. . .) und hat meiner Meinung nach den Fortschritt der Naturgeschichte in der vergangenen Zeit in einem Umfang gehemmt, den man sich nur schwer vorstellen kann.«[203]

Krise des diagnostischen Systems

Wenn oben von der »Krise einer bloß diagnostischen Systematisierung des Flora- und Faunareichs« die Rede war, so muß noch einem Mißverständnis vorgebeugt werden, das diese Formulierung eventuell hervorruft. Die Krise bestand nicht etwa darin, daß die ungeheuer angewachsene Fülle des Materials mit den klassifikatorischen Mitteln der diagnostischen Systeme nicht mehr verarbeitet werden konnte. Diese Mittel reichen bis zum heutigen Tag für diagnostische Zwecke aus, wie ein Blick in heutige Systematiken zeigt. Die Ausdifferenzierung der taxonomischen Ränge, die im 18. Jahrhundert begann, ist eine Verbesserung, keine Substitution dieser Mittel. Auch die grafischen Mittel der Anordnung (Netz, Landkarte, dreidimensionaler Stammbaum) wurden alle bereits damals in einer ersten Form entwikkelt und verwendet. Es war also nicht so, daß diese Mittel der diagnostischen Systeme vor der gewachsenen Materialfülle versagten. (Ganz abwegig ist übrigens die oft nachgekaute[204] Ansicht, daß ein »Erfahrungsdruck« und »Empirisierungszwang« die »räumlich konzipierten Klassifikationssysteme« unzureichend gemacht und so zu einer »Verzeitlichung komplexer Informationsbestände« geführt haben, also zum Heranziehen der vierten Dimension. Man stelle sich ein diagnostisches System vor, das die rezenten Arten, und deren unendliche Mannigfaltigkeit macht in erster Linie die uferlose Materialfülle aus, aus Gründen der Informationsregistrierung verschiedenen Zeiten zuordnet. Auf diese Weise eine Historisierung der Naturauffassung erklären zu wollen, verrät nichts als Unbekanntheit mit der Sache.)

Von einer Krise der diagnostischen Systeme kann gesprochen werden, weil auf der Grundlage der Morphologie deutlich wurde, daß diese klassifikatorischen Systeme allein diagnostischen Zwecken genügen, für die Aufstellung des Natürlichen Systems dagegen prinzipiell ungeeignet sind. Nicht dieses oder jenes Mittel der Klassifikation, nicht diese oder jene klassifikatorische Technik hatte sich als unzureichend erwiesen. Vielmehr hatte es sich herausgestellt, daß die Klassifikation selbst ungeeignet ist, das Natürliche System aufzustellen, ungeeignet, weil es dabei nicht um irgendeine einheitliche und zweckmäßige Anordnung geht, sondern um die Verhältnisse unter den biologischen Arten, die zwischen ihnen selbst objektiv, aufgrund ihrer eigenen Natur und ihren spezifischen Gesetzmäßigkeiten bestehen. Die Aufstellung des Natürlichen Systems hing von der Erkenntnis der biologischen Gesetzmäßigkeiten ab, nicht von der Einführung anderer klassifikatorischer Techniken und Mittel.

Auf der Grundlage der morphologischen Erkenntnisfortschritte begann im 19. Jahrhundert die Arbeit am Natürlichen System, zuerst in der Zoologie, in der die Wissenschaftler am Musée d'Histoire Naturelle die Grundlage schufen, dann in der Botanik, in der der ältere Candolle der Nestor ihres Natürlichen Systems war. Wie bemerkt, erfolgte diese Grundlegung des Natürlichen Systems, indem sich diese Forscher von den praktischen diagnostischen Anforderungen, die an ein System zu stellen sind, frei machten, diese Funktion den künstlichen Systemen überließen und das aufzustellende natürliche von dieser Rücksicht entlasteten. Wie neben der Morphologie die Systematik für die Paläontologie eine wichtige Entwicklungsbedingung von seiten der biologischen Wissenschaften darstellte, so wurde auch umgekehrt die Paläontologie für die auf morphologischer Grundlage voranschreitende natürliche Systematik eine wichtige Entwicklungsbedingung, die die Bildungszusammenhänge unter den Flora- und Faunaformen weiter aufzuklären gestattete, indem sie die zeitliche Abfolge morphologischer Abwandlungsreihen erkennbar machte.

Entstand so allmählich, ungeachtet der vorläufig nicht zu schließenden Lücken, ein konkretes Bild vom verzweigten Zusammenhang der Flora- und Faunaformen, so vermochte sich vorerst die Systematik so wenig wie die Paläontologie und die Morphologie Rechenschaft darüber zu geben, wie die konstatierten Übergänge und Zusammenhänge unter den organischen Formen real zustandekommen. Die Vermutungen, daß es sich dabei um genealogische Zusammenhänge handelt, nahmen im 19. Jahrhundert in dem Maße zu, wie das Natürliche System immer konkretere Konturen annahm. Für die taxonomische Ebene der Gattung war das, ohne daß die damit exponierten theoretischen Probleme Thema wurden, die stillschweigend akzeptierte Meinung der meisten Systematiker, zumal auf dieser Ebene im Einzelfall oft kaum zu entscheiden war, ob es sich um eine Gattung oder bloß um eine varietätenreiche Art handelt. Für die

Ebene der Ordnungen und Klassen jedoch erschien die Annahme eines genealogischen Zusammenhangs unter ihnen nach wie vor als eine ungeheuerliche Vorstellung, zumal man zur Erklärung der Abwandlungen immer auf den defizitären Anpassungsmechanismus verwiesen schien. Darwin schätzte also die Problemlage angemessen ein, wenn er sich hinsichtlich des Natürlichen Systems darauf konzentrierte zu zeigen, wie mit seiner Deszendenztheorie der vermutete Verwandtschaftszusammenhang unter den höheren taxonomischen Rängen als realer Abstammungszusammenhang erklärt werden kann.

Kapitel 6

Darwins Entdeckung der Deszendenztheorie

Das Darwin-Kapitel des ersten Teils ging der Frage nach, wie die erstaunlich schnelle fachliche Anerkennung der Deszendenztheorie angesichts der vielfältigen und in ihrer Summe geradezu vernichtend scheinenden Kritik der zeitgenössischen Biologen und Geologen verständlich zu machen ist. Es kam zu dem Ergebnis, daß bei der Deszendenztheorie Darwins zwischen ihrer Erklärung des Abstammungsvorgangs der Arten und ihrer Leistung unterschieden werden muß, die damals aufgestauten Probleme in den biologischen Disziplinen der Ordnungsebene einheitlich und zwanglos erklärbar zu machen. Diese Leistung, durch die sie sich als Integrationstheorie dieser Disziplinen bewährte, erwies sich als ausschlaggebend dafür, daß sich die Deszendenztheorie Darwins in der Biologie durchsetzte, obwohl sie teils wirkliche, teils beim damaligen Erkenntnisstand zu reklamierende Mängel hinsichtlich der Erklärung des Abstammungsmechanismus aufwies. Daraus war zu folgern, daß beim damaligen Entwicklungsstand der Biologie die Voraussetzungen für eine in jeder Hinsicht überzeugende Erklärung des Abstammungsvorgangs nicht in der gleichen Weise gegeben waren, wie die Voraussetzungen für die Integration der biologischen Disziplinen der Ordnungsebene durch die Deszendenztheorie. Und das bedeutete für die Untersuchung der Entstehungsgeschichte der biologischen Evolutionstheorie, daß dem Heranwachsen der Voraussetzungen für diese Integration in den verschiedenen biologischen Disziplinen besondere Aufmerksamkeit zu widmen war.

Die Entstehung dieser Voraussetzungen verfolgte das vorangehende Kapitel in vier historischen Abrissen bei der Biogeografie, der Paläontologie, der Morphologie und schließlich der Systematik. Dabei ging es nicht um kurze Skizzen der historischen Entwicklung dieser Disziplinen, sondern darum, die Herausbildung von Erkenntnissen mit objektiv evolutionstheoretischer Relevanz in diesen Disziplinen nachzuzeichnen. Gleichwohl kam die Entwicklung und kamen die Entwicklungsbedingungen dieser Disziplinen selbst dabei insofern in den Blick, als die Entstehung der Erkenntnisse, die sich rückblickend, von der Deszendenztheorie her, als von objektiv evolutionstheoretischer Bedeutung erweisen, aus ihren tatsächlichen historischen Bedingungen nachvollzogen wurde. Es zeigte sich in diesen Abrissen generell, daß die, rückblickend gesehen, entscheidenden Einsichten nicht unter evolutionstheoretischen Orientierungen gemacht wurden, sondern unter zwar verschiedenen, eine geschichtliche Entwicklung der Lebensformen jedoch in jedem Fall ausschließenden, theoretischen Rahmenkonzeptionen, in die diese Einsichten integriert wurden, auch wenn das in der ersten Hälfte des 19. Jahrhunderts zunehmend Probleme bereitete, und deswegen zu dieser Zeit eine schon beträchtliche Zahl von Naturforschern evolutionistische Spekulationen anstellte.

Zu diesen gehörte am Ende der dreißiger Jahre des 19. Jahrhunderts, also nach seiner Rückkehr von der Weltreise an Bord der »Beagle«, auch der junge Charles Darwin. Aber selbst bei ihm, dies wird dies Kapitel zeigen, bestätigt sich noch einmal, daß nicht evolutionistische Vermutungen den Schlüssel zur biologischen Evolutionstheorie lieferten; er fand ihn vielmehr bei der Untersuchung eines Problems, das sich im Rahmen einer Theorie stellte, die von der Geschichtslosigkeit der Natur ausging.

1. Das Integrationsproblem

Interdependenz der Disziplinen

Bei der historischen Verfolgung der Herausbildung von Erkenntnissen mit objektiv evolutionstheoretischer Relevanz ging es zugleich – auch wenn das im Kapitel 5 mehr implizit blieb – um den Nachvollzug, wie sich in diesen Erkenntnisprozessen die Voraussetzungen für die theoretische Integration der biologischen Disziplinen historisch entwickelten. Es zeigte sich, daß die vier Disziplinen der Ordnungsebene in unterschiedlichen Kontexten und unter ganz verschiedenen theoretischen wie praktischen Bedingungen und Perspektiven zunächst als eigenständige Disziplinen aufkamen und sich deswegen zunächst auch relativ unabhängig voneinander entwickelten. Es zeigte sich weiterhin, daß sich am Ende des 18. Jahrhunderts eine Interdependenz zwischen ihnen herausbildete und sie zunehmend enger aneinanderknüpfte, und zwar eine Interdependenz, die wesentlich darin bestand, daß Erkenntnisfortschritte in jeder einzelnen dieser Disziplinen zu Erkenntnisvoraussetzungen in allen anderen wurden. Dafür war vor allem der qualitative Entwicklungssprung der Morphologie zur Zeit Cuviers verantwortlich, in zweiter Linie aber vielleicht die gleichzeitigen und nicht weniger revolutionären Fortschritte der stratigrafischen Paläontologie.

Diese Interdependenz darf nun nicht mit Integration verwechselt werden. Es gilt vielmehr zu sehen, daß trotz dieser Interdependenz die verschiedenen Disziplinen unterschiedliche Zugänge zu den Phänomenen der Lebenswelt hatten, die sich keineswegs einfach ergänzten, sondern zugleich von einem latenten Widerspruch untereinander geprägt waren. Dieser Widerspruch läßt sich deutlich machen, wenn wir Erklärungsprobleme, die im vorigen Kapitel als Erklärungsprobleme der einzelnen Disziplinen betrachtet wurden, nun kurz als Probleme der Integration dieser Disziplinen beleuchten. Der Integrationsversuch Lamarcks kann dafür als eine Folie dienen, auf der sichtbar wird, wie sich diese Probleme in den ersten drei Jahrzehnten des 19. Jahrhunderts zuspitzten. Deswegen sei noch einmal an die beiden, im Kapitel 2 dargestellten und in ihrem Zusammenhang erörterten, Prinzipien der Arttransformationstheorie Lamarcks erinnert (vgl. besonders S. 61 ff.).

Noch einmal die beiden Prinzipien Lamarcks

Auf der Grundlage seiner epigenetischen Theorie entwickelte Lamarck das erste und Hauptprinzip seiner Arttransformationstheorie, demzufolge die kontinuierlich durch Urzeugung entstehenden pflanzlichen und tierischen Primitivorganismen im Laufe der Generationen ihre Organisation immer mehr vervollkommnen und so die Stufenleiter der pflanzlichen beziehungsweise tierischen Lebensformen (Artcharaktere) erklimmen. Ihre Entwicklungsbahn ist durch die epigenetischen Mechanismen, also innerorganismisch, determiniert, so daß jeder der Primitivorganismen die gleiche pflanzliche beziehungsweise tierische Stufenleiter der Lebensformen durchläuft. So wenigstens, soweit es von ihm abhängt. Nun hängt es aber nicht allein von ihm ab; vielmehr haben sich wandelnde geologische Umweltbedingungen zur Folge, daß die Organismen die in ihnen vorgezeichnete Entwicklungslinie nicht rein verwirklichen können. Die Organismen – so das zweite Prinzip – passen sich veränderten Umweltbedingungen an, und es treten deswegen Abweichungen von der in ihnen vorprogrammierten Stufenleiter auf.

Äußere oder innere Determination der Lebensformen?

Es ist unschwer zu sehen, daß Lamarck mit seinen beiden Prinzipien zwei ganz und gar heterogene Bestimmungsgründe der Lebensformen in Einklang zu bringen sucht. Nach dem ersten Prinzip sind die Lebensformen intern determiniert, nach dem zweiten aber durch externe Faktoren, auch wenn Lamarck diese nur vermittelt über eine Reaktion der Organismen auf sie wirken läßt. Weiterhin ist aber Lamarcks Versuch, diese beiden Prinzipien zu kombinieren, als ein Integrationsversuch zu werten, der auf das Zentrum der Integrationsproblematik der damaligen Disziplinen der Ordnungsebene zielt. Das Problem der Vereinbarkeit jener heterogenen Bestimmungsgründe stellte sich keineswegs nur in seiner, von der damaligen Fachwelt überwiegend verworfenen Arttransformationstheorie. Ganz unabhängig von Lamarck hatten sich die von evolutionistischen Erklärungsversuchen im großen und ganzen freien Disziplinen der Ordnungsebene vielmehr so entwickelt, daß sie sich den beiden Bestimmungsgründen geradezu paarweise zuordnen lassen: Die Biogeografie und weitgehend auch die Paläontologie hatten in der nach wie vor »milieu«- oder »klima«-theoretisch gestellten Anpassungsfrage ihr theoretisches Zentrum, während die Morphologie und die Systematik versuchten, dem internen Zusammenhang zwischen den Lebensformen auf die Spur zu kommen. (Dieser interne Zusammenhang ist nicht mit den innerorganismischen Gesetzmäßigkeiten zu verwechseln, mit denen sich die Morphologie ebenfalls beschäftigt; es geht auf der Ebene der Ordnung um die intraspezifischen Verhältnisse, die Morphologie und Systematik als interne, nicht von den anorganischen Lebensbedingungen her verstehbare, Verhältnisse untersucht.) Das Problem, wie diese beiden Betrachtungsweisen zu vereinbaren sind, gewann in den Jahrzehnten nach Lamarcks *Philosophie zoologique* noch an Schärfe.

Etwa von den dreißiger Jahren her betrachtet, konnte sich Lamarcks Versöhnung der beiden Prinzipien wie eine bloße Problemverharmlosung ausnehmen. Lamarcks Ansicht, daß der Einfluß der Umweltbedingungen auf die Gestaltung der Organismen im Grunde nur eine marginale Störung ihrer intern determinierten Ausgestaltung sei, konnte nun als eine Variante jener großen Welterklärungsversuche des 18. Jahrhunderts angesehen werden, die – wie an Buffon gezeigt – nur einige grobschlächtige physikalische Rahmenbedingungen als Voraussetzungen annahmen, damit sich die Lebewesen nach bestimmten Gesetzmäßigkeiten in prinzipiell determinierter Form ausbilden können. Inzwischen war durch die Fortschritte der Paläontologie den Naturforschern der volle Umfang der Tatsache bewußt geworden, daß die Erde im Laufe ihrer Geschichte von vollständig verschiedenartigen Floren und Faunen bevölkert gewesen war; und die herrschende Meinung ging unter den Fachgelehrten seit Cuvier dahin, daß diese Formationsunterschiede darauf zurückzuführen seien, daß die verschiedenen Floren und Faunen einem jeweils anderen geologischen Milieu angepaßt waren.

Trat so in der ersten Hälfte des 19. Jahrhunderts der Zusammenhang zwischen geologischem Milieu und Lebensformen in einer Weise ins Bewußtsein, die für das 18. Jahrhundert nicht vorstellbar war, so bedeutete das jedoch nicht, daß diese Aufwertung der externen Faktoren das Interesse an den internen hätte in den Hintergrund treten lassen. Im Gegenteil: In der Systematik wurde am Natürlichen System mit der Gewißheit gearbeitet, daß dessen Aufstellung aufgrund der inzwischen zur Verfügung stehenden morphologischen Erkenntnisse nur noch eine Frage der Zeit sei; auf der anderen Seite führten morphologische und embryologische Forschungen dazu, daß von den vierziger Jahren an bei führenden Morphologen wie Richard Owen oder Henri Milne-Edwards (1800–1886), wenn auch aufgrund unterschiedlicher Ansätze, die Überzeugung wuchs, daß die verzweigte Abänderungsfolge der Formen eines Typus einem Gesetz der zunehmenden Spezialisierung und Differenzierung unterliege.

Die Latenz des Widerspruchs

Trotz dieser objektiven Zuspitzung des Problems, wie diese beiden heterogenen, das eine Mal von äußeren Faktoren und das andere Mal von einer internen »Logik« ausgehenden Forschungsorientierungen miteinander kompatibel sind, blieb der Widerspruch zwischen diesen beiden Prinzipien latent. Man arbeitete je nach Disziplin unter einem der beiden Prinzipien. Zwar war man auch dort bei bestimmten Problemen mit diesem Widerspruch konfrontiert, aber so, daß er dabei nicht als grundsätzlicher Widerspruch der Forschungsorientierungen der Disziplinen der Ordnungsebene in den Blick kam. Die Biogeografie z. B., und in gewissem Maße auch die Paläontologie, war disziplinintern mit diesem Widerspruch bei der schon erörterten Grundaporie der Anpassungsdeutung (vgl. oben S. 134 ff.u. 159 f.) konfrontiert, bei dem Problem nämlich, daß die Deutung der Lebensformen als Anpassungen an sich wandelnde Umweltbedingungen die anzupassenden Formen stets voraussetzt und in letzter Instanz nicht selbst aus der Anpassung an Umweltbedingungen erklären kann. Die Morphologie auf der anderen Seite war von diesem Widerspruch in der latenten Spannung zwischen ihrer funktionalen und strukturellen Betrachtungsweise der Organismen geprägt; denn bei letzterer verfolgte sie die – im metaphorischen Sinn – Verwandtschaften der Formen als internen Zusammenhang der Formen, während sie bei der funktionalen Betrachtung den Zusammenhang zwischen Struktur und Lebensweise untersuchte, ja die Struktur aus der Lebensweise ableitete (vgl. oben S. 174 f.).

Wie schon bei Lamarcks, trat das Problem der Vereinbarkeit dieser heterogenen Prinzipien bei solchen Naturforschern aus dieser Latenz heraus, die mit evolutionistischen Vermutungen das Reich der Lebensformen und seine Eigentümlichkeiten studierten. Das läßt sich gut an den Hypothesen und Vermutungen ablesen, mit denen Darwin nach Rückkehr von der Weltreise daran ging, alle Tatsachen zu sammeln, »die in irgendeiner Weise sich auf das Abändern der Tiere und Pflanzen im Zustande der Domestikation und im Naturzustande beziehen«.[1]

Anpassung und Entwicklung in den evolutionistischen Spekulationen des jungen Darwin

Wie für jeden Biogeografen seiner Zeit stand auch für Darwin fest, daß die Verteilungsmerkwürdigkeiten, die er auf dem südamerikanischen Kontinent und namentlich auf dem Galapagos-Archipel studiert hatte (vgl. oben S. 75 f.), als Resultat der Anpassung der Organismen an die jeweils spezifischen Lebensbedingungen zu verstehen sind. Darüber hinaus war er, wie einige andere Biogeografen der Zeit (vgl. oben S. 134), der Überzeugung, daß diese Anpassungen »nur unter der Annahme erklärt werden konnten, daß die Arten allmählich modifiziert werden«.[2] Wie seine frühsten Notizbücher über »Transmutation« aus den Jahren 1837–39 erkennen lassen, stand diese Überzeugung bei Darwin in Zusammenhang mit evolutionistischen Vermutungen, für die vor allem die Lektüre morphologischer und embryologischer Literatur der Zeit die entscheidenden Anhaltspunkte lieferte. Diese Vermutungen gingen dahin, daß das ganze Reich der pflanzlichen und tierischen Lebensformen sich auf irgendeine gesetzmäßige Weise aus primitiven Ursprungsformen entwickelt habe. Aber wie sind diese Vermutungen mit der Annahme zu vereinbaren, daß die Anpassung durch allmähliche Modifikation der Arten zu erklären sei? Mußte das nicht notwendig zu der grotesken Spekulation führen, daß entweder die Ursprungsformen des Lebensreichs schon vorher alle erdgeschichtlichen Wandlungen ahnten und entsprechend in ihrer Entwicklung berücksichtigten – oder daß umgekehrt die Erdoberfläche sich unter Berücksichtigung der Erfordernisse der Lebensformen so umgestaltete, daß diese sich bloß diesen Umgestaltungen jeweils anpassen mußten, um sich von ursprünglichen Formen bis zum entfalteten Lebensreich der Gegenwart zu entwickeln? War es da nicht besser, sich zur »unergründlichen Weisheit des Schöpfers« zu flüchten?

Hier wird deutlich, wie die latente Spannung zwischen dem Prinzip der Anpassung und dem der internen »Logik« des Zusammenhangs der Lebensformen zum beißenden Widerspruch wird, wenn diese Prinzipien in die Perspektive evolutionistischer Vermutungen eingestellt werden und als Bestimmungsgründe der Entwicklung der Lebensformen zusammenwirken sollen. Zugleich zeigt sich dann, daß sich im Widerspruch dieser Prinzipien die Schwierigkeit reflektiert, Erdgeschichte und Geschichte der Lebensformen, die ersichtlich in irgendeiner Korrespondenz stehen, zusammen zu denken, ohne eine übergeordnete Koordinationsinstanz zu unterstellen. Und diese Schwierigkeit verschärfte sich für Darwin noch dadurch, daß er hinsichtlich der geologischen Prozesse Anhänger der Theorie Lyells war, nach der die Umwandlungen der Erdoberfläche auf einen Zyklus ohne jede Tendenz hinauslaufen.

Im Urzustand Evolution, danach Anpassung?

Dies Dilemma tritt eindrucksvoll an einer Spekulation hervor, die ihm für einen Augenblick als mögliche Lösung des Problems durch den Kopf ging: »In frühen Stadien der Transmutationen«, notierte er im Frühjahr 1839, »mögen die Beziehungen der Tiere und Pflanzen zu allen anderen rapide zugenommen haben, und von da an mag die Zahl der einmal gebildeten Formen unverändert geblieben sein; daher sind alle heutigen Typen alt.«[3] Er unterstellte also in dieser Spekulation zwei grundsätzlich verschiedene erd- wie lebensgeschichtliche Zeitalter: Im ersten bilden sich evolutionär die Lebensformen aus; im zweiten passen sich die ausgebildeten Formen nur noch den sich ändernden geologischen Bedingungen an.

In dieser Überlegung vereinte der junge Darwin, wie vor ihm Lamarck, wenn auch in grundsätzlich anderer Form, zwei Paradigmen, unter denen seit dem 18. Jahrhundert natürliche Prozesse der Umgestaltung gedanklich verarbeitet wurden: Zum einen das deistische, nach dem sich das Ganze der Natur aus eigener Kraft und aufgrund natürlicher Gesetze durch Umgestaltungsprozesse hindurch im großen und ganzen identisch reproduziert; zum anderen aber das Evolutions- oder Entfaltungsparadigma, nach dem sich bestimmte Naturwesen oder auch Naturbereiche aufgrund interner Determination entwickeln, wobei auch das schließliche Ziel der Entwicklung determiniert ist.

Wir sahen im Kapitel 2, daß Lamarck die von ihm angenommene Arttransformation, die dem Entfaltungsparadigma folgt, als einen selbst zyklischen Vorgang verstand und seiner deistischen, dem ersten Paradigma verpflichteten, Welterklärung einfügte. Diese Lösung kam für Darwin nicht in Frage. Zwar war er als Anhänger der geologischen Theorie Lyells wie Lamarck davon überzeugt, daß die erdgeschichtlichen Prozesse nach dem deistischen Paradigma zu denken sind, und dies nicht nur in diesem frühen Stadium seiner theoretischen Entwicklung[4], sondern auch später[5]. Da er aber, anders als Lamarck, die Wirkungen der Anpassung an sich ändernde Umweltbedingungen nicht mehr als im Grunde marginal ansehen konnte, sondern den Artwandel in engstem Zusammenhang mit den erdgeschichtlichen Prozessen sah, hatte die zyklische Auffassung der geologischen Prozesse für ihn zur Folge, daß aus den Anpassungsprozessen nur Modifikationen vorhandener Formen resultieren können, nicht aber die Entwicklung dieser zyklisch modifizierten Formen. Soll die Herkunft dieser Formen gleichwohl evolutionistisch nach dem Entfaltungsparadigma erklärt werden, so ist dieser Evolutionsprozeß in »frühe Stadien« zurückzudatieren. Die Entwicklung der Lebensformen wird auf diese Weise gerettet, indem man sie in einer unbekannten und deswegen gegenüber Hypothesen besonders »geduldigen« Vorgeschichte des heutigen, ungeschichtlichen Formwandlungsprozesses geschehen sein läßt. Zugleich ist dadurch das Grundproblem der Anpassungsdeutung »gelöst«, nämlich die Frage, woher die anpaßbaren Formen stammen, die diese Deutung voraussetzt.

Ein Laplace der Biologie

In diesem Zusammenhang ist jedoch hervorzuheben, daß Darwin bei seinen evolutionistischen Spekulationen niemals an eine Entwicklung der Lebensformen in dem Sinne dachte, daß in den Organismen eine Tendenz zur Entwicklung angelegt sei. Lamarcks erstes Prinzip, das epigenetisch begründete Prinzip der Höherentwicklung der Organismen, scheint Darwin zu keinem Zeitpunkt in nähere Erwägung gezogen zu haben. Und dies lag wohl nicht an der spezifischen, epigenetischen, Begründung dieses Prinzips durch Lamarck; wie die Pangenesis-Hypothese zeigt (vgl. oben S. 85), war selbst der reife Darwin durchaus der Mann, der auf Spekulationen des 18. Jahrhunderts zurückgriff, wenn diese ein offenes Problem seiner Theorie zu lösen schienen. Für Darwin war nach meiner Meinung Lamarcks erstes Prinzip vor allem deswegen von vornherein unakzeptabel, weil für ihn Formwandel und Anpassung untrennbar zusammenhingen. Die Evolution der Formen konnte für ihn deswegen nicht aus einer den Organismen eigenen Entwicklungstendenz erklärt werden, weil ihre Angepaßtheit dann den Rückgriff auf eine prästabilierte Harmonie zwischen Erdgeschichte und Evolution der Lebensformen erforderlich machte. Für ihn war die Evolution der Lebensformen nur als Resultat der Anpassungen durch Formenwandel denkbar. Und zwar stellte er sich bis zur Mitte der vierziger Jahre die Sache prinzipiell so vor, daß bei den periodischen Formmodifikationen im Zuge der Anpassung an die sich zyklisch wandelnden Umweltbedingungen Akkumulationseffekte zustandekommen, aus denen immer komplexer gestaltete Organismenstrukturen resultieren.[6]

Seine evolutionistischen Spekulationen gehören dennoch dem Entfaltungsparadigma insofern an, als er sich die Formenentwicklung als einen einheitlich determinierten Prozeß dachte. Er stellte sich das Produkt des Evolutionsprozesses, die konkrete Flora und Fauna der Jetztzeit, als ein unausweichliches, in den Ausgangsbedingungen der Evolution vollständig determiniertes Resultat vor, weshalb man ihn in seinen evolutionistischen Spekulationen als einen Laplace der Biologie bezeichnen könnte. (Darauf ist später zurückzukommen.)

Evolutionistische Hypothesen beschäftigten Darwin nicht nur in den ersten Jahren nach Rückkehr von der Weltreise. Neben der Arbeit, die Ergebnisse der Reise zu veröffentlichen, und später neben der Arbeit an dem Werk über die Cirripeden (Rankenfüßler, eine Krebsfamilie, die in unserer Sprache den irreführenden Namen »Entenmuscheln« führt) betrieb er kontinuierlich seine Forschungen zur »Transmutations«-Frage. Aber dabei lag der Schwerpunkt nicht bei den evolutionistischen Hypothesen, sondern auf der Erklärung der Angepaßtheit durch Modifikation der Arten. Die schließlich gefundene Lösung dieses Problems enthielt, wie sich später zeigte, zugleich die

Lösung des Evolutionsproblems, auch wenn im Lichte dieser Lösung die Evolution der Lebensformen ein neues, ganz und gar unerwartetes Aussehen erhielt. Und auch die Anpassungsfrage sollte sich aufgrund dieser Lösung in ganz neuer Weise darstellen. Darwins Entdeckung, wie die Anpassung durch Artwandel zustandekommt, war zugleich die Entdeckung des »Zauberstabs«, von dem im Kapitel 4 die Rede war, des Zauberstabs nämlich, mit dem er die in den Disziplinen der Ordnungsebene aufgehäuften Erkenntnisse mit objektiv evolutionstheoretischer Relevanz in dieser Relevanz realisierte, sie in Belege und Indizien seiner Evolutionstheorie verwandelte und damit zugleich die theoretische Integration dieser Disziplinen ermöglichte.

2. Die Entdeckung des Mechanismus der Artabwandlung

Wer nachvollziehen will, wie Darwin diese Entdeckung machte, muß sich davor hüten, die später sichtbar werdende Dimension von Bedeutungen und Folgen seiner Entdeckung in das Stadium hineinzuprojizieren, in dem Darwin nach einer Erklärung für die Modifikation der Arten suchte, auf der nach seiner festen Überzeugung das Anpassungsphänomen beruhen mußte. Es ist vielmehr notwendig, sich zu vergegenwärtigen, unter welchen Bedingungen und in welchem theoretischen Kontext Darwin damals diese Erklärung suchte. Für diese Vergegenwärtigung ist die vieldiskutierte und in manchen Darstellungen gewiß überstrapazierte Malthus-Episode Ende September/Anfang Oktober 1838 recht aufschlußreich.

Malthus und die Oeconomia Naturae

Darwin selbst schildert diese Episode in seiner Autobiografie folgendermaßen: »Im Oktober 1838, also fünfzehn Monate nachdem ich meine Untersuchungen (zur ›Transmutations‹-Frage – W. L.) systematisch angefangen hatte, las ich zufällig zur Unterhaltung Malthus' *Über die Bevölkerung*, und da ich hinreichend darauf vorbereitet war, den überall stattfindenden Kampf um die Existenz zu würdigen, namentlich durch lange fortgesetzte Beobachtung über die Lebensweise von Tieren und Pflanzen, kam mir sofort der Gedanke, daß unter solchen Umständen günstige Abänderungen dazu neigen, erhalten zu werden und ungünstige zerstört zu werden.

Das Resultat hiervon würde die Bildung neuer Arten sein. Hier hatte ich nun endlich eine Theorie, mit der ich arbeiten konnte.«[7] Darwin maß also in seiner Erinnerung der damaligen Lektüre des Malthusschen Essays eine entscheidende Bedeutung dafür bei, daß er den »Kampf ums Dasein« als natürliche Selektionsinstanz erkannte. Es wurde inzwischen herausgefunden, welcher Satz des Essays auf Darwin den entscheidenden Eindruck machte; er lautet: »Man kann daher ruhig behaupten, daß die Bevölkerung sich, wenn sie nicht in Schranken gehalten wird, alle 25 Jahre verdoppelt oder in geometrischem Verhältnis anwächst.«[8]

Mit dem Topos eines Kampfes oder Kriegs in der Natur war Darwin längst, z. B. durch Candolles *Essai élémentaire de géographie botanique* (1820), vertraut, auch wenn er später bemerkte, daß »selbst die eindringliche Sprache Candolles den Krieg der Arten nicht so vermittelt« wie der »Rückschluß aus Malthus«.[9] Candolle aber gab mit seiner Hervorhebung des Kriegs in der Natur einem älteren Topos, der besonders im 18. Jahrhundert, im Zusammenhang mit der damaligen Physikotheologie, die Naturphilosophie bestimmte, lediglich eine neue Färbung, nämlich dem Topos der Oeconomia Naturae, dem Topos des »Naturhaushalts«. (Der Terminus »economy of nature« findet sich in Darwins Schriften überall.)

Bei der Oeconomia Naturae war zunächst einmal an eine Ordnung gedacht, die dafür sorgt, daß sich die Arten im Generationswechsel nicht allein in ihrem jeweiligen spezifischen Charakter reproduzieren, sondern zugleich auch in ihren wechselseitigen Proportionen. Daß das nicht ohne Vernichtung eines beträchtlichen Teils des jeweiligen Nachwuchses zu erreichen ist, war nicht erst dem 19. Jahrhundert klar.[10] Wie z. B. bei Herder[11] oder Linné[12] zu studieren, legte das 18. Jahrhundert dabei den Akzent jedoch darauf, daß sich auf diese Weise ein harmonisches Ganzes reproduziert, in dem jedes Naturwesen zugleich Mittel der Existenz anderer Naturwesen ist. Man kann sich diese Akzentsetzung vielleicht so verdeutlichen: Der Nachwuchsreichtum des Hasen war in den Augen des 18. Jahrhunderts nicht in erster Linie Mittel der Arterhaltung angesichts der vielen natürlichen Feinde des Hasen, sondern Bereitstellung von Nahrung für Füchse, Adler, Menschen etc. Darwin war mit dieser teleologischen Denkweise in seiner Studienzeit durch William Paleys (1743–1805) *Natural Theology* bekannt geworden, ein Buch, von dem er in seiner Autobiografie bemerkte, daß ihm damals dessen »Logik (. . .) ebensoviel Freude (machte) wie Euklid.«[13]

Sah das 18. Jahrhundert die Oeconomia Naturae als den Zweck an, von dem her die einzelnen Naturwesen und ihre Interaktionen in ihrer Zweckmäßigkeit erkennbar und erklärbar werden, so sah Candolle mit seiner Betonung des Kriegs unter den Arten die Oeconomia Naturae als ein Resultat an, das sich aus der blinden Wechselwirkung unter den Naturwesen wunderbarerweise ergibt, obgleich jedes der Naturwesen den Kampf ausschließlich zu seiner Selbsterhaltung und keineswegs um der Harmonie des Ganzen willen führt. Es liegt nahe, diesen Perspektivenwechsel mit dem Durchbruch der mordernen bürgerlichen Gesellschaft an der Wende vom 18. zum 19. Jahrhundert in Verbindung zu bringen. In unserem Zusammenhang ist es jedoch wichtiger, darauf aufmerksam zu machen, daß von diesem Perspektivenwechsel wesentliche Momente des Oeconomia-Naturae-Topos unberührt blieben.

Dieser Topos unterstellte, daß die Ressourcen für die Lebewesen auf der Erde im Durchschnitt weder zu- noch abnehmen, so daß sich auch die – in heutigen Begriffen – Größe einer Population nur auf Kosten anderer steigern ließe. Das wird jedoch in aller Regel durch die wechselseitige Nachwuchsvernichtung der Arten verhindert, aus der vielmehr eine Konstanthaltung der Populationsgrößen resultiert. Von all dem war Candolle nicht weniger als das 18. Jahrhundert überzeugt. Die Oeconomia Naturae setzte also zwei konstante Faktoren voraus und erklärte die Konstanz eines dritten: Sie setzte zum einen voraus, daß die Menge der Lebensressourcen im Durchschnitt konstant ist, und zum anderen, daß sich die Arten im Generationswechsel ihrem Charakter nach konstant reproduzieren, so daß das Wechselspiel immer des gleichen Artenensembles die Oeconomia Naturae ausmacht; sie versuchte aber drittens aus diesem Wechselspiel zu erklären, warum auch die Größe der einzelnen Populationen durchschnittlich konstant ist. Die Oeconomia Naturae modellierte die Welt der Lebewesen als stabiles Gleichgewichtssystem.

Auch Malthus ging in seiner Bevölkerungstheorie von diesen Grundannahmen der Oeconomia Naturae aus, hatte sie von dort übernommen und versuchte, das statische Naturbild der Oeconomia Naturae auf die Menschengesellschaft zu übertragen, um es gegen Fortschrittstheoretiker wie Marie-Jean-Antoine Condorcet (1743 bis 1794) ausspielen zu können. Und das macht auch erst verständlich, warum die Malthus-Lektüre für Darwin Bedeutung gewinnen konnte, warum ihm der »Rückschluß aus Malthus« den »Krieg der Arten« drastischer klar machte als »selbst die eindringliche Sprache Candolles«: Wenn selbst bei Arten mit so geringer Nachwuchszahl wie bei den Menschen die Population bei Wegfall aller Hindernisse im

»geometrischen Verhältnis« wachsen würde, dann muß ein gnadenloser »Kampf ums Dasein« unter den Nachkommen stattfinden, wenn man als zweite Prämisse hinzunimmt, daß die Lebensressourcen im Durchschnitt weder zu- noch abnehmen. Das heißt, beeindruckend kann Malthus in dieser Hinsicht nur sein, wenn man von der Unterstellung des Oeconomia-Naturae-Topos ausgeht, daß die Menge der Lebensressourcen im Durchschnitt konstant ist.

Dies gilt es im Auge zu behalten, wenn man nun andererseits sofort festzustellen hat, daß Darwin diesen »Rückschluß« auf den »Kampf ums Dasein« unter den Nachkommen einer Art gerade für eine Theorie zog, die eine der Grundannahmen der Oeconomia Naturae revidierte, nämlich die Annahme, daß die Arten ihre Spezifik im Generationswechsel konstant reproduzieren und so das Ensemble der Arten, deren Wechselspiel die Oeconomia Naturae ausmacht, stets dasselbe bleibt. Für Darwin bot ja der »Kampf ums Dasein« die Möglichkeit zu erklären, wie auf natürliche Weise unter den Nachkommen einer Art eine Auslese dergestalt getroffen wird, daß es zur Abänderung der Art kommt.

Die Oeconomia Naturae als reguliertes Gleichgewichtssystem

Wie ist diese Revision zu beurteilen? Handelt es sich lediglich um eine Revision eines Moments der Oeconomia Naturae oder um eine Revision des Naturbilds der Oeconomia Naturae selbst?

Darwin suchte nach einer Erklärung, wie in der Natur Arten modifiziert werden, weil er diese Modifikation für den Schlüssel zur Erklärung des Anpassungsphänomens hielt. Die Aufklärung des Anpassungsphänomens war für ihn nicht nur unter biogeografischen, sondern auch unter paläontologischen und geologischen Gesichtspunkten eine wichtige Frage. Denn wenn sich die geologischen Bedingungen auf der Erdoberfläche beständig ändern, dann wurde das Phänomen, daß die Arten diesen Bedingungen stets optimal angepaßt sind, noch wunderbarer, als es der Physikotheologie des 18. Jahrhunderts erschienen war, die sich über diese Bedingungsänderungen noch kaum Rechenschaft abgelegt hatte.

Darwin maß nun in dieser frühen Entwicklungsetappe seiner Theorie den geologischen Bedingungen eine entscheidende Bedeutung für die Anpassungsfrage zu. Zwar betonte er auch zu dieser Zeit bereits nachdrücklich, daß den Beziehungen zwischen den Organismen die entscheidende Bedeutung zukomme; aber die »Plätze« (places) im

Naturhaushalt, denen die Arten optimal angepaßt sein müssen, waren damals für ihn in erster Linie geologisch determiniert. Er verstand den Wandel der Lebensformen primär als Antwort auf den geologischen Wandel der Lebensbedingungen.[14] Und er ging weiterhin davon aus, daß sich im ständigen Wandel der Erdoberfläche die durchschnittliche Zahl der »Plätze« nicht ändert, daß sich in diesem Wandel die vernichteten und die neu entstehenden »Plätze« in etwa die Waage halten. Hier liegt auch einer der Gründe für seine damalige Annahme, daß in diesem geologischen Wandel die Zahl der Arten im großen und ganzen gleich bleibt.[15]

Es zeigt sich so aber, daß Darwin auch darin Lyell folgte, daß dessen geologische Theorie das von der Gleichgewichtserhaltung ausgehende Naturbild der Oeconomia Naturae nicht umstößt, sondern untermauert. Aber diese Theorie nötigte, die Natur nicht länger als stabiles, sondern als ein reguliertes Gleichgewichtssystem anzusehen, als ein System, dessen Gleichgewicht sich dadurch erhält, daß aus dem Gleichgewicht gefallene Elemente eliminiert und durch neue ersetzt werden. Wie bei Lyell im geologischen Wandlungsprozeß Lebensmöglichkeiten (»Plätze«) vernichtet werden, die anderenorts durch neu entstehende ersetzt werden, so erklärte Darwin mit seiner Theorie der Anpassung den Ersatz untauglich gewordener Lebensformen durch taugliche. Darwin revidierte mit seiner Annahme der Artabwandlung das Naturbild der Oeconomia Naturae also nur insofern, als er die Art und Weise, wie die Gleichgewichtserhaltung zu denken sei, revidierte, nicht aber auch darin, daß er etwa die Auffassung der Natur als sich annähernd identisch erhaltendes Gleichgewichtssystem verworfen hätte.

Der theoretische Kontext der Artabwandlungserklärung

Diese Auffassung bildete im Gegenteil den Ausgangspunkt und den theoretischen Rahmen für seine Erklärung der natürlichen Artabwandlung. Sie war eine der Voraussetzungen dafür, daß ihm die Malthus-Lektüre den »kleinen Schubs« geben konnte, »der ihn über die Schwelle stieß, an der er bereits stand«[16], daß er sich vom »Kampf ums Dasein« als der natürlichen Selektionsinstanz endgültig überzeugte und so die Theorie fand, »mit der ich arbeiten konnte«. Wer nachvollziehen will, wie Darwin seine Entdeckung machte, unter welchen Voraussetzungen und in welchem Kontext er die Erklärung der natürlichen Artabwandlung fand, hat also zur Kenntnis zu nehmen, daß er diese Erklärung nicht allein im Kontext einer ungeschichtlichen Gesamttheorie suchte, die die Natur als sich annähernd identisch reproduzierendes Gleichgewichtssystem unterstellte, sondern darüber hinaus als Antwort auf die Frage nach der Erhaltung eines bestimmten Gleichgewichtsmoments in diesem System, nämlich als Antwort auf die Frage nach der Erhaltung des Gleichgewichts, der Harmonie, zwischen Erdbedingungen und Lebensformen.

Darwins Entdeckung, daß sich mit Variabilität und Selektion auch in der freien Natur Artabwandlung erklären läßt, bildete zwar den Schlüssel zu seiner späteren Evolutionstheorie. Er fand jedoch diesen Schlüssel nicht im Kontext seiner evolutionistischen Spekulationen, sondern bei der Lösung einer Frage, die sich in einem theoretischen Rahmen stellte, der evolutionistische Momente aus sich ausschloß. Unbeschadet der Tatsache, daß Darwin seit seiner Weltreise evolutionistische Hypothesen aufstellte, ist also seine um 1840 erarbeitete Theorie des Artwandels nicht als Evolutionstheorie zu verstehen, sondern – in den Worten Dov Ospovats – als »eine Theorie, die erklären soll, wie perfekte Anpassung in einer sich wandelnden Welt erhalten wird«. »Darwin blieb dabei, den Wandel des Organischen vom Blickwinkel der Natural Theology her zu betrachten, nämlich als Mittel, durch das die organische Welt mit der sich stets wandelnden anorganischen Welt in Harmonie bleibt.«[17] Es stand Darwin erst noch bevor zu entdecken, zu was er mit der Erklärung der Artabwandlung den Schlüssel entdeckt hatte.

Nicht aus dem theoretischen Kontext ableitbar

Die geschichtliche Entwicklung ausschließende Naturanschauung der Oeconomia Naturae, durch Lyells geologische Theorie von einem stabilen in ein reguliertes Systemmodell der Gleichgewichtserhaltung verwandelt, war also konkrete historische Bedingung für Darwins Entdeckung, daß Artabwandlung in der freien Natur durch Variabilität und Selektion erklärt werden kann. Die Erklärung selbst läßt sich jedoch aus dieser Bedingung ihrer Entdeckung nur zu einem geringen Teil verstehen. Generell schlug sich das theoretische Konzept, innerhalb dessen er die Erklärung fand, in seinem geologisch dominierten Verständnis der Lebensbedingungen der Arten nieder, also in Darwins damaliger Orientierung am »klima«-theoretischen Paradigma der Anpassungserklärung.

So stark auch gerade diese »klima«-theoretische Orientierung, wie gleich noch im einzelnen zu zeigen, seine anfängliche Auffassung der Variabilität und der Selektion bestimmte, so wenig läßt sich jedoch die Erklärung der Artabwandlung durch Variabilität und Selektion aus dem naturtheoretischen Kontext ihrer Entdeckung verstehen oder gar ableiten. Dies kann man sich leicht an einer geringfügig scheinenden, in Wirklichkeit aber – wie Ernst Mayr zu Recht immer wieder betonte[18] – außerordentlich bedeutsamen Einzelheit klarmachen. Wer in der ersten Hälfte des 19. Jahrhunderts die Oeconomia Naturae wie Candolle als Resultat eines ständigen Kriegs in der Natur verstand, der ging dabei selbstverständlich davon aus, daß dieser Krieg zwischen den Arten geführt wird. Auch in Darwins Notizen und Skizzen finden sich Sätze, in denen vom »Krieg der Arten« die Rede ist.[19] Aber das ändert nichts daran, daß Darwin bei seinem »Rückschluß aus Malthus« den »Kampf ums Dasein« unter den Individuen ein und derselben Art als den Vorgang begriff, der als natürliche Selektionsinstanz wirkt. Er begriff aber diesen Kampf als natürliche Selektionsinstanz, weil er von der individuellen Unterschiedenheit der Exemplare einer Art ausging. Und dies hatte er nicht von Malthus, bei dem sich keine Spur eines Populationsdenkens findet, das heißt eines Denkens, das in den Individuen einer Art nicht nur Vertreter der Arttypik sieht, sondern einzigartige Individuen, und entsprechend die Art als eine Population einzigartiger Individuen. Darwin zog jenen »Rückschluß«, weil er die Art bereits als solch eine Population ansah.

Parallele zu Priestleys Entdeckung des Sauerstoffs

Dies Populationsdenken stammte genauso wie die Erklärung der Artabwandlung durch Variabilität und Selektion aus Darwins Studium der Züchterpraxis. Diese entscheidenden Momente seiner Entdeckung sind nicht aus dem naturtheoretischen Kontext zu verstehen, der Bedingung dieser Entdeckung war und darüber hinaus Darwins anfängliches Verständnis seiner Entdeckung maßgeblich bestimmte. Bei der Betrachtung des Verhältnisses zwischen jenen Momenten seiner Entdeckung und ihrem naturtheoretischen Rahmen kann man sich erneut an Priestleys Entdeckung des Sauerstoffs erinnert fühlen. Wie dieser den Sauerstoff, der unter Lavoisiers Händen zur Sprengmine der Phlogistonchemie wurde, unter phlogistontheoretischen Voraussetzungen entdeckte und ihn als »dephlogistisierte Luft« in das System der Phlogistonchemie integrierte, so entdeckte Darwin den Mechanismus der Artabwandlung unter der Voraussetzung seiner ungeschichtlichen, die Natur als Gleichgewichtssystem unterstellenden Gesamttheorie; und die Integration seiner Entdeckung in diese Gesamttheorie war für ihn vielleicht noch selbstverständlicher als für Priestley, hatte er doch nach der Erklärung der Artabwandlung gesucht, um ein offenes Problem dieser Gesamttheorie zu lösen.

Der Sauerstoff, Priestleys Entdeckung, gestattete es Lavoisier, das theoretische System der Phlogistonchemie zu revolutionieren. Stellt man nun Darwins Entdeckung in Parallele zu der Priestleys, so liegt es nahe zu fragen, was an seiner Erklärung der Artabwandlung es ist, das den naturtheoretischen Rahmen, in dem sie Darwin fand, zu sprengen gestattete und die Entwicklung einer geschichtlichen Naturauffassung ermöglichte. Es stellt sich also die Frage, worin der latente Widerspruch zwischen Darwins Erklärung der Artabwandlung und seiner der Oeconomia Naturae verhafteten Naturtheorie bestand, und ebenso die Frage, warum dieser Widerspruch Darwin lange Zeit verborgen blieb und wodurch er ihm später ins Bewußtsein trat. Zur Beantwortung dieser Fragen ist es nötig, sich Darwins Ausarbeitung seiner Erklärung wenigstens in einigen prinzipiellen Punkten zu vergegenwärtigen.

Zugang von der Zuchtpraxis her

Darwin hatte den Zugang zur Erklärung der Artabwandlung durch sein Studium der Züchterpraxis gewonnen. Er berichtete darüber in seiner Autobiografie:

> »Nach meiner Rückkehr nach England kam mir der Gedanke, daß durch Befolgung des von Lyell für die Geologie gegebenen Beispiels und durch Sammeln aller Tatsachen, die in irgendeiner Weise sich auf das Abändern der Tiere und Pflanzen im Zustande der Domestikation und im Naturzustande beziehen, vielleicht etwas Licht auf den ganzen Gegenstand (der Anpassung durch Artmodifikation – W. L.) geworfen werden könnte. (. . .) Ich arbeitete nach echt Baconschen Grundsätzen und sammelte ohne irgendeine Theorie Tatsachen in großem Maßstabe, ganz besonders mit Bezug auf domestizierte Naturprodukte, durch gedruckte Fragebogen, durch Unterhaltung mit geschickten Tierzüchtern und Gärtnern und durch umfassendes Lesen. (. . .) Ich nahm bald wahr, daß Zuchtwahl der Schlüssel zum Erfolg des Menschen beim Hervorbringen nützlicher Rassen von Tieren und Pflanzen ist. Wie aber Zuchtwahl auf Organismen angewendet werden könnte, die im Naturzustand

leben, blieb noch einige Zeit für mich ein Geheimnis.«[20]

Anders als der nur cum grano salis zu nehmenden Hervorhebung, nach »echt Baconschen Grundsätzen« gearbeitet und »ohne irgendeine Theorie« Material gesammelt zu haben, kommt dem Hinweis auf die »Befolgung des von Lyell für die Geologie gegebenen Beispiels« in diesem Zusammenhang wirkliches Gewicht zu. Lyell hatte die aktualistische Methode Huttons in der Geologie neu etabliert, das heißt die Methode, für die Erklärung erdgeschichtlicher Ereignisse nur solche Kräfte und Prozesse zuzulassen, die sich auch heute als wirksam beobachten lassen, und dazu nur in ihrem gegenwärtigen Wirkungsgrad. Dieses aktualistische Prinzip wollte Darwin befolgen, und das führte ihn dazu, sich bei der Suche nach einer Erklärung der Artabwandlung nach Prozessen umzusehen, durch die gegenwärtig Arten abgewandelt werden. Daß dabei die Züchterpraxis ins Zentrum seiner Studien rücken mußte, erscheint als unvermeidlich; wo sonst hätte er eine tatsächliche, in der Gegenwart geschehende Artabwandlung finden und studieren können? (Die Zucht brachte es freilich, wie in Kapitel 3 gesehen, bei der Abwandlung einer Art nur zur Bildung von Rassen. Wenn Darwin darin den Anfang einer Artabwandlung sah, die zu neuen Arten führt, so entstammte dies nicht dem Studium der Züchterpraxis, sondern der Hypothese, unter der er dies Studium betrieb.)

Er »nahm bald wahr«, daß sich der Mensch bei der Zucht die Variabilität der Arten zunutze macht, und »daß Zuchtwahl der Schlüssel zum Erfolg« des Züchters ist. Aber es blieb vorerst ein »Geheimnis«, wie die Zuchtwahl auf die Arten in der freien Natur »angewendet« werden kann.

»Anwendung« – Anwendung einer Analogie?

Was ist unter »Anwenden« des an der Züchterpraxis erkennbaren Mechanismus der Artabwandlung zu verstehen? Ist dies »Anwenden« als »Anwendung der Analogie zwischen der Zuchtwahl durch den Menschen und der Auslese durch die Natur« zu interpretieren?[21] Handelt es sich bei dem Verhältnis zwischen künstlicher und natürlicher Selektion um ein Verhältnis der Analogie?

Der Sache nach handelt es sich um keine Analogie. Der Selektionsmechanismus ist in beiden Fällen ein und derselbe. Hier wie dort werden zum einen durch kontinuierliche Begünstigung von Individuen mit Abweichungen, die in eine bestimmte Richtung weisen, diese

Abweichungen akkumuliert, wenn zum anderen ihre Erhaltung durch Verhinderung der Rückkreuzung gesichert wird. Der Mechanismus resultiert allerdings in den beiden Fällen aus verschiedenen Ursachen.

Darwins Annahme, daß in der freien Natur die Variabilität der Arten nur dann zu ihrer Abänderung führen kann, wenn erstens die in eine Richtung weisenden individuellen Abweichungen kontinuierlich begünstigt und so akkumuliert werden, wenn zweitens ihre Rückkreuzung verhindert wird, war kein Analogieschluß, sondern Folgerung aus der beim Studium der Züchterpraxis gewonnenen Einsicht, was der Natur der Sache nach geschehen muß, damit individuelle Abweichungen zu Artabänderungen führen können. Der Erfolg des Züchters beruht darauf, daß er diese, von der Natur der Lebewesen vorgeschriebenen und nicht etwa vom Züchter gesetzten Erfordernisse der Artabwandlung zusammenbringt. An der Zucht sind diese Erfordernisse als die von der Sache vorgeschriebenen deswegen erkennbar, weil die Zucht als Praxis einen experimentellen Charakter hat (vgl. oben S. 129 f.). Ein Analogieschluß wäre es dagegen gewesen, wenn Darwin in der Natur einen Züchter gesucht hätte, also für das Wirken des Selektionsmechanismus in der freien Natur die gleiche Ursache unterstellt hätte, die ihn im domestizierten Zustand in Wirkung setzt. Daran dachte jedoch Darwin keinen Augenblick.

Ohne Unterstellung eines zielgerichtet handelnden Subjekts suchte Darwin nach Ursachen, die in der Natur zur Akkumulation von gleichgerichteten Abweichungen und zur Verhinderung ihrer Rückkreuzung führen. Die Ungelöstheit der Frage nach diesen Ursachen war gemeint, wenn er formulierte, es sei ihm vorläufig ein Geheimnis geblieben, »wie (. . .) Zuchtwahl auf Organismen angewendet werden könne, die im Naturzustand leben«. Die Identifizierung irgendwelcher, in jedem Fall aber – gemäß dem aktualistischen Prinzip – in der Gegenwart nachweisbarer Naturprozesse als solch eine Ursache, die die Selektion oder eines ihrer Teilmomente bewirkt, konnte nur eine Deutung sein und blieb im 19. Jahrhundert, wie im Darwin-Kapitel des ersten Teils gesehen, eine in vielen Einzelheiten allenfalls wahrscheinlich gemachte Deutung. Auch diese Deutungen dürfen nicht als Analogien angesehen werden. Das würde gerade die großartige theoretische Leistung Darwins verkennen, daß er nicht-teleologisch geschehende Prozesse der Natur als Äquivalent für das zweckgerichtete Handeln des Züchters deutete, obgleich der Selektionsmechanismus, insbesondere in den Bedingungen für die Akkumulation gleichgerichteter Abweichungen, fast zwingend nach einer teleologisch wirksamen Ursache zu verlangen scheint, wenn man die Lösung des Rätsels noch nicht kennt.

Darwins Darstellung, daß er zunächst an der Zuchtpraxis die Selektion als »Werkzeug des Abänderns« erkannt und erst später unter Einfluß der Malthus-Lektüre herausfand, »wie dieses Prinzip anzuwenden sei«[22], ist aufgrund seiner Notizbücher als eine nicht ganz korrekte Rückerinnerung bezeichnet worden.[23] Es geht dabei im Kern um die Frage, ob Darwin die Selektion bereits vor der Malthus-Lektüre als »Schlüssel« oder »Werkzeug des Abänderns« begriff oder erst danach. Fest steht jedenfalls, daß Darwin, ausgehend von seiner Einsicht in den Abänderungsvorgang bei der Zucht, der »Anwendung« der einzelnen Momente dieses Vorgangs auf die freie Natur jeweils nacheinander seine Hauptaufmerksamkeit zuwandte. Auch wenn sich diese Etappen der »Anwendung« zeitlich nicht genau voneinander abgrenzen lassen, war die inhaltliche Reihenfolge jedenfalls die, daß er sich zuerst dem Moment der Variabilität hauptsächlich widmete, dann der Selektion, soweit es dabei um die kontinuierliche Begünstigung bestimmter individueller Abweichungen geht, und schließlich der Selektion im Hinblick auf die Rückkreuzungsverhinderung, der reproduktiven Isolation. Er benötigte dazu fast zwanzig Jahre, wenn man 1837 (Beginn der »Transmutations«-Notizbücher) als Anfang und 1856 (Beginn des großen *Natural Selection*-Manuskripts) als Abschluß rechnet. Angesichts dieser langen Ausarbeitungszeit seiner Erklärung der Artabwandlung ist im Hinblick auf unsere Priestley/Lavoisier-Analogie zu fragen, wann *seine* Entdekkung des »Sauerstoffs« soweit gediehen war, daß mit ihm *sein* »phlogistontheoretisches System« gesprengt werden konnte, nämlich die der Oeconomia Naturae verpflichtete, ungeschichtliche Naturtheorie, innerhalb derer er seine Entdeckung machte.

»Anwendung« der Variabilität

Darwin konzentrierte sich zuerst auf das Problem der Variabilität. Ein Problem stellte die Variabilität für ihn vor allem deswegen dar, weil es ihm eine gewagte und nicht leicht zu beweisende Behauptung schien, daß Arten in der Natur genauso variieren wie unter den Bedingungen der Domestikation. Dabei ist zunächst zu berücksichtigen, daß die minimalen Abweichungen, durch die sich Nachkommen von den Eltern und untereinander unterscheiden, in der freien Natur nur schwer zu studieren sind. Es kam hinzu, daß seit dem 18. Jahrhundert das Auftreten von Variationen bei Arten im domestizierten Zustand als widernatürlich und als Folge der unnatürlichen Bedingungen angesehen wurde, unter denen die Menschen diese Arten zu existieren zwingen. Und Darwin hatte in diesem frühen Stadium seiner Forschungen keinen Grund, diese Ansicht zu bezweifeln. Im Gegenteil, gerade in dieser Auffassung sah er einen Stützpunkt für die »Anwendung« der Variabilität auf die freie Natur.

Wenn – so ging damals seine Überlegung – Variabilität durch die Versetzung von Lebewesen unter die unnatürlichen Lebensbedingungen der Domestikation hervorgerufen wird, dann müssen in der freien Natur einschneidende, die alten »natürlichen« Lebensbedingungen drastisch verändernde, Umweltswandlungen ebenfalls dazu führen, daß die Arten zu variieren beginnen. War aber die Variabilität, diese Grundlage der Artabwandlung, auf Umweltsveränderungen zurückzuführen, dann konnte formuliert werden: »Domestikation (Artabänderung durch Zucht) scheint sich als ein Wandel aus den (ausgehend von einem Wandel der) natürlichen Bedingungen der Arten darzustellen (. . .); wenn dem so ist, müssen Organismen im Naturzustand *gelegentlich*, im Laufe der Zeitalter, analogen Einflüssen ausgesetzt gewesen sein; denn die Geologie zeigt klar, daß viele Plätze im Laufe der Zeit der breitesten Skala klimatischer und anderer Einflüsse ausgesetzt werden mußten.«[24]

Ausführungen wie diese, die sich in Darwins Aufzeichnungen der damaligen Zeit vielfach finden, machen das Gewicht deutlich, das er der Variabilität beimaß, dieser – mit einer späteren Formulierung – »Basis, auf welcher die Macht der Selektion ruht«.[25] In solchen Ausführungen scheint die Artabwandlung fast auf diese Basis, auf die Variabilität, reduziert, diese aber auf geologische Veränderungen zurückgeführt. Zwar hatte Darwin sehr früh Lamarcks zweites Prinzip, also dessen Erklärung der artmodifizierenden Anpassung über Verhaltensveränderungen, verworfen, weil es ihm für das Pflanzenreich unanwendbar schien; und ebenso lehnte er die Anpassungserklärung Geoffroy Saint-Hilaires ab, der die Angepaßtheit als Folge einer direkten Bewirkung durch die Umwelt begriff.[26] Wie aber nicht zu übersehen ist, gingen in dieser Ausarbeitungsetappe auch seine Gedanken prinzipiell in die Richtung, daß die die Anpassung erklärende Artabwandlung letztendlich von den geologischen Einflüssen verursacht wird. »Trotz der Neuheit seines Konzepts des Existenzkampfes, war Darwins Annahme von 1844, daß anorganische Bedingungen die wichtigsten Determinanten der organischen Struktur sind, der Sichtweise der meisten seiner Zeitgenossen sehr ähnlich (auf welcher Seite des Streits um teleologische Erklärungen sie auch standen: hinsichtlich der Anpassung dachten die Naturforscher, daß sie hauptsächlich vom Klima abhängt).« (Ospovat).[27]

Wie sehr Darwin damals dem »klima«-theoretischen Ansatz verhaftet war, zeigt sich besonders eindrucksvoll an folgender Einzelheit. Im *Essay* von 1844 verwarf er die Auffassung Thomas Andrew Knights (1759–1838), eine der ersten Autoritäten in Zuchtfragen, nach der reichlichere Nahrung die Hauptursache für die Variabilität der Arten im domestizierten Zustand ist. (Später, etwa von 1855 an, als sich Darwin aus noch zu untersuchenden Gründen vom »Klima«-Paradigma freigemacht hatte, kam er auf Knights Erklärung zurück und 1868, in *The Variation of Animals and Plants under Domestication*, sah auch er die Zunahme der Nahrung als die wahrscheinlich mächtigste Ursache der Variabilität an.[28]) Die Knightsche Vermutung – und man muß sich immer vor Augen halten, daß damals alle Beteiligten ohne Kenntnis der genetischen Vorgänge waren und also in dieser Frage im dunkeln tappten – war 1844 für Darwin unakzeptabel, weil sie ihm die »Anwendung« der Variabilität auf die freie Natur unmöglich zu machen schien. Er war damals, wie schon gesehen, von der durchschnittlichen Konstanz der Nahrungsmenge bei allen Umbildungen der Erdoberfläche überzeugt.[29] Die freie Natur unterschied sich für ihn vom Zustand der Domestikation gerade darin, daß in ihr Vermehrung der Lebensmittel in aller Regel nicht vorkommt. Führte man die Variabilität der domestizierten Arten dagegen auf ihre Versetzung in neue, unnatürliche Lebensbedingungen zurück, also auf eine veränderte Umwelt, dann ließ sich in der Natur etwas Entsprechendes finden, nämlich die geologisch wohlbezeugten Umgestaltungen der Erdoberfläche.

Darwins Insistenz in diesem Punkt ist um so bemerkenswerter, wenn man bedenkt, daß Lyells geologische Theorie, der Darwin folgte, gerade nicht zuließ, die geologischen Umgestaltungsprozesse als Bedingungsveränderungen zu verstehen, die ebenso drastisch wären wie etwa die Versetzung einer Pflanze von ihrem natürlichen Standort in ein Beet oder gar in ein Treibhaus. Lyells aktualistische Geologie betonte ja gerade, daß die gewaltigen erdgeschichtlichen Umwälzungen so unmerklich stattfanden wie die gegenwärtigen Veränderungen der Erdoberfläche. Darwin war sich dieser Schwierigkeit durchaus bewußt. Zwar half er sich damit – beispielsweise im *Sketch* von 1842[30] oder im *Essay* von 1844[31] –, daß er annahm, die geologischen Bedingungsänderungen vollzögen sich »gelegentlich« auch »plötzlich«. Aber ihm blieb bewußt, daß hier ein ungelöstes Problem lag: »Alle solche Bedingungsänderungen aus geologischen Ursachen erfolgen außerordentlich langsam; welche Wirkung die Langsamkeit haben könnte, wissen wir nicht.«[32] Es wird von hier aus auch verständlich, warum sich Darwin mit Vorliebe auf Fälle konzentrierte, in denen Artvertreter in der Natur plötzlich, z. B. durch Stürme oder Meeresströmungen, in ein neues Milieu versetzt werden und nicht im Stande sind, in ihre ursprüngliche Heimat zurückzukehren. Hier liegt ein Grund für seine bevorzugte Betrachtung der Floren und Faunen von Inseln.

Nun muß man sich auch vor Augen halten, wie verlockend gerade im Kontext der Erklärung der Artabwandlung aus Variabilität und Selektion die Annahme war, daß die Variabilität durch veränderte Umweltsbedingungen hervorgerufen werde. Bei der Erklärung der Artabwandlung aus Variabilität und Selektion mußte es nämlich als ein offenes Problem erscheinen, worauf es zurückzuführen ist, daß die erforderlichen gleichgerichteten Abweichungen bei mehreren Individuen und über längere Zeiträume auftreten. Nahm man nun an, daß das Variieren von den neuen Umweltbedingungen ausgelöst wird, so sprach auch alles für die zusätzliche Annahme, daß diese Umweltbedingungen – gemäß dem Grundsatz: gleiche Ursachen zeitigen unter gleichen Bedingungen gleiche Wirkungen – das Auftreten zumindest ähnlicher Varianten hervorrufen. Hieran wird nicht allein, trotz aller Differenzen, eine prinzipielle Übereinstimmung zwischen dem damaligen Konzept Darwins und dem Geoffroy Saint-Hilaires erkennbar, sondern ebenso, daß Darwin trotz seiner Vermeidung aller teleologischen Erklärungsansätze dem Harmoniedenken der Physikotheologie verhaftet war. Denn muß es einem nicht wie eine »weise Fügung« vorkommen, wenn die Umweltsveränderungen, die die Angepaßtheit der Lebensformen zerstören, zugleich dafür sorgen, daß Abweichungen entstehen, auf deren Grundlage die natürliche Selektion neue, den neuen Bedingungen angepaßte Formen schafft?

Von seiner Orientierung an der Oeconomia Naturae her ist schließlich auch die Annahme zu verstehen, die für Darwins damalige Theorie der Variabilität von grundlegender Bedeutung war. Darwin war bis zu den fünfziger Jahren davon überzeugt, daß angepaßte Formen nicht variieren. Dies hing damit zusammen, daß er sich zu dieser Zeit die Anpassung als »perfekte« Anpassung vorstellte: »Wenn neue Form in Insel eingeführt«, notierte er 1846, »darf sie nicht perfekt angepaßt sein, sonst wird (sie) nicht variieren.«[33] Die Variabilität ist so vollständig einem Anpassungsverständnis untergeordnet, nach dem Anpassung die Herstellung einer »perfekten«, das heißt definierten, nämlich vom Anpassungsziel, also den anorganischen Bedingungen, determinierten, Zweckmäßigkeit der Lebensformen ist. Der Anpassungsprozeß erlischt, wenn diese »perfekte« Zweckmäßigkeit erreicht ist, und wird von neuem in Gang gesetzt, wenn geologische Umweltsveränderungen neue Standards für »perfekte« Zweckmäßigkeit setzen.

Darwins damalige Befangenheit in der »Klima«-Theorie einerseits und der Naturansicht der Oeconomia Naturae andererseits hatte zum Resultat, daß seine Theorie, die die Erhaltung der Harmonie zwischen Erdbedingungen und Lebensformen zu erklären suchte, die Erdbedingungen als den aktiven und die Lebensformen als den reaktiven Pol des Gleichgewichts unterstellte, was seinerseits zur Folge hatte, daß er die Ziele (ends) der Anpassung als jeweils definite begriff und deswegen von »perfekter« Anpassung ausging. Dies war nun nicht allein für sein damaliges Verständnis der Variabilität von grundlegender Bedeutung, sondern ebenso für sein anfängliches Verständnis der natürlichen Selektion, dem jetzt die Aufmerksamkeit gelten soll.

»Anwendung« der Selektion

Soweit es bei der »Anwendung« der Selektion um die Frage geht, ob in der Natur Ursachen dafür gefunden werden können, daß Abweichungen, die in eine bestimmte Richtung weisen, begünstigt werden, und dies kontinuierlich, so daß eine zur Artmodifikation führende Akkumulation dieser Abweichungen zustandekommt, war sich Darwin seit Ende der dreißiger Jahre sicher, mit dem »Kampf ums Dasein« das Gesuchte gefunden zu haben. Das als ein prinzipielles Faktum angesehene Mißverhältnis zwischen verfügbaren Lebensressourcen und Vermehrungstendenz der Populationen führt unvermeidlich zu einem Existenzkampf unter den Angehörigen jeder Art. Und diesen Kampf werden die Individuen bestehen, deren individuelle Beschaffenheit ihnen Vorteile in diesem Kampf gewährt, die also für den Prozeß der Aneignung der Lebensressourcen in all seinen Aspekten vorteilhafter ausgestattet sind als andere. Jede solche Abweichung, die einem Individuum Vorteile gewährt, wird auf diese Weise begünstigt, hat größere Chancen, im Generationswechsel erhalten zu werden, und da der Kampf permanent ist, kann auch die Akkumulation vorteilhafter Abweichungen eintreten und zur Artmodifikation führen.

Bewertet der Züchter nach seinem jeweiligen Zuchtziel die individuellen Eigenschaften als erhaltenswert oder nicht erhaltenswert, so selegiert die Natur die individuellen Abweichungen natürlich nicht aufgrund eines antizipierten Ziels. Die natürliche Selektion ist kein teleologischer Vorgang; aber es handelt sich bei ihr um einen teleonomischen Prozeß[34], das heißt um einen Prozeß mit Zweckmäßigkeit ohne Zweck (Kant), in dem die Zweckmäßigkeit eine Rolle spielt, obgleich kein subjektiver, antizipierter Zweck daran beteiligt ist. Ohne eine Zwecke antizipierende Instanz erfolgt im »Kampf ums Dasein« eine Bewertung der individuellen Beschaffenheiten als vorteilhaft oder nachteilig, und diese Bewertung vollzieht sich nach Maßgabe einer Norm: Selegiert werden im »Kampf ums Dasein« die individuellen Eigenheiten nach ihrer größeren oder geringeren Zweckmäßigkeit für den Prozeß der Aneignung der Lebensressourcen in all seinen Aspekten. Die Norm, unter der beim »Kampf ums Dasein« Abweichungen in bestimmter Richtung ausgelesen und erhalten werden, ist durch die Beschaffenheit der »Plätze« gesetzt, die eine Art im Naturhaushalt nützen kann.

In der Eintragung vom 28. IX. 1838, die den unmittelbaren Eindruck der Malthus-Lektüre widerspiegelt, notierte Darwin: »Nimm Europa: im Durchschnitt muß dieselbe Zahl Jahr für Jahr durch Falken, Kälte etc. getötet werden (. . .).« – Und er merkte dazu wenige Tage später an: »Der Endzweck all dieses Einkeilens muß sein, taugliche Struktur auszulesen und sie an Veränderung anzupassen – das zu tun, für die Form, was, wie Malthus zeigt, der Endeffekt (allerdings vermittels Willensentscheidung) dieser Übervölkerung auf die Energie des Menschen ist.« Und weiter am 28. IX.: »Man könnte sagen, es gibt eine Kraft gleich 100 000 Keilen, die versucht, jede Art angepaßter Struktur in die Lücken im Naturhaushalt hinein(zu)zwingen, oder vielmehr Lücken zu bilden durch Verdrängung von Schwächeren.«[35]

Trotz seiner Betonung der erstrangigen Bedeutung der Beziehungen unter den Organismen ging Darwin, wie gesehen, in dieser Entwicklungsetappe seiner Theorie davon aus, daß die »Plätze« im Naturhaushalt durch die jeweilige geologische Beschaffenheit eines Gebiets bestimmt sind, und darüber hinaus davon, daß ihre Gesamtzahl bei allen geologischen Umwälzungen im Durchschnitt gleich bleibt. Begünstigt so der »Kampf ums Dasein« die jeweils am besten an die vorgegebenen »Plätze« angepaßten Individuen, so ist es in der Tat eine treffende Metapher, wenn Darwin von 1838 an bis zur ersten Auflage der *Origin*[36] die natürliche Selektion oft als »wedging«, als »Einkeilen« bezeichnete.

In der Auffassung der natürlichen Selektion als eines »Einkeilens«

tritt aber hervor, wie auch die natürliche Selektion in dieser Ausarbeitungsetappe der Theorie dem Verständnis der Anpassung als Reaktion auf erdgeschichtliche Bedingungsänderungen und als Ausgleich der dadurch gestörten Harmonie untergeordnet war. Dies hatte aber zur Folge, daß für Darwin damals nur solche Abweichungen Varianten mit Selektionsvorteil waren, die im Hinblick auf ein definites Ziel, nämlich auf einen geologisch determinierten »Platz«, vorteilhaft waren. In jeder erdgeschichtlichen Situation gab es demnach für jede Region definite, geologisch determinierte Anpassungsziele und damit eine Determination, welche Organismenstrukturen vorteilhaft sind. Die »Einkeil«-Metapher zeigt also genauso wie die schon besprochene Vorstellung der »perfekten« Anpassung, daß sich Darwin damals die Zweckmäßigkeit der Lebensformen als ganz und gar vom geologisch vorgegebenen Anpassungsziel bestimmt dachte.

Betrachten wir im teleonomischen Sinne die »Plätze« als Zwecke und die für die Ausbeutung dieser »Plätze« zweckmäßig gestalteten Organismusstrukturen als Mittel, so sind bei Darwins damaliger Sicht der Sache die Mittel einsinnig von den Zwecken bestimmt und können nicht ihrerseits bestimmend für die Zwecke werden. Im Hinblick auf die natürliche Selektion bedeutete dies eine Beschränkung des Verständnisses von »vorteilhaft«, des Verständnisses der Optimierung von Organismenstrukturen, die zur Folge hatte, daß Darwin die Dimensionen seiner Entdeckung lange Zeit nicht realisieren konnte.

Der naturtheoretische Kontext, in dem Darwin seine Entdeckung machte und in dem er sie weiterverfolgte, verursachte so ein grundsätzliches Defizit seiner ersten Ausarbeitung der natürlichen Selektion, ein Defizit freilich, das er damals gar nicht als solches ansah. Aber es waren unter diesen Bedingungen auch viele Einzelheiten der Theorie unklar. So – um nur ein Beispiel anzuführen – die Frage, wonach im »Kampf ums Dasein« selegiert wird, wenn die Formen den »Plätzen« »perfekt« angepaßt sind und also nach Darwins damaliger Auffassung aufhören zu variieren. In diesem Zusammenhang ist nachzutragen, daß Darwin in den vierziger Jahren zwischen zwei Arten von Variationen unterschied[37]: Bedeutende Umweltänderungen rufen tiefgreifende, auch die »wichtigen« und inneren Organe ergreifende Abweichungen hervor, die der Selektion das Material für die Artabwandlung liefern. Ist die »perfekte« Anpassung auf diese Weise erreicht, treten solche tiefgreifenden Variationen nicht mehr auf, jedoch weiterhin »individuelle Unterschiede« (individual differences), im wesentlichen äußere und physiologisch wenig bedeutende Merkmale betreffende, minimale »Fluktuationen«, die von winzigsten

Schwankungen in den Umweltbedingungen hervorgerufen werden. (Diese Abgrenzung »individueller Unterschiede«, die Darwin später als das allein von der Variabilität der Selektion dargebotene Material betrachtete, von den »wichtigeren« Variationen zeigt übrigens, daß sein Populationsdenken damals noch keineswegs ausgereift war.)

3. Die Entdeckung der Deszedenztheorie

Trotz vieler offener Fragen im einzelnen war Darwin Anfang der vierziger Jahre die »Anwendung« seiner Einsicht in den Artmodifikationsvorgang der Zucht für zwei wichtige Momente dieses Vorgangs im Prinzip gelungen, nämlich hinsichtlich der Variabilität, sowie hinsichtlich der kontinuierlichen Begünstigung und Selektion von Individuen mit bestimmten gleichgerichteten Abweichungen, die zur Akkumulation dieser Abweichungen und so zur Artabänderung führen. Er war überzeugt, in der Natur die Prozesse gefunden zu haben, die als Verursacher dieser Momente der Artabwandlung in überzeugender oder wenigstens plausibler Weise gedeutet werden konnten. Für das noch fehlende Moment der natürlichen Selektion, nämlich für die Verhinderung der Rückkreuzung, für die reproduktive Isolation der Individuen mit vorteilhaften Abweichungen, gelang ihm diese »Anwendung« dagegen lange Zeit nicht.

Die Lösung dieses Problems fand er schließlich im Zusammenhang mit der Erklärung des Phänomens, daß die Artabänderungen zu einer Diversifikation der Artcharaktere führen, also Arten mit divergentem Charakter aus diesem Vorgang resultieren (Divergenztheorem – vgl. das 4. Kapitel der *Origin* und oben S. 79 f. und 84 f.). Nach dem Divergenztheorem sind im »Kampf ums Dasein« Varianten begünstigt, die zu Strukturabänderungen der Organismen führen, aufgrund derer sich diese neue Lebensquellen, neue »Plätze«, erschließen können. Bewirkt so der »Kampf ums Dasein« eine Tendenz zur Spezialisierung und Funktionsdifferenzierung der Organismen, ja zur arbeitsteiligen Erschließung der Lebensquellen, so kann aus der damit gesetzten Verschiedenheit in den Lebensweisen der Varietäten im Prinzip auch ihre reproduktive Isolation erklärt werden.

Die Entdeckung des Divergenztheorems

Darwin fand das Divergenztheorem und damit die Lösung des Isolationsproblems, wie gesagt, erst relativ spät. Im Rückblick war er selbst über den späten Zeitpunkt seiner Entdeckung der Divergenz erstaunt: »Zu jener Zeit (1844 – W. L.) übersah ich aber ein Problem von großer Bedeutung; und ich bin jetzt erstaunt darüber, nach dem Prinzip des Columbus und seinem Ei, wie ich dasselbe und seine Lösung nur habe übersehen können. Dieses Problem ist die den von einem und demselben Stamme herkommenden organischen Wesen innewohnende Neigung, in ihren Charakteren bei ihrer weiteren Modifikation zu divergieren. Daß sie bedeutend divergiert haben, geht deutlich aus der Art und Weise hervor, in der alle Arten unter Gattungen, Gattungen unter Familien, Familien unter Unterordnungen und so fort klassifiziert werden können; ich kann mich selbst noch der Stelle auf der Straße erinnern, wo mir, während ich in meinem Wagen saß, die Lösung einfiel; und das geschah lange Zeit nach meiner Übersiedlung nach Down.«[38]

Darwin siedelte im September 1842 von London nach Down über. Trotz vieler Notizen, die sich im nachhinein lesen, als deuteten sie auf die Divergenz hin, scheint Darwin die Divergenz und ihre Bedeutung für seine Theorie nicht vor Mitte der fünfziger Jahre erkannt zu haben.[39] Was war es, das ihn schließlich auf das Divergenztheorem und damit zur Lösung der reproduktiven Isolation führte?

Herkunft aus morphologischen Theorien?

Im Zusammenhang mit dem Divergenztheorem spielen Spezialisierung, Funktionsdifferenzierung, Arbeitsteilung etc. eine Rolle, Sachverhalte, denen Darwin bis dahin wenig Beachtung geschenkt hatte. Es liegt deswegen nahe zu untersuchen, ob sich Darwin Ende der vierziger und Anfang der fünfziger Jahre mit Gegenständen beschäftigte, bei denen diese Begriffe ebenfalls eine zentrale Rolle spielten. Dies ist der Fall. Darwin las zu dieser Zeit mit Aufmerksamkeit morphologische Literatur, und zwar vor allem Schriften von Baers, Owens und Milne-Edwards.[40] Dabei interessierte er sich insbesondere für die dort erörterte Frage, ob die Ausdifferenzierung der Formen eines Typus, die die Morphologie am Ariadnefaden der homologen Organe (vgl. oben S. 184 f.) in ihrer Abfolge rekonstruiert, der Gesetzmäßigkeit unterliegt, daß die »Teilung der physiologischen

Arbeit« (Milne-Edwards) unter den Organen der Organismen mit der Entfernung von der Stammform des Typus zunimmt, ob also die Formen in dieser Ausdifferenzierung gesetzmäßig eine zunehmend funktionsgegliederte Struktur erwerben.

Darwin stand diesem morphologischen Spezialisierungsgesetz in manchen Einzelheiten skeptisch gegenüber, führte in seinen Notizen Fälle auf, in denen sich die Realität nicht an diese interne »Logik« des Zusammenhangs der Lebensformen hält. Dennoch war er von der Sache angetan und insbesondere von Milne-Edwards »Teilung der physiologischen Arbeit«. Liegt hier also die Wurzel seines Divergenztheorems?

Wohl kaum. Denn das würde bedeuten, daß Darwin diese *inner*organismische Tendenz zur Spezialisierung entweder als Grund einer entsprechenden *inter*organismischen Tendenz hätte begreifen oder, wenn das für ihn so wenig in Frage kam wie Lamarcks erstes Prinzip, doch wenigstens auf die Spezialisierungstendenz der Arten hätte übertragen müssen. (Was bei einer verallgemeinernden Übertragung dieses Spezialisierungsgesetzes der Morphologen herauskommt, läßt sich exemplarisch an Herbert Spencers (1820–1903) traurig abstraktem Gesetz des »Wandels vom Homogenen zum Heterogenen« studieren.[41]) Darwin tat aber ersichtlich etwas ganz anderes. Sein Divergenztheorem ist weder aus dem Spezialisierungsgesetz der Morphologen abgeleitet noch in Parallele zu ihm gesetzt. Vielmehr begründet Darwin mit ihm die zunehmende innerorganismische Arbeitsteilung aus der im großen und ganzen zunehmenden Spezialisierung der Arten, und diese Spezialisierung aus der Divergenzwirkung des »Kampfs ums Dasein«. Bei aller Anregung, die Darwin aus der zeitgenössischen morphologischen Debatte für sein Divergenztheorem erhalten haben mag, läßt sich dies Theorem, wie diese Begründungsleistung zeigt, nicht als Konsequenz aus der Morphologie verstehen.

Das übersehene »Ei des Columbus«

In der zitierten Passage der Autobiografie[42], in der Darwin seine Verwunderung über die späte Entdeckung der Divergenz zum Ausdruck brachte, findet sich ein Hinweis, der vielleicht weiterhilft: » (. . .) ich bin jetzt erstaunt darüber, nach dem Prinzip des Columbus und seinem Ei, wie ich dasselbe (sc. das Problem der Divergenzentwicklung) und seine Lösung nur habe übersehen können.« Darwin scheint also rückblickend der Ansicht gewesen zu sein, daß er das Problem eigentlich längst gekannt, seine Lösung bereits gehabt und bloß nicht gesehen habe, daß das, was er hatte, die Lösung dieses Problems ist. Aber wie ist das zu verstehen? Auf welche Weise oder bei welcher Gelegenheit stieß er denn, um damit zu beginnen, auf die Divergenzentwicklung der Artcharaktere als auf ein eigentlich längst bekanntes Problem?

Das übersehene Problem

Wie gesehen, galt Darwins Anstrengung, das Anpassungsphänomen durch Artabänderung zu erklären, der Lösung einer Frage, die innerhalb seiner, vom Modell eines Gleichgewichtssystems ausgehenden generellen Naturtheorie ein offenes Problem war, der Frage nämlich, wie es zu erklären ist, daß die Lebensformen trotz der ständigen Umbildungsprozesse der Erdoberfläche den jeweiligen Bedingungen stets »perfekt« angepaßt sind. So stellte sich ihm aber das Problem der Artabwandlung als die Frage danach, wie Variabilität und Selektion so zusammenwirken, daß Formen, die durch veränderte Bedingungen unangepaßt wurden, durch Formen ersetzt werden, die den neuen Bedingungen angepaßt sind. Der Ausarbeitungsstand seiner Erklärung der Artabwandlung, soweit er bisher verfolgt wurde, stand ganz im Zeichen dieses Austauschs von Formen.

Dieser Ausarbeitungsstand war zunächst darin unvollständig, daß Darwin die »Anwendung« der reproduktiven Isolation noch nicht gelungen war. Das Problem der reproduktiven Isolation fügt sich aber der Sache nach von vornherein dieser Perspektive des Formenaustauschs nicht. Denn hierbei geht es nicht um die Ersetzung vorhandener Formen durch neue, sondern um die Abzweigung von Varietäten von der Mutterart, deren Weiterbestehen vorausgesetzt ist. Nicht der Austausch, sondern die Auseinanderentwicklung, und das heißt die Vervielfältigung, der Formen wird vom Isolationsproblem als der bestimmende Gesichtspunkt exponiert.

Rückte so die Verzweigung und Ausdifferenzierung der Arten ins Zentrum der Betrachtung, so konnte Darwin allerdings ein altes, lange vernachlässigtes Problem wiederentdecken, nämlich die Verbreitung von Genera über große Regionen mit unterschiedlichen geologischen Bedingungen vermittels Arten, die jeweils auf die örtlichen Bedingungen spezialisiert sind. Das hatte er auf dem südamerikanischen Kontinent studiert, und diese Erfahrung hatte ihm ja den ersten Anstoß zu der Vermutung gegeben, daß die Arten vielleicht abgewandelt werden.

Die übersehene Lösung

Macht es keine Schwierigkeiten, Darwins Rückerinnerung darin zu bestätigen, daß das Divergenzproblem für ihn insofern ein alt vertrautes Problem war, als die Ausdifferenzierung von Arten zu Genera mit divergenten, nämlich den jeweiligen Bedingungen speziell angepaßten, Arten zu seinen Ausgangshypothesen gehörte, so ist nicht sogleich zu sehen, inwiefern er auch über die Lösung des Problems im Prinzip verfügte und bloß entdecken mußte, daß er über sie schon verfügte. Die Lösung liegt im Kern darin, daß im »Kampf ums Dasein« Abweichungen einen Selektionsvorteil haben, die zu Strukturabänderungen führen, mit denen sich neue Lebensquellen erschließen lassen. Dies entspricht keineswegs der Wirkung, die Darwin bislang dem »Kampf ums Dasein« zusprach und die er mit der Metapher »Einkeilen« treffend charakterisierte. Danach führt der »Kampf ums Dasein« zur Anpassung einer Form an einen bestimmten »Platz«, keineswegs aber zur divergenten Ausdifferenzierung dieser Form, die es den Tochterformen erlaubt, neue »Plätze« zu erobern.

Der »Kampf ums Dasein« besagt für sich nur soviel: Angesichts des stets gegebenen Mißverhältnisses zwischen der Wachstumstendenz der Populationen und den jeweils zur Verfügung stehenden Lebensressourcen findet unter den Lebewesen, und zwar vornehmlich unter den Individuen ein und derselben Art, ein Existenzkampf statt, den die Individuen erfolgreich bestehen, deren individuelle körperliche Ausstattung ihnen einen Vorteil bei der Aneignung der verfügbaren Lebensressourcen verschafft. In dieser Abstraktheit umfaßt der »Kampf ums Dasein« durchaus auch die Möglichkeit, daß in ihm solche individuellen Beschaffenheiten einen Selektionsvorteil haben, die die Erschließung von Lebensquellen ermöglichen, die bisher von der betreffenden Art nicht genutzt wurden. Und daß diese Möglichkeit in der natürlichen Selektion durch den »Kampf ums Dasein« enthalten ist, hatte Darwin sehr früh wahrgenommen.

Als ihn beispielsweise Hooker 1845 darauf hinwies, daß es Inseln gibt, auf denen Arten ein und desselben Genus nebeneinander existieren, irritierte ihn das vor allem wegen des Problems, wie auf so engem Raum die reproduktive Isolation eingetreten sein konnte, die vorausgesetzt war, um dies Genus als Resultat der Ausdifferenzierung einer Art deuten zu können. Die Ausdifferenzierung selbst schien ihm dagegen unter den Sonderbedingungen einer Insel gerade gut erklärbar: »Verschiedene Arten desselben Genus würden in dem Maße auf derselben Insel emporkommen, wie diese Insel für neue Kolonisten ungünstig gelegen war – denn dann würden sie oft getrennte Funktionen zu erfüllen haben.«[43] Diese Erklärung lag bei ihm parat. Bereits früher hatte er den Reichtum an Reptilienarten auf den Galapagos-Inseln unter anderem aus der Tatsache erklärt, daß dort die sonst von Säugetieren besetzten »Plätze« frei geblieben waren. Er erklärte also die Koexistenz von Arten eines Genus auf engstem Raum mit ihrer Spezialisierung auf verschiedene »Plätze«, das heißt aber durch eine zu divergenten Charakteren führende Ausdifferenzierung vermittels Artabwandlung.

Diese Erklärung schien ihm aber deswegen im Sonderfall einer Insel problemlos möglich, weil es dort zum einen wegen der unterschiedlichen Migrationsbedingungen für die verschiedenen Gruppen »Plätze« geben konnte, die nicht von den Arten besetzt sind, die sie normalerweise innehaben, zum anderen aber deswegen, weil mit der Kolonisierung die drastische Veränderung der Umweltbedingungen verbunden ist, die die für die Artabänderung erforderliche »tiefgreifende« Variabilität hervorruft. An diesen beiden, bei der Kolonisation einer Insel als gegeben angenommenen Sonderbedingungen wird nun aber sofort umgekehrt sichtbar, woran es lag, daß Darwin zu dieser Zeit vom »Kampf ums Dasein« im allgemeinen nicht eine Artabwandlung mit Tendenz zur Ausdifferenzierung divergenter Artcharaktere erwarten konnte.

Insofern muß man wohl sagen, daß Darwin einerseits tatsächlich mit dem »Kampf ums Dasein« als natürlicher Selektionsinstanz die Lösung des Divergenzproblems hatte, und zugleich, daß er sie nur »an sich« hatte, daß er zu dieser Zeit nicht in der Lage war, die natürliche Selektion als Lösung des Divergenzproblems zu realisieren. Die natürliche Selektion als das »Ei des Columbus« hinsichtlich des Divergenzproblems zu erkennen, setzte voraus, die bisher unterstellten Bedingungen für das Wirken von Variabilität und Selektion zu revidieren. Umgekehrt gewann erst im Zuge dieser Revisionen das Divergenztheorem Gestalt, Konsistenz und seinen die ganze Theorie umprägenden Charakter.

Revision der Variabilitätsauffassung

Das Problem, für das er mit dem Divergenztheorem schließlich die Lösung fand, war, wie gesagt, die Frage, wie die Besiedlung eines großen, zusammenhängenden und durch keine natürlichen Migrationshindernisse unterteilten Gebiets mit unterschiedlichen geografischen und klimatischen Bedingungen durch Arten eines Genus, die den jeweiligen lokalen Bedingungen speziell angepaßt sind, als Resultat der Ausdifferenzierung einer »blühenden«[44] Stammart erklärt werden kann. Wenn er das in der Mitte der fünfziger Jahre so, wie die Koexistenz nah verwandter Arten im Sonderfall einer Insel, durch eine zur Spezialisierung führende Artabwandlung zu erklären versuchte, so waren dafür einschneidende Änderungen seiner bisherigen Auffassungen erforderlich. Dabei ist zu bemerken, daß Darwin auf diese Änderungen insofern vorbereitet war, als er einzelne Momente der neuen Auffassung, so wie im Falle der Inseln das Divergenztheorem selbst, vereinzelt und gelegentlich erwogen hatte, wenn sich das Material, das er gerade bearbeitete, mit seiner alten Auffassung schlecht deuten ließ. Aber erst im Zuge der Ausarbeitung des Divergenztheorems wuchsen diese Momente zu einer neuen Theorie zusammen.

Hinsichtlich der Variabilität hatte Darwin vor allem die Auffassung zu überwinden, daß die Variabilität, die für Artabwandlungen erforderlich ist, von drastischen Umweltsveränderungen abhängig sei. Auf diese Revision war er in mehrfacher Weise vorbereitet. Zum einen ging er, wie bereits gesehen, davon aus, daß neben den tiefgreifenden, von einschneidenden Umweltsveränderungen verursachten Variationen ständig auch kleine, individuelle Abweichungen infolge kleiner Schwankungen in einem sonst gleichbleibenden Milieu auftreten. Mußten diese individuellen Differenzen in der Perspektive der Divergenz nicht mehr in jedem Fall als Abweichungen von einer »perfekten« Anpassung und also als nachteilig beurteilt werden, so ließ sich in ihnen die prinzipielle Quelle der Variabilität erblicken, die Artabwandlungen durch natürliche Selektion unter im wesentlichen gleichbleibenden anorganischen Umweltbedingungen ermöglicht. Voraussetzung für diese Aufwertung der individuellen Differenzen war freilich, daß er ihren Wirkungsbereich nicht länger auf physiologisch unwichtige und äußere Merkmale einschränkte. Und darauf war er zum anderen vorbereitet; sowohl durch seine Cirripeden-Studien, die ihm einen neuen Begriff über die Bandbreite von winzigen individuellen Abweichungen verschafft hatten[45], als auch durch Spekulationen, die er hinsichtlich der großen, artenreichen, Genera angestellt hatte und die dahin gingen, daß die größere oder geringere Variabilität vielleicht zu den Artcharakteristika gehöre. Im *Natural Selection*-Manuskript war diese Revision schließlich vollzogen: Dort ging Darwin hinsichtlich der Variabilität nur noch von den individuellen Differenzen aus.

Vor diesem Hintergrund wird verständlich, warum er nun an der 1844 verworfenen Vermutung Knights, daß die Variabilität domestizierter Arten von der Nahrungsmenge abhänge, Geschmack finden konnte: »Erneut Knights Bemerkung hinsichtlich Übermaß an Nahrung verursache Variation – Es würde trefflich mit meinen Ansichten übereinstimmen, daß blühende Stämme am meisten variierten.«[46] Daran wird sichtbar, wie weit Darwin inzwischen die starre Zuordnung von »Plätzen« und Lebensformen überwunden hatte, nach der die geologisch determinierten »Plätze« den an sie angepaßten Arten eine im Durchschnitt gleichbleibende Menge an Lebensmitteln darbieten und so die Populationsgrößen konstant halten. Voraussetzung dafür war das Abrücken von der Vorstellung einer »perfekten« Anpassung. Dies Abrücken war einerseits für das Variabilitätsverständnis von unmittelbarer Bedeutung, da ja nach Darwins bisheriger Auffassung die Variabilität bei »perfekter« Anpassung versiegen mußte; dies Abrücken war aber andererseits im Zusammenhang mit dem Verständnis der »Plätze« von grundlegender Bedeutung für eine neue Auffassung der natürlichen Selektion.

Realisierung des teleonomischen Charakters der natürlichen Selektion

Seine neue Auffassung der Anpassung als relativer formulierte Darwin im *Natural Selection*-Manuskript so: »Organische Wesen scheinen nur in dem Grade perfekt zu sein, wie es unsere Theorie verlangt, nämlich (so perfekt), daß sie fähig sind, mit allen Konkurrenten in ihrem einheimischen Gebiet zu kämpfen.«[47] Die Erfordernisse, denen die Ausstattung eines Organismus genügen muß, um die Lebensressourcen eines »Platzes« ausbeuten zu können, sind demnach relativ; sie hängen nicht allein von diesem »Platz« ab, sondern ebenso von der Ausstattung der Organismen, die in dem betreffenden Gebiet die gleiche Lebensquelle auszubeuten versuchen. Fehlen zum Beispiel in einem Gebiet überhaupt solche Konkurrenten, so genügt eine Ausstattung, die in einem anderen, mit Konkurrenten besetzten

Gebiet nicht überlebensfähig wäre.

Damit ist eine Neubewertung der »Plätze« eingeleitet, an deren Explikation nachgezeichnet werden kann, wie das Divergenztheorem Darwins Erklärung der Artabwandlung in seine Deszendenztheorie verwandelte.

Darwins jetziges Verständnis der Anpassung als relativer bedeutete, daß nicht mehr die »Plätze«, und das heißt, da er sich die »Plätze« als geologisch determiniert dachte, daß nicht mehr die geologischen Bedingungen allein und nicht einmal in erster Linie für die Strukturen der Organismen ausschlaggebend sind. Die Anpassung an die geologischen Bedingungen durch Artabwandlung kann zu sehr unterschiedlichen Resultaten führen; ob Arten zur Aneignung bestimmter Lebensquellen entwickeltere oder primitivere Strukturen ausbilden, das hängt nicht von der Relation Erdbedingungen/Lebensformen ab, sondern allein von der Relation Organismen/Organismen.

Darwins bis in die frühesten Notizbücher zurückverfolgbare[48] Auffassung, daß den Beziehungen zwischen den Organismen die ausschlaggebende Bedeutung zukomme, erhält hier erst ihr Fundament. Die »Plätze« stellen an die Organismenformen nur eine Minimalanforderung. Ist diese erreicht und – im Extremfall – in dem betreffenden Gebiet keine konkurrierende Art vorhanden, so kommt der Artabwandlungsprozeß zum Erliegen. Abweichungen, die zu weiteren Verbesserungen (improvements) der Struktur führen könnten, haben unter diesen Bedingungen keinen Selektionsvorteil. Darin ist zugleich der rationelle Kern der alten Auffassung aufgehoben, daß bei »perfekter« Anpassung die Variabilität versiege und so der Artabwandlungsprozeß zum Stillstand komme: Wären für die Ausformung der Organismenstrukturen allein die »Plätze«, allein die geologischen Bedingungen, verantwortlich, würde der Artabwandlungsprozeß bei erreichter Anpassung unterbrochen und könnte erst durch Veränderungen der geologischen Bedingungen wieder in Gang gesetzt werden.

Da nun »Plätze« immer nur von relativ perfekt, nämlich relativ zu den vorhandenen Konkurrenten perfekt, angepaßten Arten besetzt sind, können neue, relativ besser angepaßte Arten den alten Inhabern die »Plätze« streitig machen. Während nach Erreichen relativer Anpassung an einen »Platz« Varianten, die zu einer Struktur führen könnten, mit denen sich dieser »Platz« effektiver ausbeuten ließe, keinen Selektionsvorteil haben, haben die Varianten solch einen Vorteil, die die Möglichkeit eröffnen, andere »Plätze« auszubeuten. Erst wenn begriffen ist, daß auf Divergenzentwicklung verweisende Abweichungen immer vorteilhaft sein können, wird der Artabwandlungsprozeß als ein sich selbst anfachender und ununterbrochener Prozeß denkbar.

Zugleich ist damit die Zuordnung aufgehoben, nach der zu jedem »Platz« eine bestimmte Lebensform gehört. Können Arten durch Ausdifferenzierung zu Genera mit divergenten Tochterarten »Plätze« erobern, so gibt es für eine Lebensform immer so viele »Plätze«, wie sie bei ihrer Ausdifferenzierung zum Genus in den Tochterarten Strukturen hervorbrachte, mit denen sich verschiedene Lebensquellen aneignen lassen. Verallgemeinert impliziert das, daß nicht die Strukturen von den »Plätzen« abhängen, sondern umgekehrt die »Plätze« von den Strukturen.

»Zu den Kräften der Ausbreitung (propagation) gehört nicht allein«, notierte Darwin 1856, »wieviele Individuen sich zusammendrängen, sondern ›Formen‹ für mehr (mit zusammen mehr Individuen) können auf demselben Gebiet erhalten werden, wenn (die Formen) in verschiedene Richtungen gehen, als wenn (die Individuen) von derselben Art sind (. . .).«[49] Wieviel Leben ein Gebiet tragen kann, wieviel »Plätze« es also enthält, dafür ist von den geologischen Bedingungen nur ein grober Rahmen abgesteckt; die jeweils aktuelle Zahl der »Plätze« in diesem Rahmen ist allein davon abhängig, in welchem Ausmaß die Lebensformen durch Divergenzentwicklung Mittel zur Erschließung der Lebensmöglichkeiten des Gebiets ausgebildet haben. Die »Plätze« der Oeconomia Naturae werden also durch die Divergenzentwicklung der Organismen selbst hervorgebracht.

Das Verständnis des teleonomischen Charakters der natürlichen Selektion gelangt damit über die Beschränkung hinaus, sich immer nur vorstellen zu können, daß die Strukturen der Organismen (Mittel) von den geologisch determinierten »Plätzen« (Ziele, ends) determiniert sein müssen (vgl. oben S. 243 f.); die Mittel (Strukturen) determinieren, wie sich im Lichte des Divergenztheorems zeigt, ihrerseits die Zwecke (»Plätze«). Und dies gilt nicht allein in dem Sinne, daß »Plätze« nur in dem Maße real, und nicht nur potentiell, existieren, wie die Lebensformen Strukturen ausgebildet haben, mit denen sie erschlossen werden können, sondern auch in dem Sinne, daß die Mittel unmittelbar Zwecke sind: Die mit dem Divergenztheorem erfaßte quantitative und qualitative Vervielfältigung der Lebensformen ist ja unmittelbar zugleich eine quantitative und qualitative Vervielfältigung von Lebensressourcen, also von potentiellen »Plätzen«, die realisiert werden, wenn Organismen durch Artabwandlung die Strukturen hervorbringen, die diese neuen »Plätze« erschließbar machen.

Damit ist aber das Verständnis der Artabwandlung durch Variabilität und Selektion grundlegend verändert. Die Lebensformen reagieren nicht mehr bloß durch Artabwandlung auf veränderte anorganische Bedingungen, und der Artabwandlungsprozeß kommt nicht mehr zum Erliegen, wenn sich die Lebensformen den neuen Bedingungen angepaßt haben. Der Bevölkerungsdruck wirkt nicht mehr allein als ein »Einkeilen« in vorhandene »Plätze«, sondern vor allem als Motor einer Spezialisierung für die Erschließung neuer »Plätze«. Die daraus resultierende Divergenzentwicklung ist ein sich selbst auf immer erweiterter Stufenleiter generierender Prozeß, der mit der Entwicklung von Strukturen, durch die sich potentiell vorhandene »Plätze« erschließen und so realisieren lassen, ebensoviele neue potentielle »Plätze« schafft, auf deren Erschließung durch neue Divergenzentwicklung der »Kampf ums Dasein« drängt.

Es ist nun ohne weiteres zu sehen, daß durch das Divergenztheorem Darwins Theorie der Artabwandlung den naturtheoretischen Rahmen sprengte, in dem er den grundsätzlichen Mechanismus der Artabwandlung entdeckt und in einer ersten prinzipiellen Form ausgearbeitet hatte. Der Artabwandlungsprozeß ist nicht mehr einem Verständnis der Anpassung untergeordnet, demzufolge mit der Artabwandlung das durch geologische Prozesse gestörte Gleichgewicht zwischen Erdbedingungen und Lebensformen jeweils wieder hergestellt wird. Die Anpassung an die geologischen Bedingungen ist vielmehr in den Hintergrund getreten, beherrscht nicht mehr Darwins Verständnis des Vorgangs, wie denn Darwin jetzt erst wirklich das »klima«-theoretische Paradigma überwunden hat. Diese Anpassung bildet den Hintergrund oder, besser, eine allgemeine, sich nicht spezifisch auswirkende Grundlage, auf der der Prozeß der Ausdifferenzierung der Lebensformen stattfindet, ein Prozeß, dessen Gesetzmäßigkeiten in den Beziehungen zwischen den Organismen begründet sind. Das Resultat dieses Prozesses ist aber eine einzige Widerlegung der Voraussetzungen, die das Naturbild der Oeconomia Naturae unterstellt hatte. Die Populationsgrößen können nicht länger als konstant gelten, und schon gar nicht die Zahl der Arten. 1856 notierte Darwin: »Stets erinnern, wie die Organismen vor allem zu anderen Organismen in Beziehung stehen (. . .) die Zahl der Arten (. . .) nimmt beständig in geometrischem Verhältnis zu – weil die Beziehungen immer komplexer werden.«[50] Nimmt aber die Zahl der Arten in geometrischer Progression zu, so damit zugleich die Zahl der »Plätze« und so die Lebensressourcen. Zwar ist der Vermehrung der »Plätze« von den anorganischen Bedingungen der Erdoberfläche letzten Endes ein Maß gesetzt. Aber wie weit dieser Rahmen bereits ausgeschöpft ist, darüber schwankten Darwins Vermutungen; während er in der *Origin* zu dieser Frage keine bestimmten Vermutungen aussprach, ging er im *Natural Selection*-Manuskript[51] und in anderen Aufzeichnungen[52] davon aus, daß die Grenzen einer Vermehrung der »Plätze« noch längst nicht erreicht seien.

So wie Lavoisier mit Hilfe des Sauerstoffs die Phlogistonchemie sprengte, unter deren Voraussetzungen er von Priestley entdeckt und in sie integriert worden war, so sprengte Darwin seine an der Erhaltung von Gleichgewicht orientierte Naturtheorie mit der im Rahmen dieser Theorie entdeckten prinzipiellen Erklärung der Artabwandlung; er sprengte diese Theorie aber, indem er seine Erklärung der Artabwandlung an der Frage konkretisierte, wie die – unter biogeografischen Gesichtspunkten betrachtete – Ausdifferenzierung der Arten mit dem entdeckten Mechanismus der Artabwandlung zu erklären ist. Durch diese Konkretisierung sprengte er aber nicht allein seine alte Naturtheorie; aus dieser Konkretisierung resultierte vielmehr eine Umgestaltung seiner Theorie der Artabwandlung selbst, die als Hervorbringung einer neuen Theorie bezeichnet werden kann.

Diese neue Theorie zeichnete sich gegenüber der alten zunächst durch ihre Einfachheit aus. Sie bedurfte nicht mehr irgendeiner Hypothese hinsichtlich der Ursachen der Variabilität, über die damals sowieso nur spekuliert werden konnte. Sie war hinsichtlich der reproduktiven Isolation nicht auf das Entstehen von Migrationshindernissen angewiesen, konnte auch in dieser Frage die Deszendenz der Arten von den geologischen Prozessen abkoppeln. Reproduktive Isolation, relative Anpassung und Ausdifferenzierung der Arten vermochte sie zwanglos aus einem einzigen, einheitlichen Prinzip zu erklären, daraus, daß der »Kampf ums Dasein« zur Divergenz der Artcharaktere führt.

Vielleicht hatte Darwin auch diese Einfachheit, die seine Theorie durch das Divergenztheorem erlangte, im Auge, als er sich in seiner Autobiografie an das »Ei des Columbus« erinnert fühlte. Die Verwandlung seiner prinzipiellen Erklärung des Mechanismus der Artabwandlung in eine Theorie, die das geschichtliche Werden der Flora- und Faunaformen aus einem einzigen, einheitlichen Prinzip durch Deszendenz erklärt, hatte ihre Grundlage darin, daß er in der Konkretisierung seiner Erklärung der Artabwandlung die Möglichkeiten realisierte, die in der teleonomischen Struktur der natürlichen Selektion enthalten sind.

Theorie der Integration

Die Einfachheit und Einheitlichkeit der neuen Theorie tritt vollständig jedoch erst in ihrer Bedeutung für die biologischen Disziplinen der Ordnungsebene hervor, darin, daß sie die Möglichkeit enthielt, diese Disziplinen durch eine einheitliche Theorie zu integrieren. Die geografischen Verteilungseigentümlichkeiten von Flora und Fauna, ihre erdgeschichtlichen Formationsabfolgen sowie der von Morphologie und Systematik untersuchte verzweigte Zusammenhang der Lebensformen fanden in dieser Theorie ein einheitliches Fundament ihrer wissenschaftlichen Erfassung.

Diese Integration der Disziplinen der Ordnungsebene war vorbereitet durch deren Entwicklung selbst, die am Anfang des 19. Jahrhunderts ein Niveau erreicht hatte, auf dem diese Disziplinen zur wechselseitigen Voraussetzung füreinander wurden. Dem Schritt von dieser Interdependenz zu einer theoretischen Integration stand aber, wie am Anfang dieses Kapitels gezeigt, vor allem im Wege, daß in diesen Disziplinen die Lebenserscheinungen unter zwei schwer vereinbaren Paradigmen erforscht wurden, unter dem der Anpassung an äußere Bedingungen (Biogeografie und weitgehend auch Paläontologie) und unter dem einer internen »Logik« des Zusammenhangs unter den Lebensformen (Morphologie und Systematik). Blieb dieser Konflikt der Zugangsweisen in den einzelnen Disziplinen latent, so trat er, wie gesehen, jeweils dann in aller Schärfe hervor, wenn einzelne Naturforscher aus der objektiv evolutionstheoretischen Relevanz der Erkenntnisse dieser Disziplinen den Schluß zu ziehen und die vielfältigen Lebenserscheinungen evolutionistisch zu deuten versuchten. Der Versuch, die Lebensformen zugleich als Resultat einer Ausdifferenzierung und als Resultat der Anpassung an die Erdbedingungen zu deuten, schien unvermeidlich auf das Postulat hinauszulaufen, daß zwischen erd- und lebensgeschichtlichen Prozessen eine prästabilierte Harmonie besteht.

Wenn die Evolutionstheorie, die Darwin aufgrund der Entdeckung und Ausarbeitung des Divergenztheorems vorlegte, diesen Konflikt nicht erneut verschärfte, sondern im Gegenteil löste, so deswegen, weil in dieser Evolutionstheorie die beiden Paradigmen – im Doppelsinne des Wortes – aufgehoben, das heißt negiert und in verwandelter Form enthalten waren. Die Anpassung an die anorganischen Bedingungen konnte aufgrund dieser Theorie nicht länger als spezifischer Grund für die konkrete Ausgestaltung der Lebensformen angesehen werden. Die extremen Unterschiede etwa, die die Lebensformen der ältesten erdgeschichtlichen Formationen gegenüber den heutigen aufweisen, waren nicht mehr als im wesentlichen von unterschiedlichen geologischen Gegebenheiten verursacht zu beurteilen, sondern in erster Linie als Folge einer noch wenig fortgeschrittenen Divergenzentwicklung. Das bedeutet nun nicht etwa, daß in Darwins Evolutionstheorie das Anpassungsparadigma einfach zugunsten des Paradigmas außer Kurs gesetzt wurde, das von der internen »Logik« des Zusammenhangs unter den Lebensformen ausgeht. Zwar ist der Zusammenhang unter den Lebensformen in dieser Theorie als ein Abstammungszusammenhang mit dem Charakteristikum einer Ausdifferenzierung der Formen begriffen, die insofern ein interner Prozeß ist, als dabei den Beziehungen unter den Lebensformen die ausschlaggebende Bedeutung zukommt. Aber die »Logik« dieses Prozesses ist nicht in einem den Organismen innewohnenden Trieb zur Ausdifferenzierung und Höherentwicklung begründet, sondern liegt in der spezifischen Form der Wechselbeziehung unter den Lebensformen, für die die Äußerlichkeit charakteristisch ist, die das Anpassungsparadigma meinte. Ausdifferenzierung und Höherentwicklung sind das Resultat eines blinden Wechselspiels der Lebensformen, und dieses Wechselspiel führt zu diesem Resultat nicht aufgrund eines Triebs, sondern, wie gesehen, aufgrund seines teleonomischen Charakters.

Darwins Evolutionstheorie enthielt also ein neues Verständnis der Anpassung der Lebensformen an äußere Gegebenheiten und des Zusammenhangs unter ihnen, vor allem aber des Verhältnisses dieser beiden Momente. Anders hätte sie nicht zur Integrationstheorie der Disziplinen der Ordnungsebene werden können. Auf der Eignung seiner Evolutionstheorie, das Grundproblem lösen zu können, das einer Integration dieser Disziplinen bis dahin im Wege gestanden hatte, beruhte es nun zugleich, daß Darwin die in diesen Disziplinen aufgehäuften Erkenntnisse mit objektiv evolutionstheoretischer Bedeutung in dieser ihrer Bedeutung realisieren und für die Ausarbeitung seiner Theorie nützen konnte. Wie im Kapitel 4 erörtert, beinhaltete die Realisierung dieser Bedeutung, daß Darwin diese Erkenntnisse »verwandeln« mußte, nämlich daß er sie aus der theoretischen Einordnung, die sie in den Disziplinen der Ordnungsebene erhalten hatten, herauslösen und sie in einen neuen theoretischen Zusammenhang einfügen, ihnen – mit Darwins Worten – die »richtige

Stelle anweisen«[53] mußte. Nicht nur eine alternative, sondern die »richtige« Stelle anweisen konnte er diesen Erkenntnissen aber nur, wenn er für die Probleme der theoretischen Zusammenhänge eine Lösung vorzuweisen hatte, in die sie bisher eingeordnet waren. Realisierte er für sich die mit seiner Theorie möglich gewordene Integration der Disziplinen der Ordnungsebene insofern, als er die Erkenntnisse dieser Disziplinen in Indizien, Belege und Voraussetzungen seiner Evolutionstheorie verwandelte, so leitete er damit zugleich die tiefgreifende Verwandlung dieser Disziplinen ein, die sie zu Disziplinen einer historischen Wissenschaft machte.

Eine unerwartete Evolutionstheorie

Die evolutionistischen Vermutungen, die in dem jungen Darwin während seiner Weltreise aufgekeimt waren, verdichteten sich bald nach seiner Rückkehr und vielleicht gefördert durch die Zusammenarbeit mit dem Ornithologen John Gould (1804–1881) zu einer festen Überzeugung. Aus den Gründen, die am Anfang dieses Kapitels erörtert wurden, kam für ihn allerdings irgendeine innerorganismische Entwicklungstendenz, die dem Hauptprinzip Lamarcks vergleichbar wäre, von vornherein nicht als eine Perspektive in Betracht, in der nach einer Erklärung für die Evolution der Lebensformen zu suchen war. Vielleicht ist das auch der Grund, warum Darwin den Terminus »Evolution« nicht verwendete. Denn tatsächlich war damals dieser Terminus fast gar nicht von der Vorstellung eines Prozesses abzulösen, in dem sich eine Sache aus einem keimhaften Zustand aufgrund inneren Antriebs zu einem vorprogrammierten Reifezustand entfaltet, wobei diese Vorstellung nicht nur an der Ontogenese orientiert war, sondern ebenso an zivilisatorischen und geistigen Prozessen, wie sie damals aufgefaßt wurden. Überzeugt, daß die Organismen mit Artabwandlung auf veränderte Umweltbedingungen reagieren, gingen seine Gedanken vor allem in die Richtung, daß bei diesen periodischen Abwandlungsprozessen sich Effekte akkumulieren, so daß die Strukturen der Organismen allmählich immer komplexer werden.[54]

Die damals mit dem Terminus »Evolution« verbundenen Entfaltungsvorstellungen waren, wie bei Lamarck gesehen, zugleich an der Produktion und Reproduktion des immer Gleichartigen orientiert, für die die epigenetisch aufgefaßte Ontogenese das exemplarische Phänomen darstellte. Die innere Vorprogrammierung des Entfaltungsziels hatte ja nicht zuletzt diese identische Reproduktion zu garantieren. Die Vorstellung eines solchen Prozesses enthielt zwar, isoliert betrachtet, die Irreversibilität dieses Prozesses; jedoch als Glied eines Reproduktionsprozesses betrachtet, zeigte er sich nicht allein als stets wiederholter Prozeß, sondern auch als einer, dessen Resultat in den Ausgangszustand zurückkehrt. Die evolutionistischen Vorstellungen des jungen Darwin, die an der Akkumulation von Effekten orientiert waren, schlossen nicht nur einen inneren Antrieb des Entwicklungsprozesses aus, sondern ebenso ein Wiedereinmünden des Entwicklungsresultats in den Ausgangszustand. Aber sie enthielten etwas, das der inneren Vorprogrammierung der Entfaltungsvorstellung verwandt ist, nämlich die Überzeugung, daß in den Ausgangsbedingungen des Entwicklungsprozesses sein Resultat vollständig determiniert ist. Der Entwicklungsprozeß war so als ein von außen angetriebener, irreversibler Prozeß gedacht, der zu einem notwendigen, in den Ausgangsbedingungen festgelegten, Resultat führt.

Darwin kam mit seinen evolutionistischen Vermutungen und Spekulationen der Lösung des Problems der geschichtlichen Entwicklung von Flora und Fauna so wenig einen Schritt näher wie andere Naturforscher, die in der ersten Hälfte des 19. Jahrhunderts evolutionistischen Vorstellungen nachgingen. Er wandte sich dem Problem der Artabwandlung zu, fand, ausgehend vom Studium der Züchterpraxis, den prinzipiellen Mechanismus dieser Abwandlung im Kontext einer Evolution gerade ausschließenden Naturtheorie und entwickelte die gefundene Erklärung der Artabwandlung in der dargestellten Weise durch Konkretisierung zu seiner Deszendenztheorie. Die Deszendenztheorie erlaubte nun, seine alten evolutionistischen Fragen zu beantworten. Aber welche Antworten gab sie ihm, was besagt sie hinsichtlich der Evolution der Lebensformen?

Die Reproduktion der Lebensformen schließt ihren Wandel ein. Dies ist nicht allein und auch nicht primär durch äußere Faktoren, durch den Wandel der anorganischen Bedingungen, verursacht. Deswegen ist auch die Ausdifferenzierung der Lebensformen, die zunehmende Funktionsdifferenziertheit und Leistungsfähigkeit ihrer Strukturen, nicht ein Nebenprodukt eines von geologischen Veränderungen verursachten Formenwandels, nicht ein Resultat akkumulierter Effekte, die bei den periodischen Anpassungen an veränderte Bedingungen anfielen. Auf der Grundlage einer Anpassung an die jeweiligen anorganischen Bedingungen ist der Entwicklungsprozeß der Lebensformen vielmehr insofern ein interner Prozeß, als er aus der Selbstbeziehung der Biosphäre resultiert. Dies ist nicht mit einem

Selbstbezug »des Lebens« zu verwechseln; es handelt sich nicht um die Beziehung einer Abstraktion zu sich oder was immer; es handelt sich vielmehr um die Beziehungen zwischen den wirklichen Lebensformen, Beziehungen, in denen diese Formen – genauer: die Individuen dieser Formen –, ungeachtet ihrer verschränkten Abhängigkeitsverhältnisse, sich prinzipiell äußerlich und als selbständige Wesen zueinander verhalten.

Dieser interne Entwicklungsprozeß der Lebensformen beruht nun zwar nicht auf einem Entwicklungstrieb der Organismen. Aber es ist ein sich selbst entfachender, ein auf der Grundlage des Stoff- und Energieaustauschs mit der anorganischen Natur sich selbst unterhaltender Prozeß, der keinen äußeren Anstoß und Antrieb braucht. Und es ist dazu ein Prozeß mit Tendenz, nämlich mit der prinzipiellen Tendenz, die Formen durch Ausdifferenzierung zu vervielfältigen und ihre Strukturen zunehmend funktionsdifferenzierter und für kompliziertere Leistungen geeignet zu gestalten.

Diese Tendenz ist durch die Vorstellung einer Akkumulation von Effekten nicht adäquat zu erfassen. Zwar ist in diesem Prozeß das jeweils gezeitigte Resultat Ausgangsbedingung für seinen weiteren Verlauf, und so ließe sich vielleicht zur Not die Tatsache der Ausdifferenzierung verständlich machen. Aber auf diese Weise läßt sich nicht der Zusammenhang unter den Formen begreifen, in dem die spezifische Weise dieser Ausdifferenzierung und ihre Tendenz begründet ist. Dieser Zusammenhang hat teleonomischen Charakter. Jede organische Struktur ist in der Wechselbeziehung zwischen den Lebensformen Mittel der Aneignung von Lebensressourcen und zugleich selbst potentielle Lebensressource, auf deren Realisierung durch Entwicklung von Strukturen, die als Mittel der Aneignung dieser Ressource geeignet sind, der »Kampf ums Dasein« drängt, womit der nämliche Prozeß sein Werk auf erweiterter Stufenleiter fortsetzen kann. Es ist diese teleonomische Eigentümlichkeit der Beziehungen unter den Lebensformen, die in ihren Entwicklungsprozeß Tendenz hineinbringt, eine Tendenz, die man als Tendenz zur Entwicklung und Optimierung der »natürlichen Technologie«[55] bezeichnen kann.

Der Entwicklungsprozeß der Lebensformen hat so eine Entwicklungs-»Logik«; er unterliegt den Gesetzmäßigkeiten der Entwicklung der natürlichen Technologie. Das bedeutet jedoch nicht, daß es sich um einen berechenbaren Prozeß handelt. Wie die Möglichkeiten weiterer Entwicklung, die in einem jeweiligen Entwicklungsstand der Strukturen enthalten sind, konkret realisiert werden, entzieht sich jeder Voraussage, denn die dabei zusammenwirkenden Faktoren unterliegen keinem einheitlichen Gesetz. Jeder kleinste, zufällig zustandegekommene Schritt der Realisation dieser Möglichkeiten hat im Prinzip irreversible Folgen für den weiteren Fortgang; jede realisierte Möglichkeit schneidet zugleich die Realisation anderer Möglichkeiten ab. Das zufällige Ereignis bestimmt die weitere Entwicklung als eine unhintergehbare Voraussetzung, wird so zur Notwendigkeit. Der Entwicklungsprozeß der Lebensformen ist demnach nicht allein ein irreversibler Prozeß, sondern ebenso ein einzigartiger und unwiederholbarer, dessen konkrete Resultate trotz seiner Entwicklungs-»Logik« insofern offen sind, als sie sich nicht auf eine Ausgangssituation zurückführen lassen, in der sie vordeterminiert wären. Die geschichtliche Entwicklung der Lebensformen auf unserem Planeten ist also ein selbsttätiger, gesetzmäßiger, irreversibler und unwiederholbarer Prozeß, der zwar eine Tendenz, aber kein Ziel hat. Unbeschadet lückenloser kausaler Verursachung, sind seine konkreten Resultate nicht »unvermeidlich«, sondern notwendig und zufällig zugleich.

Die Evolution der Lebensformen, wie sie im Lichte der Deszendenztheorie Darwins sichtbar wurde, hatte mit seinen früheren evolutionistischen Vermutungen und auch mit denen anderer Naturforscher in der ersten Hälfte des 19. Jahrhunderts fast nur das abstrakte Resultat gemein, daß sich die Lebensformen auseinander entwickelten und daß dabei eine Tendenz vom Einfachen zum Komplizierten zu beobachten ist. Ihre konkreten Züge dagegen waren weder in seinen Spekulationen noch in denen eines anderen Naturforschers ahnend antizipiert worden; sie waren unerwartet, ja unerhört. Der hier greifbar werdende natürliche Entwicklungsprozeß entsprach dem bisherigen Entwicklungsdenken so wenig, daß seine gedankliche Erfassung nicht ohne Probleme gelingen konnte. Wäre es eine Voraussetzung für die fachliche Anerkennung der Deszendenztheorie Darwins gewesen, daß die Biologen und Geologen die Eigenart dieses Prozesses begriffen, hätte sich diese Theorie damals wohl kaum durchsetzen können.

Im Darwin-Kapitel des ersten Teils wurde erwähnt, daß der Neolamarckismus, dieser erste große Rückschlag gegen Darwins Evolutionstheorie am Ende des 19. Jahrhunderts, nicht zuletzt deswegen auf Lamarck, oder besser: auf einen erfundenen Lamarck, zurückgriff, weil an Darwins Theorie eine Begründung für die »Richtung« der Evolution vermißt wurde. Dies zeigt nicht nur, daß der Neolamarckismus dem herkömmlichen Verständnis von »Evolution« verhaftet war, sondern auch, daß Darwins rationelle Erklärung der Tendenz des biologischen Evolutionsprozesses nicht begriffen wurde, die in der teleonomischen Struktur der Wechselbeziehungen zwischen den Organismen begründet ist. Aber nicht nur Gegner der Theorie Darwins hatten Schwierigkeiten, ihre entwicklungstheoretische Dimension zu erfassen. Huxley zum Beispiel, der sich selbst als »Darwin's own lieutenant« bezeichnete, proklamierte als Grundsatz der Evolutionstheorie, »daß die ganze Welt, belebt und unbelebt, das gesetzmäßige Resultat von Wechselwirkungen der Kräfte jener Moleküle ist, aus denen der Urnebel des Universums zusammengesetzt war. Wenn das aber richtig ist, dann ist es nicht weniger gewiß, daß die heute existierende Welt potentiell mit dem kosmischen Dampf gegeben war, und daß eine hinreichende Intelligenz aus der Kenntnis der Eigenschaften der Moleküle dieses Dampfes den Zustand sagen wir der Fauna Britanniens von 1869 mit der gleichen Gewißheit hätte voraussagen können, mit der man voraussagen kann, was mit dem Dampf des Atems an einem kalten Wintertag passiert.«[56]

Auch in diesem Punkt ein vorsichtiger Mann, hielt sich Darwin selbst hinsichtlich der entwicklungstheoretischen Dimension seiner Theorie sehr zurück. Sogar den »Fortschritt« (progress), den die natürliche Technologie im Entwicklungsprozeß der Lebensformen machte, brachte er nur zögernd, stets ohne Betonung und eher beiläufig zur Sprache, obwohl er dadurch seine ältesten Vorstellungen bestätigt fand. Es ist deswegen schwer zu beurteilen, in welchem Umfange er selbst die entwicklungstheoretischen Implikationen seiner Theorie realisierte.[57] Er erreichte mit seiner Zurückhaltung jedenfalls, daß sich die fachliche Debatte über seine Theorie nicht auf die Evolutionsfrage konzentrierte, sondern auf seine Erklärung der Artabwandlung aus Variabilität und Selektion. Diese Erklärung konnte, wie gesehen, in vielen Punkten auf kritische Fragen keine befriedigende Antwort geben. Sie wurde gleichwohl erstaunlich schnell akzeptiert, weil sich mit dieser Theorie die aufgestauten Probleme der Disziplinen der Ordnungsebene lösen und diese Disziplinen selbst theoretisch integrieren ließen. Die Integrationsleistung der Evolutionstheorie Darwins sicherte so ihre Anerkennung trotz der teils vermeintlichen, teils wirklichen Defizite, die ihre Erklärung der Artabwandlung enthielt. Vielleicht muß man aber auch sagen, daß diese Integrationsleistung Darwins Abstammungslehre davor bewahrte, schließlich doch noch wegen ihres Glanzpunktes verworfen zu werden, nämlich wegen ihrer entwicklungstheoretischen Dimension.

Anhang

Anmerkungen

Zum 1. Kapitel

1 Vgl. WÖHLER; vgl. aber auch HJELT S. 42.
2 » (. . .) Geschichte einer Disziplin (. . .), die noch nicht die Biologie ist – die vor der Entdeckung einer allgemeinen Gewebe- oder Zellstruktur der Organismen und vor der Entdeckung der Grundgesetze der chemischen Energetik noch gar nicht die Biologie sein kann.« CANGUILHEM (1979), S. 62 f.
3 EHRENBERG S. 3.
4 Zur Unterscheidung der Ebenen der »Ordnung« und der »Organisation« vgl. RHEINBERGER S. 71.
5 MÜLLER S. 606.
6 OESER S. 1.

Zum 2. Kapitel

1 HAECKEL (1867/68) Bd. 1, S. 117.
2 HAECKEL (1909) S. VI f.
3 Vgl. ZIMMERMANN.
4 MAYR (1967) S. 23.
5 Zur Aufgabe der Historia, das an den Naturdingen Wahrnehmbare aufzuzeichnen und zusammenzustellen, vgl. in der Antike THEOPHRAST A I (4), 1964: S. 2, 11–13 und in der frühen Neuzeit SCALIGER S. 3 oder ZALUZIANSKY Buch II, Kapitel 1.
6 Zit. nach BALSS S. 52 f.
7 GESSNER (1565) S. 155 r.
8 Vgl. ZIMMERMANN S. 111.
9 Vgl. BUFFON, z. B. (1749 ff.) XIII (1765), Œuvres: Bd. 7, S. 100 (dtsch.: Bd. 2, S. 600) oder (1778) S. 152 B (dtsch.: S. 320).
10 Vgl. BUFFON, z. B. (1749 ff.) II (1749), Œuvres: Bd. 4, S. 633 (dtsch.: Bd. 4, S. 36).
11 Ebd. S. 432 ff. (dtsch.: Bd. 3, S. 655 ff.); vgl. auch McLAUGHLIN S. 103 (Anm. 5 zum 3. Kapitel).
12 DERS. (1749 ff.) I (1749), Œuvres: Bd. 1, S. 31 (dtsch.: Bd. 1, S. 85).
13 Ebd. S. 31 (dtsch.: S. 85 f.).
14 DERS. (1749 ff.) X (1763), Œuvres: Bd. 8, S. 45 (dtsch.: Bd. 6, S. 371).
15 Vgl. auch z. B. LINNÉ (1760 a) Kap. 2.
16 BUFFON (1749 ff.) V (1755), Œuvres: Bd. 6, S. 262 (dtsch.: Bd. 5, S. 251).
17 Vgl. LINNÉ (1762), vor allem § X; vgl. aber auch DERS. (1760 b).
18 DERS. (1737) Ratio operis 5.
19 DERS. (1762) S. 296.
20 DERS. (1744).
21 DERS. (1762) S. 297 f.
22 Vgl. MAUPERTUIS (1751) S. 137–168.
23 Zit. nach: HAGBERG S. 229; vgl. dazu LINNÉ (1762) S. 296–300.

24 JACOB S. 149.
25 Vgl. MAILLET.
26 Vgl. aber DITTRICH.
27 Vgl. LAMARCK (1778) Bd. 1, S. 1 f.
28 JACOB S. 166.
29 Ebd. S. 160 f.
30 HAECKEL (1866) S. 135.
31 Vgl. z. B. LAMARCK (1802 b) S. 103, 163 f. u. a. O. m.
32 Vgl. MARTINS.
33 Vgl. DARWIN (1859) z. B. S. 8 f. (dtsch.: S. 36 f.).
34 Vgl. z. B. LAMARCK (1815) Bd. 1, S. 323.
35 LAMARCK (1809) I S. 235 (dtsch. S. 121).
36 Ebd. I S. 233 f. (dtsch. S. 120).
37 Ebd. I S. 218 (dtsch. S. 112).
38 MASON S. 413; vgl. dazu auch PLECHANOW Kapitel 1.
39 Vgl. PICAVET S. 438 ff., bes. S. 443 f.
40 WAGNER, A. S. 28.
41 Vgl. z. B. BLEI S. 179 ff.
42 LAMARCK (1809) I S. 274 (dtsch. S. 142 f.).
43 Vgl. JAHN u. a. (Hrsg.) S. 248.
44 LAMARCK (1809) I S. 65 (dtsch. S. 30).
45 Ebd. I S. 273 (dtsch. S. 142).
46 Ebd. I S. 130 f. (dtsch. S. 66).
47 DERS. (1815) Bd. 1, S. 132 f.
48 Vgl. DERS. (1809) I S. 58 f. (dtsch. S. 26 f.).
49 DERS. (1786) Artikel »classes«.
50 Vgl. TSCHULOK S. 100.
51 LAMARCK (1809) I S. 54 (dtsch. S. 24 f.).
52 Vgl. zu Einzelheiten McLAUGHLIN Kapitel 2.
53 LAMARCK (1802 a) S. 8 f. Dtsch. nach TSCHULOK S. 122 f.
54 Vgl. McLAUGHLIN S. 38.
55 MARTINS S. XI (dtsch. S. VIII).
56 LAMARCK (1809) I S. 269 (dtsch. S. 140).
57 Ebd. I S. 271 f. (dtsch. S. 141 f.).
58 Zu der Inkonsequenz, daß Lamarck – entgegen seiner Theorie der Artentwicklung – die Anordnung auf der Stufenleiter von oben nach unten durchführt, und zu ihren Gründen vgl. TSCHULOK S. 67.
59 LAMARCK (1809) I S. 130 (dtsch. S. 66).
60 Ebd. II S. 96 (dtsch. S. 286).
61 Ebd. I S. 273 (dtsch. S. 142).
62 Ebd. I S. 274 (dtsch. S. 143).
63 Ebd. II S. 164 (dtsch. S. 325).
64 Ebd. I S. 370 f. (dtsch S. 203).
65 Ebd. II S. 86 f. (dtsch. S. 280 f.).
66 Ebd. II S. 87 (dtsch. S. 281).
67 Vgl. BUFFON (1749 ff.) II (1749), Œuvres: Bd. 2, S. 621–33 (dtsch.: Bd. 4, S. 15 bis 36); vgl. auch ebd. XIII (1765), Œuvres: Bd. 7, S. 97–108 (dtsch.: Bd. 5, S. 597 bis 608).
68 LAMARCK (1809) I S. 371 f. (dtsch. S. 203 f.).
69 LAMARCK (1809) II S. 81 (dtsch. S. 278).
70 Vgl. vor allem DERS. (1802 a) S. 101 f.

71 Vgl. ebd. S. 95 ff. Die epigenetische Theorie Lamarcks ist aus der *Philosophie zoologique* allein nicht zureichend erschließbar; es müssen hinzugezogen werden die Eröffnungsvorlesungen von 1801, 1802, 1803 und 1806 – Neudruck in: BULLETIN (1907) –, vor allem aber LAMARCK (1802 a).
72 TSCHULOK S. 84.
73 Vgl. DERS. S. 47 ff.
74 In: Kosmos – Zeitschrift für einheitliche Weltanschauung auf Grund der Entwicklungslehre. Bd. I (1877) S. 243 f. Hier zitiert nach TSCHULOK S. 36 f.
75 LAMARCK (1794) § 685.
76 DERS. (1797) § 385.
77 Vgl. ebd. den Abschnitt: »Théorie des êtres vivants«.
78 DERS. (1794) Anm. zu § 414.
79 TSCHULOK S. 86.
80 DERS., vgl. vor allem das 3. Kapitel.
81 WILKIE S. 289 ff., bes. S. 300.
82 LAMARCK (1809) I S. 402 f. (dtsch. S. 221 f.).
83 Ebd. I S. 465 (dtsch. S. 502); vgl. auch ebd. I S. 113 (dtsch. S. 56) u. a. O. m.
84 JACOB S. 165 f.
85 Vgl. LAMARCK (1809), vor allem im I. Teil den Schlußpassus des 5. Kapitels.
86 Ebd. I S. 132 (dtsch. S. 67).
87 Vgl. ebd. S. 463 (dtsch. S. 501).
88 Ebd. I S. 222 (dtsch. S. 114 f.).
89 TOULMIN und GOODFIELD S. 212.
90 Ebd.
91 TSCHULOK S. 38.

Zum 3. Kapitel

1 DARWIN (1838 ff.) S. 141.
2 Ebd., vgl. z. B. die Eintragung zum 1. 3. 1866.
3 DARWIN (1876 ff.) S. 102; vgl. SOBOL S. 178 (Anm. 167).
4 WILKIE S. 265.
5 Vgl. CHAMBERS S. 163.
6 ZIMMERMANN S. 360.
7 TOULMIN und GOODFIELD S. 239.
8 DARWIN (1876 ff.) S. 104; vgl. auch DERS. (1859) S. 424 (dtsch. S. 670).
9 Vgl. DERS. (1876 ff.) S. 110.
10 Ebd.
11 DERS. (1859) S. 428 (dtsch. S. 676).
12 DERS. (1876 ff.) S. 110.
13 Vgl. DERS. (1838 ff.) S. 140.
14 DERS. (1876 ff.) S. 102.
15 Vgl. zum Folgenden MASON S. 498–509.
16 Vgl. in DARWIN (1860) die Eintragungen in Bahia Blanco; bei CARUS Kapitel 5, S. 92 ff.
17 Vgl. ebd. die Eintragungen unter dem 8. 10. 1835, bei CARUS S. 432 ff., bes. 452 ff.; vgl. auch den oft zitierten Brief an Hooker vom 11. 1. 1844, in: DARWIN, F. Bd. 1, S. 384.
18 So seit der 5. Auflage. Die Numerierung der Kapitel im Text folgt prinzipiell der 6. Auflage.

19 Vgl. DARWIN (1859) z. B. S. 156 (dtsch. S. 265).
20 Vgl. zu diesem Zusammenhang das Schema im 4. Kapitel von DARWIN (1859) nach S. 90 (dtsch. S. 165). Siehe Abb. 3, S. 105.
21 Vgl. vor allem »Über Darwins Lehre« in BAER (1876) Bd. 2.
22 Vgl. das 16. und 17. Kapitel von HERTWIG, bes. S. 670 ff.
23 ENGELS S. 489.
24 Vgl. neben FLOURENS (1864 a) auch (1864 b).
25 Vgl. z. B. McLAUGHLIN und RHEINBERGER S. 39 f.
26 Vgl. DARWIN (1859) S. 426 (dtsch. S. 673).
27 Vgl. BAER (1876) Bd. 2, S. 393 f.; vgl. aber auch ebd. S. 302 f. und 348.
28 Vgl. das 9. Kapitel von DARWIN (1859).
29 BAER (1876) Bd. 2, S. 291.
30 Vgl. HOPKINS S. 255 ff.
31 Vgl. aber Darwins Argumente im einzelnen: DARWIN (1859) S. 137 ff. (dtsch. S. 235 ff.).
32 Vgl. WAGNER, M. S. 52 ff.
33 Vgl. ebd. S. 78, 96 f., vor allem aber seinen Vortrag »Über den Einfluß der geographischen Isolierung (. . .)« (1870), in: ebd. S. 101–116.
34 DARWIN (1876 ff.) S. 109.
35 Vgl. neben NÄGELI (1865) auch DERS. (1884).
36 ABEL S. 350.
37 Vgl. vor allem das 10. Kapitel von DARWIN (1859).
38 Vgl. CUVIER (1817) Bd. 1, S. 58 (dtsch. S. 72).
39 Vgl. DARWIN (1859) Kapitel 5, bes. S. 114 ff. (dtsch. S. 201 ff.).
40 Vgl. das Kapitel »The Incompetency of ›Natural Selection‹ to Account for the Incipient Stages of Useful Structures« in MIVART.
41 Vgl. im 6. Kapitel von DARWIN (1859) S. 141 ff. (dtsch. S. 241 ff.), bes. 145 (dtsch. 248) u. 147 ff. (dtsch. 251 ff.); vgl. auch die Auseinandersetzung mit Mivart ebd. im 7. Kapitel, S. 177 ff. (dtsch. S. 295 ff.).
42 Vgl. den Brief an Lyell vom 12. 3. 1863, in: DARWIN, F. Bd. 2, S. 198 f.
43 z. B. ZIMMERMANN S. 474 ff.
44 Ebd. S. 477.
45 Vgl. im 5. Kapitel von DARWIN (1859) S. 108 ff. (dtsch. S. 191 ff.).
46 Vgl. ebd. im 6. Kapitel S. 146 ff. (dtsch. S. 250 ff.), S. 156 (dtsch. S. 264 f.) u. a. O. m.
47 Vgl. BEURTON.
48 Vgl. ASKENASY.
49 Vgl. z. B. BAER (1876) Bd. 2, S. 424.
50 Vgl. NÄGELI (1884).
51 DARWIN (1859) S. 409 (dtsch. S. 647).
52 MASON S. 510.
53 MEW Bd. 30, S. 249.
54 Vgl. FELLMANN.
55 GEDDES und THOMSON. Hier zitiert nach MASON S. 510 f.
56 Atheneum. Journal of Literature, Science and the Fine Arts. Nr. 1854/9 (May 1863), S. 617; vgl. BARRETT Bd. 2, S. 81; dtsch. nach SCHMIDT S. 241.
57 DARWIN (1859) S. 421 (dtsch. S. 666).
58 DERS. (1876 ff.) S. 104.
59 Vgl. DERS. (1859) S. 401 f. (dtsch. S. 634 f.).
60 Vgl. ebd. S. 386 ff. (dtsch. S. 612 ff.).
61 Vgl. ABEL.
62 LYELL Bd. 3, S. 22.

63 Zu Einzelheiten vgl. ebd. Bd. 2, Kapitel 5 bis 9.
64 Vgl. das 10. Kapitel von DARWIN (1859).
65 Vgl. LYELL Bd. 2, Kapitel 13 bis 17.
66 Vgl. DARWIN (1859) Kapitel 11.
67 Vgl. das 9. Kapitel in LYELL Bd. 1.
68 Vgl. GUNTAU und WÄCHTLER.
69 Vgl. HÖLDER S. 390 ff.
70 Vgl. DARWIN (1859) S. 382 ff. (dtsch. S. 604 ff.).
71 Vgl. RAY (1682).
72 Vgl. CUVIER (1815) S. 7 f. (dtsch. S. 12 f.).
73 Vgl. DARWIN (1859) S. 365–369 (dtsch. S. 579–84) und S. 373–380 (dtsch. S. 591–603).
74 Ebd. S. 381 (dtsch. S. 603).
75 Vgl. ebd. S. 369 ff. (dtsch. S. 585 ff.).
76 Vgl. ebd. nach S. 90 (dtsch. S. 165).

Zu Kapitel 4

1 TOULMIN und GOODFIELD S. 230.
2 DARWIN (1876 ff.) S. 104.

Zu Kapitel 5

1 Vgl. z. B. FIGULUS, FUCHS, GESSNER (1552) oder LOBELIUS. Maranta will bei der Beschreibung der Pflanzen die Bodenbeschaffenheit berücksichtigt wissen; vgl. MARANTA 2, 7.
2 TOURNEFORT Bd. 1, S. 60. Mit dieser Ausgrenzung hatte Cesalpino begonnen, vgl. CESALPINO S. 29.
3 Vgl. zum »Südkontinent« aus der zeitgenössischen Literatur z. B. BROSSES o. DALRYMPLE.
4 Vgl. BLIGH und BURNEY.
5 Vgl. THIÉRY DE MENONVILLE.
6 Vgl. ROCHON.
7 Vgl. LE GENTIL.
8 Vgl. z. B. den detaillierten Fragenkatalog, den die Académie des Sciences den Instruktionen für den französischen Weltumsegler La Pérouse beifügte: LA PEROUSE.
9 Vgl. z. B. LAMIRAL, LONG, NISBET oder die anthropologischen Aufsätze von C. Meiners in: GÖTTINGISCHES HISTORISCHES MAGAZIN Bde. 4–7.
10 Z. B. BUFFON (1749 ff.) XI (1764), Œuvres: Bd. 7, S. 307 (dtsch.: Bd. 6, S. 115).
11 Daß der Tapir auch in Malakka und auf den großen Sundainseln heimisch ist, war Buffon nicht bekannt. – Übrigens sind hier die genannten Tiere mit den von Buffon (bzw. seinen zeitgenössischen Übersetzern) benutzten Namen bezeichnet.
12 BUFFON (1749 ff.) XIV (1766), Œuvres: Bd. 8, S. 315 (dtsch.: Bd. 6, S. 609).
13 Vgl. DERS. (1778) 5. Époque, S. 168 ff. (dtsch. S. 236 ff.).
14 DERS. (1749 ff.) XIV (1766), Œuvres: Bd. 8, S. 314 (dtsch.: Bd. 6, S. 609).

15 Ebd. S. 315 (dtsch. S. 610).
16 Vgl. SCHMIDT S. 270 f.
17 HUMBOLDT Gr. Éd., Abt. »Relation Historique«, Bd. 2 (1819), S. 384 f. (dtsch. S. 332 f.).
18 McLAUGHLIN und RHEINBERGER S. 30.
19 Vgl. MAUPERTUIS (1751) S. 148; vgl. auch DERS. (1745) S. 110, 123 f. u. a. O. m.
20 WALLACE S. 46.
21 Vgl. z. B. DARWIN (1868) Kap. 20.
22 HUMBOLDT Gr. Éd., Abt. »Relation Historique«, Bd. 1 (1814), S. 145 (dtsch. S. 56). Eine ganz entsprechende Beobachtung berichtet er aus der Mission Atures am Orinoko, vgl. ebd. Bd. 2 (1819), S. 346 (dtsch. S. 313).
23 So formuliert allerdings erst A. Comte, vgl. COMTE S. 235.
24 Vgl. GEOFFROY SAINT-HILAIRE S. 68 f.
25 CUVIER (1817) Bd. 1, S. 6.
26 Den Terminus »Ökologie« führte erst Ernst Haeckel in die Biologie ein: HAECKEL (1866) Bd. 1, S. 328. Vgl. dazu VAN DER KLAAUW S. 146.
27 BUCH Bd. 3, S. 345.
28 Vgl. LYELL Bd. 2, S. 9 ff.
29 Vgl. ebd. Bd. 2, Kapitel 5–11.
30 Vgl. GEOFFROY SAINT-HILAIRE.
31 Vgl. z. B. LYELL Bd. 2, S. 141, 174 u. a. O. m.
32 Diese Holzschnitte finden sich in: BAUHINIUS. Abbildung nach der Reproduktion in: HÖLDER S. 360.
33 Vgl. LEONARDO.
34 Vgl. DIELS und KRANZ 21 A 33.
35 So z. B. in C. von Raumers *Gebirge Niederschlesiens* (Berlin 1819); vgl. SCHINDEWOLF S. 68.
36 Zit. nach HÖLDER S. 368.
37 Vgl. z. B. PETRI.
38 Vgl. z. B. BLUMENBACH S. 454 (§ 222).
39 Vgl. ebd. S. 611 (§ 262).
40 AGRICOLA (1546 a) Buch III, S. 39 (dtsch. S. 128).
41 DERS. (1546 b) Buch VII, S. 327 f. (dtsch. S. 209 f.).
42 Ebd. Buch V, S. 264 f. (dtsch. S. 133).
43 STENSEN S. 79.
44 LEIBNIZ (1700) S. 215 (dtsch. S. 67); Leibniz kannte den *Prodromus* Stensens, vgl. ebd. z. B. § VI, S. 206.
45 STENSEN, S. 50.
46 Vgl. STRABON, z. B. I C 49–60, II C 95, C 97.
47 Vgl. WOODWARD.
48 Vgl. SCHEUCHZER.
49 LEONARDO 9 v. Dtsch. nach HÖLDER S. 361 f.
50 Vgl. HÖLDER S. 28.
51 Vgl. TOULMIN und GOODFIELD, S. 98.
52 Vgl. z. B. LEPENIES S. 49 f.
53 Vgl. den Artikel »Inondation« (Überflutung) in VOLTAIRE (1764); dtsch. z. B. in VOLTAIRE (1970) S. 736 f. Vgl. dazu d'Holbachs Artikel »Fossil« in der ENCYCLOPÉDIE (1751–72); dtsch. z. B. in NAUMANN S. 590 f.
54 LEIBNIZ (1700) S. 215 (dtsch. S. 67).
55 Ebd. S. 216 (dtsch. S. 73).
56 Vgl. HOOKE, z. B. S. 291, 327 f. u. a. O. m.

57 Zit. nach MASON S. 402.
58 Vgl. CANGUILHEM (1965).
59 Zit. nach HÖLDER S. 369.
60 Ebd.
61 Vgl. SCHEUCHZER Tafel VI; abgebildet bei ZIMMERMANN Tafel III.
62 BAIER S. 66 (dtsch. S. 59).
63 Ebd. S. 66 f. (dtsch. S. 59).
64 Vgl. HÖLDER S. 368.
65 Zit. nach HÖLDER S. 368.
66 HÖLDER S. 367.
67 Abgebildet u. a. in: LEIBNIZ (1700). Hier nach der Reproduktion in: HÖLDER S. 361.
68 Vgl. MAILLET, z. B. Bd. 1, S. 34 ff.
69 Ebd. S. XXIV. Dtsch. nach ZIMMERMANN S. 311.
70 LEIBNIZ (1700) S. 205 (dtsch. S. 25).
71 KANT (1790) A 364 f.
72 Vgl. SCHMIDT S. 331 f.
73 Vgl. ZIMMERMANN S. 232.
74 BUFFON (1778) S. 170 (dtsch. S. 240).
75 Vgl. LAMARCK (1809) I Kapitel 8 und das Schlußkapitel von DERS. (1801).
76 DERS. (1809) I S. 78 f. (dtsch. S. 37 f.).
77 TREVIRANUS Bd. 3, S. 224.
78 Vgl. »Der Inhalt bevorwortet«. In: GOETHE (1817), S. 12 ff., bes. S. 16.
79 CUVIER (1815) S. 51 (dtsch. S. 107).
80 Ebd.
81 Ebd. S. 6 f. (dtsch. S. 11).
82 Vgl. HOOKE S. 411.
83 Vgl. HÖLDER S. 432.
84 SMITH, W. (1815), zit. nach HÖLDER S. 437.
85 Für Einzelheiten sei auf NEF und auf REES verwiesen.
86 Vgl. KULISCHER Bd. 2, S. 454.
87 Ebd.
88 Ebd. S. 519.
89 SMITH, W. (1817) S. VII.
90 Zit. nach HÖLDER S. 435.
91 SMITH, W. (1817) S. IX.
92 Vgl. SMITH, W. (1816–18).
93 Vgl. NEUMAYR S. 19.
94 Vgl. CUVIER (1815) S. 54 ff. (dtsch. S. 98 ff.).
95 Ebd. S. 7 und 7 f. (dtsch. S. 12 u. 13).
96 HOFFMANN S. 284.
97 D'ORBIGNY Bd. II/1, S. 251 f.
98 Zit. nach SCHMIDT S. 243.
99 AGASSIZ Bd. 1, S. 169. Abbildung nach der Reproduktion in: HÖLDER S. 380.
100 AGASSIZ Bd. 1, S. 170. Dtsch. nach HÖLDER S. 380.
101 COTTA Teil I, S. 137 f.
102 Vgl. GOETHE (1817) S. 8; zu Burdach vgl. ZIMMERMANN S. 283.
103 Vgl. VESAL S. 513 ff.
104 BELON S. 40 u. 41. Abb. nach der Reproduktion in: Claus Nissen: Die zoologischen Buchillustrationen. Bd. 2, Stuttgart 1978, S. 116.
105 Vgl. CROMBIE S. 508.

106 Vgl. den Artikel »Cabinet d'Histoire Naturelle« in der ENCYCLOPÉDIE (1751 bis 72).
107 Vgl. LINNÉ (1737 a).
108 FORSTER (1791) S. 714.
109 Ebd. S. 715.
110 Kupferstich in: L. Vincent: Elenchus tabularum pinacothecarum. Haarlem 1719, Tafel 1. Abb. n. d. Reproduktion in: Friedrich Klemm: Geschichte der naturwissenschaftlichen und technischen Museen. München 1973, S. 28.
111 Vgl. PALLAS.
112 Vgl. FORSTER (1791) S. 710 f.
113 Für Einzelheiten vgl. FELLOWS und MILLIKEN.
114 Vgl. CAMPER.
115 FERNEL (1544) S. 98.
116 KANT (1790) A 291 f.
117 Vgl. ebd. A 286 f.
118 CUVIER (1812) Bd. 1, S. 58 (dtsch. S. 72).
119 Vgl. die Einleitung von CUVIER (1817).
120 GOETHE (1795) S. 243 f.
121 Ebd. S. 243.
122 Ebd. S. 244.
123 Vgl. »Die Absicht eingeleitet«. In: GOETHE (1817) S. 8.
124 Vgl. ebd.
125 DERS. (1887 ff.) 2. Abt., Bd. 7, S. 282.
126 Vgl. »Glückliches Ereignis«. In: GOETHE (1817) S. 111 f.
127 „Modell«: vgl. in der – 1816 redigierten! – *Italienischen Reise* unter: Neapel 25. V. 1787; »Muster«: vgl. GOETHE (1795) S. 244; »Begriff« und »Idee«: vgl. im Entwurf zur »Geschichte meines botanischen Studiums« (1817), in: DERS. (1887 ff.) 2. Abt., Bd. 13, S. 41.
128 NOWIKOFF S. 138.
129 Vgl. CUVIER: »Sur un nouveau rapprochement entre les classes qui composent le règne animal.« In: Ann. du Musée d'Histoire nat. XIX (1812). Hier zitiert nach SCHMIDT S. 253.
130 CUVIER (1817) Bd. 1, S. XX f.
131 Vgl. KIELMEYER.
132 Vgl. GOETHE (1795) S. 245 f.
133 Vgl. MAYR: »Darwin and the evolutionary theory in biology« (1959). Dtsch. in: DERS. (1979) S. 34–39, hier S. 35.
134 ENCYCLOPÉDIE (1751–72).
135 Vgl. ARISTOTELES Hist. an VIII/1, 588 a–589 a.
136 Vgl. LEFÈVRE, insb. Abschn. I.
137 BOCK, Vorrede (ohne Paginierung).
138 Vgl. in FORSTER (1958 ff.) Bd. 11 die Nummern 1, 2, 36, 40, 130.
139 Vgl. die Rezension des Buchs von Meidinger, ebd. S. 144 ff.
140 BRUNFELS (1530) I S. 152 f. Abb. n. d. Reproduktion in: Martyn Rix: The Art of the Plant-World – The Great Botanical Illustrators and their Work. New York o. J. (1981), S. 31.
141 Vgl. dagegen HOPPE S. 12–97.
142 Vgl. MASON S. 399.
143 ALDROVANDI (1599 ff.) Bd. 1, Vorrede (ohne Paginierung).
144 Vgl. BRUNFELS Bd. 1, S. 103 ff.
145 Vgl. LOBELIUS S. 26 f.

146 Vgl. z. B. MARANTA oder AGRICOLA (1546 a).
147 Zu Gartenkatalogen des frühen 18. Jahrhunderts vgl. GOERKE S. 108–110.
148 Vgl. CESALPINO Buch I, §§ 13 u. 14.
149 Vgl. vor allem RAY (1696) S. 23.
150 Zit. nach JACOB S. 57.
151 Vgl. WHEWELL Bd. 3, S. 384.
152 CESALPINO Vorwort (ohne Paginierung).
153 Vgl. LINNÉ (1737) Ratio operis 1. So auch zuvor Tournefort, vgl. TOURNEFORT Bd. 1, S. 95.
154 Vgl. LINNÉ (1760 a).
155 PORPHYRIOS S. 27 (dtsch. S. 12). Für die Antike vgl. auch ARISTOTELES Met. V 28, 1024 a 29 f.; für die Neuzeit z. B. LOCKE III, 3, § 13.
156 Vgl. PORPHYRIOS S. 29 (dtsch. S. 14).
157 So z. B. Boethius; vgl. EISLER S. 56.
158 Vgl. PORPHYRIOS S. 29 (dtsch. S. 14); für die Antike vgl. ARISTOTELES Top. VI 6, 143 b 8; für die Neuzeit z. B. WOLFF (1728) § 44, (1729) § 233.
159 Vgl. ZIMMERMANN S. 119 und 127.
160 Vgl. PORPHYRIOS 2 a, 6–12, 1887: S. 4 (dtsch. S. 15).
161 Vgl. MAGNOL.
162 FONTENELLE (1708) S. 11. Dtsch. zitiert nach JACOB S. 55 f.
163 Vgl. LINNÉ (1735) Aph. 12.
164 Zur Herkunft dieses Prinzips aus der Philosophie des 17. Jahrhunderts vgl. LOCKE III, Kap. 6, § 12 und PASCAL, Bd. 1, Sect. II, § 72; vgl. dazu WEINGARTEN. Zur Anknüpfung dieser Philosophie an neuplatonische Theorien des 16. Jahrhunderts vgl. BRUNO (1582).
165 BONNET S. 51 u. 53 (dtsch. S. 27 u. 29). Hervorhebung von mir – W. L.
166 Vgl. ebd. S. 54 (dtsch. S. 29 f.).
167 Vgl. ebd. S. 53 (dtsch. S. 28).
168 Vgl. vor allem LEIBNIZ (1714).
169 Vgl. z. B. ADANSON Bd. 1, S. CLV.
170 Vgl. GÄRTNER.
171 Vgl. LAMARCK (1809) I S. 102 ff. (dtsch. S. 51 ff.).
172 Vgl. VOLTAIRE (1764) Bd. 53, S. 158. Dtsch. nach MASON S. 403.
173 LINNÉ (1751) Aph. 77, S. 27. Dies arbeitete der Linné-Schüler Paul Dietrich Giseke später grafisch aus. Vgl. HOPPE S. 71, Anm. 168.
174 GÄRTNER Bd. 1, S. CLXXV.
175 Hermanns Tabula ist auf dem Vorsatz von JAHN u. a. abgebildet.
176 BONNET S. 133 (dtsch. S. 60).
177 Ebd. S. 162 (= Anm. von 1781) (dtsch. nach ZIMMERMANN S. 216).
178 Vgl. vor allem BRUNO (1591). Zu Bergerac vgl. UEBERWEG Bd. 3., S. 179.
179 Vgl. DIDEROT (1754) bes. § LVIII, Frage 2.
180 ROBINET S. 4.
181 Ebd. S. 81.
182 HERDER I S. 27.
183 Ebd. S. 112.
184 KANT (1781) A 668.
185 Vgl. z. B. LOCKE III, Kap. 6, § 12.
186 BONNET S. 43 (dtsch. S. 22).
187 Ebd. S. 44 (dtsch. S. 22).
188 OKEN Bd. 3, S. 220.
189 KIELMEYER. Zit. nach ZIMMERMANN S. 254.

190 Fragment 462 (1798) nach NOVALIS S. 592.
191 KANT (1788) A 45, S. 145.
192 In: BUFFON (1749 ff.) IV (1753), Œuvres: Bd. 6, S. 58–73 (dtsch.: Bd. 5, S. 57–72).
193 DERS. (1749 ff.) I (1749), Œuvres: Bd. 1, S. 37 (dtsch. Bd. 1, S. 91).
194 DERS. (1749 ff.) IV (1753), Œuvres: Bd. 6, S. 62 f. (dtsch.: Bd. 5, S. 61).
195 Ebd. S. 63 (dtsch. S. 62).
196 RAY (1686 ff.) Bd. 1, Buch I, Kap. 20, S. 40.
197 Ebd.
198 BUFFON (1749 ff.) IV (1753), Œuvres: Bd. 6, S. 63 (dtsch.: Bd. 5, S. 62).
199 Vgl. SACHS S. 35.
200 LINNÉ (1735) Bd. 1, S. IX.
201 BUFFON (1749 ff.) IV (1753), Œuvres: Bd. 6, S. 61 f. (dtsch.: Bd. 5, S. 60).
202 CUVIER (1817) Bd. 1, S. 6.
203 Ebd. Bd. 1, S. XX f.
204 Vgl. z. B. LEPENIES S. 16–19.

Zum 6. Kapitel

1 DARWIN (1876 ff.) S. 100.
2 Ebd.
3 DARWIN (1837 ff.) Notebook E, S. 108.
4 Vgl. z. B. DARWIN (1842) S. 44: »Geology proclaims a constant round of change (. . .)«.
5 DAR 205.5, S. 164 v. Siehe OSPOVAT S. 211 Anm. 5.
6 Vgl. die von OSPOVAT, S. 213 f., zusammengetragenen Stellen.
7 DARWIN (1876 ff.) S. 100 f.
8 MALTHUS I S. 6.
9 DARWIN (1837 ff.) Notebook D, S. 134 f.
10 Vgl. z. B. BUFFON (1749 ff.) V (1755), Œuvres: Bd. 6, S. 262 (dtsch.: Bd. 5, S. 251).
11 HERDER I S. 53 ff., bes. S. 57 f.
12 Vgl. LINNÉ (1760 a) Kap. 2.
13 DARWIN (1876 ff.) S. 58.
14 DERS. (1844) S. 120 ff.
15 Vgl. die in Anm. 3 zit. Stelle.
16 MAYR, E.: »Darwin and Natural Selection« (1977). Dtsch. in: DERS. (1979) S. 167.
17 OSPOVAT S. 191 u. 196.
18 Vgl. z. B. MAYR (1979) S. 174 ff. o. 34 ff.
19 Vgl. z. B. die in Anm. 9 zit. Stelle.
20 DARWIN (1876 ff.) S. 100.
21 MAYR, E.: »Darwin and Natural Selection« (1977). Dtsch. in: DERS. (1979) S. 179.
22 Vgl. den Brief an Wallace vom 6. IV. 1859.
23 Vgl. z. B. LIMOGES oder HERBERT.
24 DARWIN (1844) S. 113. Die Zusätze in Klammern von mir. Vgl. auch ebd. S. 108.
25 DERS. (1856 ff.) S. 254.
26 Vgl. z. B. DERS. (1876 ff.) S. 100.
27 OSPOVAT S. 199.
28 Vgl. DARWIN (1868) II S. 309 f.

29 Vgl. z. B. DERS. (1844) S. 117.
30 Vgl. DERS. (1842) S. 44.
31 Vgl. DERS. (1844) S. 113.
32 Ebd.
33 DAR 16. 2., S. 303. Siehe OSPOVAT S. 191.
34 Vgl. zu dieser Unterscheidung z. B. E. MAYR: »Telelogical and teleonomic: a new analysis« (1974). Dtsch. in: DERS. (1979) S. 198 ff.
35 DARWIN (1837 ff.) Notebook D, S. 134 f.; vgl. KOHN S. 141.
36 Vgl. PECKHAM S. 150.
37 Vgl. dazu z. B. DARWIN (1844) S. 114.
38 DERS. (1876 ff.) S. 101.
39 Vgl. OSPOVAT Kap. 8.
40 Vgl. von BAER (1828 u. 1837) (engl. Übers. 1853), MILNE-EDWARDS, OWEN.
41 Vgl. z. B. SPENCER S. 3.
42 DARWIN (1876 ff.) S. 101.
43 DAR 205.4, S. 19. Siehe OSPOVAT S. 194.
44 Vgl. z. B. DAR 16.2, S. 304. Siehe OSPOVAT S. 193.
45 Vgl. Darwins Bemerkung zu Hooker vom Juni 1849, mitgeteilt bei OSPOVAT S. 201.
46 DAR 45, S. 65. Siehe OSPOVAT S. 203.
47 DARWIN (1856 ff.) S. 386. Zusatz in Klammern von mir.
48 Vgl. z. B. DERS. (1837 ff.) Notebook C, S. 25, Notebook E, S. 115.
49 DAR 205.5, S. 157. Siehe OSPOVAT S. 195 Anm. 13. Zusätze in Klammern von mir.
50 DAR 205.3, S. 167. Siehe OSPOVAT S. 198.
51 Vgl. DARWIN (1856 ff.) S. 247 f.
52 Vgl. z. B. DAR 47, S. 137 v. Siehe OSPOVAT S. 199 Anm. 28.
53 DARWIN (1876 ff.) S. 104.
54 Siehe Anm. 6.
55 Karl Marx, vgl. MEW Bd. 23, S. 392 Anm. 89.
56 HUXLEY (1870) S. 110.
57 Vgl. OSPOVAT Kap. 9, bes. S. 221 ff. und 225 ff.

Abel, O.: »Paläontologie und Paläozoologie«. In: Hinneberg (Hrsg.).
Adanson, M.: Les familles des plantes. 2 Bde., Paris 1763/64.
Agassiz, L.: Recherches sur les poissons fossiles. 5 Bde., Neuchâtel 1833–43.
Agricola, G. (1546 a): De ortu et causis subterreaneum. Dtsch. in: Ders.: Ausgewählte Werke, hrsgg. von H. Prescher, Bd. III, Berlin 1956.
Agricola, G. (1546 b): De natura fossilium. Dtsch. in: Ders.: Ausgewählte Werke, hrsgg. von H. Prescher, Bd. IV, Berlin 1958.
Agricola, G. (1556): De Re Metallica. Basel 1556.
Alberti, L. B.: De Re Aedificatoria. Florenz 1485.
Alberti, L. B.: De pictura. Basel 1540.
Aldrovandi, U. (1599 ff.): Ornithologiae. Bologna 1599–1606.
Aldrovandi, U. (1602): De animalibus insectis. Bologna 1602.
D'Alembert, J.: Discours préliminaire de l'Encyclopédie. Paris 1751.
Aristoteles: Historia animalium (Bekker-Paginierung).
Aristoteles: Metaphysik (Bekker-Paginierung).
Aristoteles: Topik (Bekker-Paginierung).
Askenasy, E.: Beiträge zur Kritik der Darwinschen Lehre. Heidelberg 1872.
Bacon, F.: De dignitate et augmentis scientiarum. London 1623.
Baer, K. E. von (1828 ff.): Über Entwicklungsgeschichte der Thiere. Königsberg 1828 (Teil I) u. 1837 (Teil II).
Baer, K. E. von (1876): Reden und Studien. 2 Bde., Petersburg 1876.
Baier, J. J.: Oryktographia norica. Nürnberg 1708. Dtsch. Ausg., hrsgg. von B. von Freyburg, in: Erlanger Geologische Abhandlungen, H. 29, Erlangen 1958.
Balss, H.: Albertus Magnus als Biologe. Stuttgart 1947.
Barrett, P. H. (Hrsg.): The Collected Papers of Charles Darwin. 2 Bde., Chicago u. London 1977.
Bauhinus, J.: Historia novi et admirabilis fontis balneique Bollensis (1598). Dtsch.: Ein New Badbuch und historische Beschreibung von der wunderbaren Krafft und Würckung des Wunderbrunnen und heilsamen Bads zu Boll. (Übers. von M. D. Hörter) Stuttgart 1602.
Bayertz, K. u. a. (Red.): Darwin und die Evolutionstheorie. (= Dialektik, Bd. V), Köln 1982.
Beer, G. de (Hrsg.) (1958): Charles Darwin and Alfred Russel Wallace – Evolution by Natural Selection. Cambridge U. P. 1958.

Beer, G. de (Hrsg.) (1960 ff.): Darwin's Notebooks on Transmutation of Species. Bulletin of the British Museum (Natural History), Historical Series, London 1960 (II/2–5), 1961 (II/6) u. 1967 (III/5).
Bell, P. R. (Hrsg.): Darwin's Biological Work. Cambridge 1959.
Belon, P.: L'histoire de la nature des Oyseaux. Paris 1555.
Beurton, P.: »Fragen der Wissenschaftsentwicklung seit Darwin unter besonderer Berücksichtigung von O. H. Schindewolf.« In: H. Hörz und C. Nowinski (Hrsg.), S. 134–157.
Bien, H. u. a. (Red.): Materialistische Wissenschaftsgeschichte. Naturtheorie und Entwicklungsdenken. (= Argument-Sonderband 54), Berlin 1981.
Blei, W.: Erkenntniswege zur Erd- und Lebensgeschichte. Berlin 1981.
Bligh, W. und J. Burney: A Voyage to the South Sea, undertaken (. . .) for the purpose of conveying the Breadfruit-Tree to the West Indies (. . .). London 1792.
Blumenbach, J. F.: Handbuch der Naturgeschichte. Göttingen ^{11}1825.
Bock, H.: Kreüterbuch. Straßburg 1539. Hier zitiert nach der Ausgabe Straßburg 1595.
Bonnet, C.: Contemplation de la nature (1764). In: Ders.: Collection complète des Œuvres. 18 Bde., Neuchâtel 1779–83, Bd. VII. Dtsch. Ausgabe (hrsgg. von J. D. Titius): Ders.: Betrachtungen über die Natur. Leipzig ^{2}1772.
Brosses, C. de: Histoire des navigations aux Terres Australes. Paris 1747.
Brunfels, O.: Contrafayt Kreuterbuch. Bd. I, Straßburg 1532. Hier zitiert nach der lat. Ausgabe: Herbarium vivae eicones. Bd. I, Straßburg 1530.
Bruno, G. (1582): De umbris idearum. Paris 1582.
Bruno, G. (1591): De triplici minimo et mensura. Frankfurt am Main 1591.
Buch, L. von: Physikalische Beschreibung der Canarischen Inseln (1825). In: Ders.: Gesammelte Schriften. 4 Bde., Berlin 1867–85, Bd. III.
Buffon (1749 ff.): Histoire naturelle, générale et particulière, avec la description du cabinet du roy. Zitiert nach ders.: Œuvres. Dtsch. nach Schaltenbrandt.
Buffon (1778): Les Époques de la Nature. (= 5. Supplementband zur Histoire naturelle). Zitiert nach J. Piveteau (Hrsg.): Œuvres philosophiques de Buffon. (= Corpus général des philosophes français – Abt. Auteurs modernes T. XLI/1) Paris 1954. Dtsch. nach Schal-

tenbrandt, Bd. II.
Buffon: Œuvres Complètes. (Hrsgg. von B. Lacepède), 12 Bde., Paris 1817/18.
Bulletin Scientifique de la France et de la Belgique. Vol. XL (1907) Paris.
Burdach, K. F. (1800): Propädeutik zum Studium der gesammelten Heilkunde. Ein Leitfaden akademischer Vorlesungen. Leipzig 1800.
Burdach, K. F. (1817): Über die Aufgabe der Morphologie. Leipzig 1817.
Camper, P.: Oratio de analogia inter animalia et stirpes. Groningen 1764.
Candolle, A. P. de: Théorie élémentaire de la botanique, ou exposition des principes de la classification naturelle. Paris. 1813.
Canguilhem, G. (1965): »La monstruosité èt le monstrueux«. In: Ders.: La connaissance de la vie. Paris 1965.
Canguilhem, G. (1979): Wissenschaftsgeschichte und Epistemologie. Gesammelte Aufsätze. Hrsgg. v. W. Lepenies, Frankfurt a. M. 1979.
Carus, J. V. (Übers.): Charles Darwin: Reise eines Naturforschers um die Welt. Stuttgart 1875. Vgl. Darwin, C. (1860).
Cesalpino, A.: De plantis libri XVI. Florenz 1583.
(Chambers, R.): Vestiges of the Natural History of Creation. London 1844. Zit. nach der dtsch. Ausg. (hrsgg. von C.Vogt), Braunschweig 1851.
Comte, A.: Cours de philosophie positive. Bd. III (1838). In: Ders.: Œuvres, Bd. III, Paris 1968 ff.
Cotta, B. v.: Briefe über Alexander von Humboldt's Kosmos. 3 Bde., Leipzig 1848–51.
Crombie, A. C.: Von Augustinus bis Galilei – Die Emanzipation der Naturwissenschaft. München 1977.
Cuvier, G. (1812): Recherches sur les ossemens fossiles des Quadrupèdes. Bd. I, Paris 1812. Dtsch. Ausg. (hrsgg. von J. Nöggerath), Bonn 1822.
Cuvier, G. (1815): Discours sur les révolutions de la surface du globe (= Separatausg. d. Einleitung von Cuvier 1812). Zit. n. d. Ausg. Paris u. Amsterdam 1826. Dtsch. Ausg. (hrsgg. von J. Nöggerath), Bonn 1830.
Cuvier, G. (1817): Le règne animal. 4 Bde., Paris 1817.
Dalrymple, A.: An Account of the Discoveries Made in the South Pacific Previous to 1764. London 1769.

DAR = Signatur unveröffentlichter Papiere Darwins im Besitz der Universitätsbibliothek Cambridge. Zitiert nach Ospovat; vgl. Ospovat S. 236.
Darwin, C. (1837 ff.): Notebooks. In: Beer (Hrsg.) (1960 ff.).
Darwin, C. (1838 ff.): Journal (Personal Diary). In: Sobol (Hrsg.).
Darwin, C. (1842): Sketch. In: Beer (Hrsg.) (1958).
Darwin, C. (1844): Essay. In: Beer (Hrsg.) (1958).
Darwin, C. (1856 ff.): Natural Selection. In: Stauffer (Hrsg.).
Darwin, C. (1859): On the Origin of Species by Means of Natural Selection, or the Preservation of Favoured Races in the Struggle for Life. Zitiert nach der 6. Auflage, London 1872. Dtsch. nach der Übers. von C. W. Neumann, Stuttgart (Reclam) 1963.
Darwin, C. (1860): A Naturalist's Voyage. Journal of Researches into the Natural History (. . .) during the Voyage of H. M. S. ›Beagle‹ round the World (. . .). Zit. nach d. dt. Ausg. in: J. V. Carus (Übers.).
Darwin, C. (1868): The Variation of Animals and Plants under Domestication. 2 Bde., London 1868.
Darwin, C. (1871): The Descent of Man, and Selection in Relation to Sex. 2 Bde., London 1871.
Darwin, C. (1876 ff.): Recollections of the Development of my Mind and Character. Zit. nach der dtsch. Ausg. in: Sobol (Hrsg.).
Darwin, E.: Zoonomia. London 1794–96.
Darwin, F. (Hrsg.): The Life and Letters of Charles Darwin. 3 Bde., London 1887. Hier zit. nach der Ausg. in 2 Bdn., New York 1897.
Diderot, D. (1750): Prospectus de l'Encyclopédie. In: Œuvres de Denis Diderot. Bd. XIII (= Abt. Dictionnaire encyclopédique, Bd. I), Paris 1821.
Diderot, D. (1754): Pensées sur l'interprétation de la nature. Zit. nach: Œuvres de Denis Diderot, Bd. II (= Abt. Philosophie, Bd. II), Paris 1821. Dtsch. Ausg. in: Ders.: Philosophische Schriften. Hrsgg. von T. Lücke, Berlin 1961, Bd. I, S. 415–71.
Diels, H. und Kranz, W.: Fragmente der Vorsokratiker. Berlin [9]1959.
Dittrich, M.: »Progressive Elemente in den Lebensdefinitionen der romantischen Naturphilosophie«. In: Comm. Hist. Artis Med. 73/74, Budapest 1974.
Ehrenberg, R.: Theoretische Biologie vom Standpunkt der Irreversibilität des elementaren Lebensvorganges. Berlin 1923.
Ehrhart, B.: De Belemnitis suevicis Dissertatio. Leyden 1724. Zit. nach Hölder.
Eisler, R.: Eislers Handwörterbuch der Philosophie. 2. Aufl., hrsgg.

von R. Müller-Freienfels, Berlin 1922.
Encyclopédie Methodique. Botanique. Paris 1783–1817.
Encyclopédie ou Dictionnaire Raissonné des Sciences, des Arts et des Métiers. 28 Bde., Paris 1751–72.
Engels, F.: Dialektik der Natur. In: MEW, Bd. XX.
Fellows, O. und S. Milliken: Buffon. New York 1972.
Fellmann, F.: »Darwins Metaphern«. In: Archiv für Begriffsgeschichte. VOL. XXI (1978)/2, S. 285 ff.
Fernel, J. (1542): De naturali parte medicinae libri septem. Paris 1542.
Fernel, J. (1544): Universa Medicina. Paris 1544. Hier zitiert nach der 3. Auflage, Frankfurt a. M. 1574.
Figulus, C.: Dialogus qui inscribitur Botanomethodus. Köln 1540.
Flourens, M. J. P. (1864 a): Examen du livre de M. Darwin. Paris 1864.
Flourens, M. J. P. (1864 b): Ontologie naturelle ou étude philosophique des êtres. Paris 1864. (= 3. Aufl. von Ders.: Psychologie comparée. Paris 1854).
Fontenelle, B.: Eloge de Tournefort (1708). In: Tournefort, Bd. I, S. 1–24.
Forster, G. (1791): Ansichten vom Niederrhein (. . .). Berlin 1791. Hier zit. nach Ders.: Werke in vier Bänden. Hrsgg. von G. Steiner, Leipzig o. J., Bd. II, S. 367–869.
Forster, G. (1958 ff.): Georg Forsters Werke. Sämtliche Schriften, Tagebücher, Briefe. Hrsgg. von der Akademie der Wissenschaften der DDR. Berlin 1958 ff.
Fuchs, L.: (De historia stirpium. 1542). Dtsch.: New Kreüterbuch. Basel 1543.
Gärtner, J.: De fructibus et seminibus plantarum. 2 Bde., Stuttgart 1789–91.
Geddes, P. und J. A. Thomson: Evolution. London 1911.
Geoffroy Saint-Hilaire, E.: Le degré d'influence du monde ambiant pour modifer les formes animales. Paris 1833.
Gessner, C. (1551 ff.): Historia animalium. 4 Bücher, Zürich 1551–1587.
Gessner, C. (1552): De partibus et Differentiis Plantarum (1552). Hrsgg. von C. Wolf, Zürich 1587.
Gessner, C. (1565): De rerum fossilium (. . .). In: Ders.: De omni rerum fossilium genere (. . .). Zürich 1565.
Goerke, H.: Carl von Linné. Große Naturforscher, Bd. XXXI, Stuttgart 1966.
Goethe, J. W. (1795): Erster Entwurf einer allgemeinen Einleitung in

die vergleichende Anatomie, ausgehend von der Osteologie. Zitiert nach Steiner (Hrsg.).
Goethe, J. W. (1817): Hefte zur Morphologie. Heft 1. Zitiert nach Steiner (Hrsg.).
Goethe, J. W. (1887 ff.). Werke (Sophien-Ausg.). Weimar 1887–1912.
Göttingisches Historisches Magazin. Hrsgg. von C. Meiners und L. T. Spittler, Hannover 1787–91.
Guntau, M. und E. Wächtler: »Leopold von Buch«. In: Zeitschrift für geologische Wissenschaften A, Berlin, Vol. II (1974)/12, S. 1371–83.
Haeckel, E. (1866): Generelle Morphologie der Organismen. Zitate nach dem Auszug in: Neumann, C. W. (Hrsg.).
Haeckel, E. (1867 f.): Natürliche Schöpfungsgeschichte. In: Ders.: Gemeinverständliche Werke. Hrsgg. von H. Schmidt, Leipzig und Berlin 1924, Bde. I u. II.
Haeckel, E. (1909): Einleitung zur von H. Schmidt hrsgg. dtsch. Volksausgabe von Lamarcks Philosophie zoologique. Leipzig o. J. (1909).
Hagberg, K.: Carl Linnaeus – Ein großes Leben aus dem Barock. Hamburg 1940.
Hahn, M. und H. J. Sandkühler (Hrsg.): Gesellschaftliche Bewegung und Naturprozeß. Köln 1981.
Herbert, S.: »Darwin, Malthus, and Selection«. In: Journal of the History of Biology, Vol. IV (1971), S. 209–217.
Herder, J. G.: Ideen zur Philosophie der Geschichte der Menschheit. Riga 1784–91. Hier zitiert nach der von H. Stolpe hrsgg. Ausg., Berlin u. Weimar 1965.
Hermann, J.: Tabula affinitatum animalium. Straßburg 1783.
Hertwig, O.: Das Werden der Organismen. Jena 1916.
Hinneberg, P. (Hrsg.): Die Kultur der Gegenwart. Teil III, Abt. 4, 4. Bd., Leipzig u. Berlin 1914.
Hjelt, E. (Hrsg.): Bruchstücke aus den Briefen F. Wöhlers an J. J. Berzelius. Berlin 1884.
Hoffmann, F.: Geschichte der Geognosie und Schilderung der vulkanischen Erscheinungen. Berlin 1838.
Hölder, H.: Geologie und Paläontologie in Texten und ihrer Geschichte. (Orbis Academicus Bd. II/11). München u. Freiburg 1960.
Hooke, R.: A Discourse of Earthquakes (= verschiedene Abhandlungen aus den Jahren 1668–1699). In: Ders.: The posthumus Work. London 1705 (repr. New York u. London 1969).

Hopkins, W.: »Physical Theories of the Phenomena of Life« (1860). In: Hull (Hrsg.), S. 229–275.

Hoppe, B.: Biologie, Wissenschaft von der belebten Materie von der Antike zur Neuzeit. (= Sudhoffs Archiv, Beiheft 17). Wiesbaden 1976.

Hörz, H. und C. Nowinski (Hrsg.): Gesetz – Entwicklung – Information. Zum Verhältnis von philosophischer und biologischer Entwicklungstheorie. Berlin 1979.

Hull, D. L. (Hrsg.): Darwin and his Critics. Cambridge (Mass.) 1973.

Humboldt, A. von: Voyage aux régions équinoxiales du Nouveau Continent fait en 1799, 1800, 1801, 1802, 1803 et 1804 par Alexandre de Humboldt et Aimé Bonpland. Grande Édition: 30 Bde., Paris 1805–1834; Petit Édition: 30 Bde., Paris 1816–39. – Deutsche Zitate nach R. Jaspert.

Huxley, T. H. (1863): Evidence as to Man's place in nature. London u. Edinbourgh 1863.

Huxley, T. H. (1870) »The genealogy of animals«. In: Ders.: Collected Essays, Bd. II, London 1893.

Jacob, F.: La logique du vivant. Paris 1970. Hier zitiert nach der dt. Ausg.: Die Logik des Lebenden – Von der Urzeugung zum genetischen Code. Frankfurt a. M. 1972.

Jahn, I. u. a. (Hrsg.): Geschichte der Biologie. Jena 1982.

Jaspert, R. (Hrsg.): Alexander von Humboldts Südamerikanische Reise. Berlin 1977.

Jussieu, A. L. de: Genera plantarum secundum ordines naturales disposita. Paris 1789.

Kant, I. (1781): Kritik der reinen Vernunft. Riga 1781.

Kant, I. (1788): »Über den Gebrauch teleologischer Prinzipien in der Philosophie«. In: Teutscher Merkur, Januar und Februar 1788. Hier nach Ders.: Werke in zehn Bänden. Hrsgg. von W. Weischedel, Darmstadt [4]1975, Bd. VIII.

Kant, I. (1790): Kritik der Urteilskraft. Berlin u. Libau 1790.

Kielmeyer, K. F.: »Über die Verhältnisse der Organisationskräfte untereinander in der Reihe der verschiedenen Organisationen, die Gesetze und Folgen dieser Verhältnisse«. Vortrag, gehalten am 11. 2. 1793. Stuttgart o. J.

Klaauw, C. J. van der: »Zur Geschichte der Definition der Ökologie, besonders auf Grund der Systeme der zoologischen Disziplinen«. In: Sudhoffs Archiv 29 (1937).

Knorr, G. W.: Sammlungen von Merkwürdigkeiten der Natur und Altertümer des Erdbodens. Bd. I, Nürnberg 1755.

Kohn, D.: »Theories to Work By: Rejected Theories, Reproduktion, and Darwin's Path to Natural Selection«. In: Studies in History of Biology, IV (1980), S. 67–170.
Kulischer, J.: Allgemeine Wirtschaftsgeschichte des Mittelalters und der Neuzeit. 2 Bde., München [2]1958.
Lamarck, J. B. (1778): Flore Françoise. 3 Bde., Paris 1778.
Lamarck, J. B. (1786): Artikel im 2. Bd. der Encyclopédie Methodique. Botanique.
Lamarck, J. B. (1794): Recherches sur les causes des principaux faits physiques. (Geschrieben 1776) Paris 1794.
Lamarck, J. B. (1796): Refutation de la théorie pneumatique. Paris 1796.
Lamarck, J. B. (1797): Mémoires de physique et d'histoire naturelle. Paris 1797.
Lamarck, J. B. (1800): Biologie ou considèrations sur la nature, les facultés, les développemens et l'origine des corps vivans. Paris 1800.
Lamarck, J. B. (1801): Système des animaux sans vertèbres. Paris 1801.
Lamarck, J. B. (1802 a): Recherches sur l'organisation des corps vivants. Paris 1802.
Lamarck, J. B. (1802 b): Hydrogéologie. Paris 1802.
Lamarck, J. B. (1809): Philosophie zoologique. 2 Bde., Paris 1809. (Repr. Weinheim/Bergstr. 1960). Dtsch. Zitate nach der Ausg. von A. Lang, Jena 1876.
Lamarck, J. B. (1815): Histoire naturelle des animaux sans vertèbres. 7 Bde., Paris 1815–22.
Lamiral, D. H.: L'afrique et le peuple africain (. . .). Paris 1789.
La Perouse, J.-F.: Voyage autour du monde. Paris 1798.
Lavoisier, A. L.: Traité Élémentaire de Chimie. 2 Bde., Paris 1789.
Le Gentil (Galaisière, Guillaume Joseph H. J. B. de la): Voyage dans les mers de l'inde (. . .) à l'occasion du passage de vénus, sur le disque du soleil, le 6 juin 1761 (. . .). Paris 1779–81.
Leibniz, G. W. (1700): Protogaea (ca. 1700, Erstdruck 1748). Hier nach Ders.: Opera Omnia. Hrsgg. von L. Dutens, Genf 1768, Bd. II, Teil 2, S. 181 ff. Dtsch. nach der Ausg. von Engelhardt, Stuttgart 1949.
Leibniz, G. W. (1714): Monadologie. Dtsch. Ausg. Frankfurt u. Leipzig 1720; frz. Ausg. (orig.) 1840 in der Ausg. der Opera philosophica Leibnizens, hrsgg. von Erdmann.
Lefèvre, W.: Naturtheorie und Produktionsweise. Darmstadt und

Neuwied 1978.
Leonardo da Vinci: Codex Leicester. Mailand 1909.
Lepenies, W.: Das Ende der Naturgeschichte. Wandel kultureller Selbstverständlichkeiten in den Wissenschaften des 18. u. 19. Jahrhunderts. München u. Wien 1976.
Limoges, C.: La sélection naturelle. Paris 1970.
Linné, C. (1735): Sytema naturae. Leyden 1735. Hier nach der 13., von J. F. Gmelin hrsgg. Aufl., Leipzig 1791.
Linné, C. (1737): Genera plantarum (. . .). Leyden 1737. Hier nach dem Repr. der 5. Auflage (1754), Weinheim/Bergstr. 1960.
Linné, C. (1737 a): Hortus Cliffortianus. Amsterdam 1737.
Linné, C. (1744): De peloria. In: Ders.: Amoenitates academicae. 7 Bde., Leyden u. Stockholm 1749–69, Bd. I.
Linné, C. (1751): Philosophia botanica. Stockholm 1751.
Linné, C. (1760 a): Politia naturae. In: Ders.: Amoenitates academicae. 7 Bde., Leyden u. Stockholm 1749–69, Bd. VI.
Linné, C. (1760 b): Disquisitio de quaestione (. . .) sexum plantarum (. . .). Petersburg 1760.
Linné, C. (1762): Fundamentum fructificationis. In: Ders.: Amoenitates academicae. 7 Bde., Leyden u. Stockholm 1749 bis 69, Bd. VI.
Lobelius, M.: Plantarum seu stirpium historia. Antwerpen 1576.
Locke, J.: An essay concerning human understanding. London 1690.
Long, E.: History of Jamaica. London 1774.
Lyell, C.: Principles of Geology, being an Inquiry how far former Changes of the Earth Surface are referable to Causes now in Operation. 3 Bde., London 1830–33.
Magnol, P.: Prodromus historiae generalis plantarum. Montpellier 1689.
Maillett, B. de: Telliamed, ou Entretiens d'un philosophe indien avec un missionnaire français sur la diminution de la mer, la formation de la terre, l'origine de l'homme (1715, Erstdruck 1748). Hier zitiert nach der Nouvelle Ed., 2 Bde., Paris 1755.
Malthus, T. R.: An Essay on the Principle of Population. London ^{6}1836.
Maranta, B.: Bartholomei Marantae Venusini Medici Methodi cognoscendorum simplicium libri tres. Venedig 1559.
Martins, C.: Einleitung zur Neuausgabe von Lamarck (1809). Paris 1873. Dtsch. in der dtsch. Ausg. von Lamarck (1809), hrsgg. von A. Lang, Jena 1876.
Mason, S. F.: Geschichte der Naturwissenschaft in der Entwicklung ihrer Denkweisen. Stuttgart ^{2}1974.

Maupertuis, P. (1745): Vénus Physique. In: Ders.: Œuvres. Bd. II, Lyon 1768.
Maupertuis, P. (1751): Système de la nature. In: Ders.: Œuvres. Bd. II, Lyon 1768.
Mayr, E. (1942): Systematics and the Origin of Species. New York 1942.
Mayr, E. (1967): Artbegriff und Evolution. Hamburg u. Berlin 1967.
Mayr, E. (1979): Evolution und die Vielfalt des Lebens. Berlin, Heidelberg, New York 1979.
McLaughlin, P.: Mechanismus und Teleologie in der Naturphilosophie Buffons. Phil. Magisterarbeit, Berlin (Freie Universität) 1979.
McLaughlin, P. und H.-J. Rheinberger: »Darwin und das Experiment«. In: Bayertz, K. u. a. (Red.), S. 27–43.
MEW = Marx Engels Werke. Berlin 1957 ff.
Milne-Edwards, H.: Introduction à la zoologie générale, ou Considérations sur les tendances de la nature dans la constitution du règne animal. Première partie (alles), Paris 1851.
Mivart, S. G.: The Genesis of Species. London 1871.
Müller, F. C.: Geschichte der organischen Naturwissenschaften im Neunzehnten Jahrhundert. (= Band VI von: Schlenther, P. (Hrsg.): Das Neunzehnte Jahrhundert in Deutschlands Entwicklung.) Berlin 1902.
Nägeli, C. W. (1865): Entstehung und Begriff der naturhistorischen Art. (Vortrag 1865), München 1865.
Nägeli, C. W. (1884): Mechanisch-physiologische Theorie der Abstammungslehre. München u. Leipzig 1884.
Naumann, M. (Hrsg.): Artikel aus der von Diderot und D'Alembert herausgegebenen Enzyklopädie. Frankfurt a. M. 1972.
Nef, J. U.: The Rise of the British Coal Industry. 2 Bde., London 1932.
Neumann, C. W. (Hrsg.): Natur und Mensch. Sechs Abschnitte aus Werken von Ernst Haeckel. Leipzig o. J. (1912).
Neumayr, M.: Erdgeschichte Bd. I. 3. Aufl., bearb. von F. E. Suess, Leipzig u. Wien 1920.
Nisbet, R.: The capacity of negroes and moral improvement considered (. . .). London 1789.
Novalis: Dichtungen und Prosa. Hrsgg. von C. Träger und H. Ruddigkeit, Leipzig 1975.
Nowikoff, M.: Geschichte der biologischen Theorien. München 1949.
Oeser, E.: »System, Klassifikation, Evolution – Historische Analyse und Rekonstruktion der wissenschaftstheoretischen Grundlagen

der Biologie«. In: Ders. und R. Schubert-Soldern: Die Evolutionstheorie. Wien u. Stuttgart 1974.
Oken, L.: Lehrbuch der Naturphilosophie. 3 Bde., Jena 1809–11.
Orbigny, A. D': Cours élémentaire de Paléontologie et Géologie stratifiques. 2 Bde., Paris 1849 und 1852.
Ospovat, D.: The development of Darwin's Theory. Natural History, Natural Theology, and Natural Selection, 1838–1859. Cambridge U. P. 1981.
Owen, R.: Lectures on the Comparativ Anatomy and Physiology of the Invertebrate Animals. London 1843.
Pallas, P. S.: Miscellanea zoologica. Im Haag 1766.
Pascal, B.: Pensées sur la religion (1669). Hier nach der von Brunschvicg hrsgg. Ausg., Paris 1904. (Repr. Vaduz 1965).
Peckham, M. (Hrsg.): Charles Darwin, On the Origin of Species. A Variorum Text. Philadelphia 1959.
Petri, F. E.: Handbuch der Fremdwörter in der deutschen Schrift und Umgangssprache. München o. J.
Picavet, F.: Les idéologues. Paris 1891. (Repr. Hildesheim u. New York 1972).
Plechanow, G. W.: Zur Frage der Entwicklung der monistischen Geschichtsauffassung. Berlin 1956.
Porphyrios: Eisagoge. (De quinque vocibus sive in Categor. Aristotelis introductio.) Hrsgg. v. A. Busse in: Acad. Litt. Reg. Boruss. (Hrsg.): Commentaria in Arestotelem graeca. Bd. IV/1, Berlin 1887. Dtsch. nach der Übers. von Rolfes in: Aristoteles: Organon I/II. (= Philos. Bibliothek, Bd. 8/9), Hamburg 1974.
Ray, J. (1682): Methodus plantarum nova. London 1682. (Repr. Weinheim 1962).
Ray, J. (1686 ff.): Historia plantarum. London 1686–1704.
Ray, J. (1696): De variis plantarum methodis dissertatio. London 1696.
Rees, W.: Industry before the Industrial Revolution. 2 Bde., Cardiff 1968.
Rheinberger, H.-J.: »Über Formen und Gründe der Historisierung biologischer Modelle von Ordnung und Organisation am Ausgang des 18. Jahrhunderts«. In: Hahn, M. und H.-J. Sandkühler (Hrsg.), S. 71–82.
Robinet, J.-B. R.: Vue philosophique de la gradation naturelle des formes de l'etre. Amsterdam 1768.
Rochon, Abbé: Voyage à Madagascar (. . .). Paris 1791.
Rondelet, G.: De piscibus marinis (1554/55). Frz. Ausg.: Histoire

entière des poissons. Lyon 1558.
Sachs, J.: Geschichte der Botanik vom 16. Jahrhundert bis 1860. München 1875.
Scaliger, J. C.: Kommentar zu Theophrast. In: Theoprast: De Historia Plantarum. (Bodaeus à Stapel) Amsterdam 1644.
Schaltenbrandt (Hrsg.): Buffons sämtliche Werke in 9 Bänden. Düsseldorf 1836–40.
Scheuchzer, J. J.: Herbarium diluvianum (1709). Hier nach der Ausg. Leyden 1723.
Schindewolf, O. H.: Wesen und Geschichte der Paläontologie. Berlin 1948.
Schmidt, H.: Geschichte der Entwicklungslehre. Leipzig 1918.
Smith, W. (1815): Memoir zu Ders.: Map and delineation of the Strata of England and Wales. London 1815.
Smith, W. (1816 ff.): Strata Identified by Organized Fossils. London 1816–18.
Smith, W. (1817): Stratigraphical System of organized Fossils. London 1817.
Sobol, S. L. (Hrsg.): Charles Darwin. Autobiografie. Dtsch. Ausg. Leipzig u. Jena 1959.
Speckle (Specklin), D.: Architectura von Vestungen. Straßburg 1589.
Spencer, H.: »Progress: its Law and Cause« (1857). In: Ders.: Essays. Bd. I, London 1868, S. 1–60.
Stauffer, R. C. (Hrsg.): Charles Darwin's »Natural Selection«: Being the Second Part of the Big Species Book written from 1856 to 1858. Cambridge U. P. 1975.
Steiner, R. (Hrsg.): Goethes naturwissenschaftliche Schriften. Bd. I, Bern ^{3}1949.
Stensen, N.: Nicolai Stenonis De Solido Intra Solidum Naturaliter Contento Dissertationis Prodromus. Florenz 1669. Zit. nach der dtsch. Ausg. von K. Mieleitner und G. Scherz (= Ostwalds Klassiker, Neue Folge Nr. 3), Frankfurt a. M. 1967.
Strabon: Geografia. Nach der von A. Meineke hrsgg. Ausg., Leipzig 1866–77.
Theophrast: De historia plantarum. Zit. nach F. Wimmer (Hrsg.): Theophrasti Eresii opera, quae supersunt, omnia. Paris 1864. (Repr. Frankfurt a. M. 1964).
Thiéry de Menonville, N. J.: Traité de la culture du Nopal (. . .) publiée par le cercle des philadelphes (. . .). Cap-français (San Domingo) 1787.
Toulmin, S. u. J. Goodfield: Entdeckung der Zeit. München 1970.

Tournefort, J. P. de: Elémens de botanique ou méthode pour connoitre les plantes (1694). Hier nach der Ausg. in 3 Bänden, Lyon 1797.

Treviranus, G. R.: Biologie, oder Philosophie der lebenden Natur, für Naturforscher und Aerzte. 6 Bde., Göttingen 1802 bis 22.

Tschulok, S.: Lamarck – Eine kritisch-historische Studie. Zürich 1937.

Ueberweg, Fr.: Grundriß der Geschichte der Philosophie. Bd. I [12]1926, Bd. II [11]1927, Bd. III [12]1924. (Repr. Basel 1961).

Unger, F.: Versuch einer Geschichte der Pflanzenwelt. Wien 1852.

Vesal, A.: De humani corporis fabrica. Basel 1543.

Vicq d'Asyr, F.: Traité d'anatomie et de physiologie. 2 Bde., Paris 1786–89.

Voltaire (1764): Dictionnaire philosophique portatif (1764). Zitiert nach Ders.: Œuvres Complètes. 75 Bde., Paris 1828.

Voltaire (1970): Kritische und satirische Schriften. München 1970.

Wagner, A.: Geschichte des Lamarckismus – Als Einführung in die psycho-biologische Bewegung der Gegenwart. Stuttgart o. J. (1908).

Wagner, M.: Die Darwinsche Migrationstheorie und das Migrationsgesetz der Organismen. Leipzig 1868. Hier nach dem Wiederabdruck in: E. v. Wagner (Hrsg.): Die Entstehung der Arten durch räumliche Sonderung. Gesammelte Aufsätze von M. Wagner. Basel 1889.

Walch, J. E. E.: Recueil de monumens des catastrophes (. . .) par George Wolfgang Knorr et continué (. . .) par Jean Ernest Emanuel Walch. 3 Bde., Nürnberg 1768–75.

Wallace, A. R.: Beiträge zur Theorie der natürlichen Zuchtwahl. Erlangen 1870.

Weingarten, M.: »Kontinuität und Stufenleitern der Natur. Zum Verhältnis von Leibniz und Bonnet«. In: Bien, H. u. a. (Hrsg.), S. 87–107.

Whewell, W.: Geschichte der inductiven Wissenschaften (. . .). 3 Bde., Stuttgart 1840–44.

Wilkie, J. S.: Buffon, Lamarck and Darwin: The Orginality of Darwin's Theory of Evolution. In: Bell, P. R. (Hrsg.).

Wöhler, F.: »Über künstliche Bildung des Harnstoffes«. In: Poggendorf, J. (Hrsg.): Annalen der Physik und Chemie, XII (1828), S. 253–256.

Wolff, C. (1728): Philosophia rationalis, sive logica. Frankfurt u. Leipzig 1728.

Wolff, C. (1729): Philosophia prima sive Ontologica. Frankfurt 1729.

Woodward, J.: Essay towards a Natural History of the Earth. London 1695.
Zaluziansky, A.: Methodi herbariae libri tres. Prag 1592.
Zimmermann, W.: Evolution – Die Geschichte ihrer Probleme und Erkenntnisse. (Orbis Academicus Bd. II/3), Freiburg u. München 1954.

Personenregister

V. Gordon Childe

Gesellschaft und Erkenntnis

Ullstein Buch 3023

Ullstein Materialien

Childe behandelt eine Richtung der Philosophie, die »Erkenntnistheorie« genannt wird. Er klassifiziert seinen Reflexions-Standpunkt als einen »naiven Realismus« und vermittelt gerade dadurch eine eindrucksvolle und überraschend leicht-verständliche Geschichte der Philosophie.

Friedrich Nietzsche

Werke in fünf Bänden

Herausgegeben
von Karl Schlechta

Ullstein Materialien

Werke I
Ullstein Buch 2907
Geburt der Tragödie / Unzeitgemäße Betrachtungen / Menschliches, Allzumenschliches

Werke II
Ullstein Buch 2908
Morgenröte / Die fröhliche Wissenschaft / Also sprach Zarathustra

Werke III
Ullstein Buch 2909
Jenseits von Gut und Böse / Götzendämmerung / Ecce Homo / Der Antichrist / u. a.

Werke IV
Ullstein Buch 2910
Aus dem Nachlaß der Achtzigerjahre / Briefe

Werke V
Ullstein Buch 2911
Anhang (Zeit- und Lebenstafel, Philologischer Nachbericht, Anmerkungen zu den Briefen) /
Karl Schlechta: Nietzsche-Index / Bibliographie

Geschichte der Philosophie

Herausgegeben von
François Châtelet

Ullstein Materialien

Band I
Die heidnische Philosophie
Ullstein Buch 2991

Band II
Die Philosophie des Mittelalters
Ullstein Buch 3014

Band III
Die Philosophie der Neuzeit
Ullstein Buch 3040

Band IV
Die Aufklärung
Ullstein Buch 3063

Band V
Philosophie und Geschichte
Ullstein Buch 3084

Band VI
Die Philosophie im Zeitalter von Industrie und Wissenschaft
Ullstein Buch 3112

Band VII
Die Philosophie der Sozialwissenschaften
Ullstein Buch 3135

Band VIII
Das XX. Jahrhundert
Ullstein Buch 3170